高等职业教育建设工程管理类专业系列教材

钢筋工程识图与算量

马睿涓　张晓敏　主　编
李君宏　主　审

中国建筑工业出版社

图书在版编目（CIP）数据

钢筋工程识图与算量 / 马睿涓，张晓敏主编.
北京：中国建筑工业出版社，2025.8. --（高等职业教育建设工程管理类专业系列教材）. -- ISBN 978-7-112
-31389-1

Ⅰ. TU755.3

中国国家版本馆 CIP 数据核字第 202569WM25 号

本教材以习近平新时代中国特色社会主义思想和党的二十大精神为指导，根据全国高等职业院校工程造价专业人才培养目标、课程性质以及专业建设的相关要求，依据国家相关法规与规范、最新动态，融入数字化与智能化等先进技术而编写，同时选取了具有代表性的工程实例进行详细分析，帮助读者掌握并提升关于钢筋平法识图与算量的基本技能。

本教材共包含 7 个项目，分别是概论、基础钢筋工程、柱钢筋工程、剪力墙钢筋工程、梁钢筋工程、板钢筋工程、楼梯钢筋工程。

本教材既可作为高等职业院校工程造价、建设工程管理、建筑工程技术、建设工程监理等土建类相关专业的教材使用，也可供施工技术人员、工程造价人员以及相关专业大中专师生学习参考。

为更好地支持相应课程的教学，我们向采用本书作为教材的教师提供教学课件，有需要者可与出版社联系，邮箱：jckj@cabp.com.cn，电话：(010) 58337285，建工书院 http://edu.cabplink.com（PC 端）。欢迎任课教师加入专业教学 QQ 交流群：745126886。

责任编辑：吴越恺
文字编辑：黄 辉
责任校对：张惠雯

高等职业教育建设工程管理类专业系列教材

钢筋工程识图与算量

马睿涓 张晓敏 主 编
李君宏 主 审

*

中国建筑工业出版社出版、发行（北京海淀三里河路 9 号）
各地新华书店、建筑书店经销
霸州市顺浩图文科技发展有限公司制版
鸿博睿特（天津）印刷科技有限公司印刷

*

开本：787 毫米×1092 毫米 1/16 印张：10¾ 字数：267 千字
2025 年 7 月第一版 2025 年 7 月第一次印刷
定价：**36.00** 元（附数字资源及赠教师课件）
ISBN 978-7-112-31389-1
（44060）

前　言

随着建筑行业的快速发展和工程技术的不断进步，混凝土结构作为现代建筑的主要形式之一，其施工图的识读与钢筋算量成为工程技术人员必备的基本技能，特别是新平法、新图集、新规范的颁布实施，呼吁高职院校培养出更加优秀的建筑技能型人才。同时，在每年举办的建筑类高职院校职业技能大赛中，"平法识图与钢筋算量"已是一项重要的考核内容。因此，编写一本能够深入浅出地讲解平法识图与钢筋算量的教材显得尤为重要。本教材旨在通过系统的理论讲解与丰富的实例分析，帮助读者快速掌握平法识图的基本技能，提高钢筋算量的准确性，为日后的工作实践打下坚实的基础。

本教材以习近平新时代中国特色社会主义思想和党的二十大精神为指导，根据全国高等职业院校工程造价专业人才培养目标、课程性质以及专业建设的相关要求，依据国家相关法规与规范、最新动态，融入数字化与智能化等先进技术，比如通过 BIM（建筑信息模型）技术展示钢筋的三维模型，帮助学生更直观地理解钢筋的布置和构造。此外，本教材选取具有代表性的工程实例，详细讲解结构施工图的识读方法和钢筋工程量的计算过程。

本教材共设置 7 个项目，分别是：项目 1 概论，项目 2 基础钢筋工程，项目 3 柱钢筋工程，项目 4 剪力墙钢筋工程，项目 5 梁钢筋工程，项目 6 板钢筋工程，项目 7 楼梯钢筋工程。本教材的每个项目内容均配以详细的图示说明和实例解析，使读者能够直观理解并掌握相关知识点，本教材还注重理论与实践的结合，通过大量的工程实例和实训环节，帮助读者巩固所学知识，提升解决实际问题的能力。

本教材由甘肃建筑职业技术学院的马睿涓、张晓敏担任主编，李君宏教授担任主审。本教材项目 2、项目 5、项目 6 由马睿涓编写，项目 1、项目 3、项目 4、项目 7 由张晓敏编写。

本教材既可作为高职高专院校工程造价、建设工程管理、建筑工程技术、建设工程监理等土建类相关专业的教材使用，也可供施工技术人员、工程造价人员以及相关专业大中专师生学习参考。我们期望通过本教材的学习，读者能够熟练掌握平法识图与钢筋算量的技能，提高工作效率，为推动我国建筑行业的健康发展贡献自己的力量。

在编写本教材的过程中，我们得到了众多专家和学者的支持与帮助，在此表示衷心的感谢。同时，我们也深知由于时间和水平的限制，教材中难免存在不足之处，恳请广大读者批评指正。

编　者
2024 年 8 月 28 日

目　　录

项目1 概　　论

思维导图

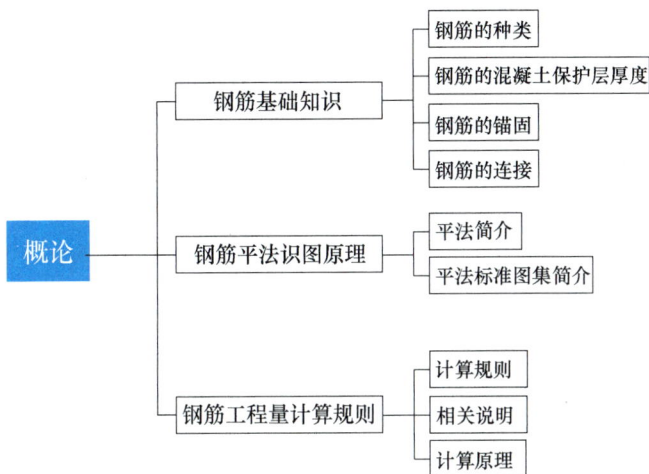

知识要点

通过本章的学习，熟悉钢筋混凝土所用钢筋的种类和实践应用；掌握钢筋工程量计算时关联数据的确定方法；掌握钢筋工程量计算规则和计算基本原理。

思政要点

通过平法图集不断发展更新的过程，让学生意识到做任何工作都要不断地修正总结，与时俱进。同时培养学生具有遵守标准和规范意识，注重细节、创新进取、精益求精的工作作风。

任务1.1　钢筋基础知识

1.1.1　钢筋的种类

钢筋是建筑工程中用途最多、用量最大的钢材品种。目前，钢筋混凝土用钢主要有：热轧钢筋、热处理钢筋、冷轧带肋钢筋、冷轧扭钢筋、预应力混凝土用的钢丝与钢绞线。

《混凝土结构设计标准》（2024年版）GB/T 50010—2010将钢筋混凝土结构用钢筋划分为 HPB300、HRB400、RRB400、HRBF400、HRB500、HRBF500。其中，HPB300级钢筋为光圆钢筋，其余钢筋均为变形钢筋。HRB400、HRB500级钢筋分别是指强度级别为 400MPa、500MPa 的普通热轧带肋钢筋；RRB400 级钢筋是指强度级别为 400MPa 的余热处理带肋钢筋；HRBF400、HRBF500 级钢筋分别是指强度级别为 400MPa、500MPa 的细晶粒热轧带肋钢筋。

1. 热轧钢筋

热轧钢筋是建筑工程中用量最大的钢材之一，主要用于钢筋混凝土结构和预应力混凝土结构。建筑工程中常用的有热轧光圆钢筋和热轧带肋钢筋，如图 1-1 所示。

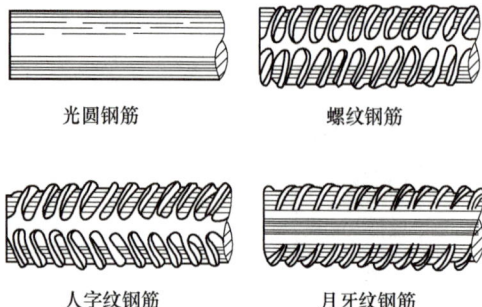

光圆钢筋　　　　　螺纹钢筋

人字纹钢筋　　　　　月牙纹钢筋

图 1-1　光圆钢筋、带肋钢筋示图

（1）热轧光圆钢筋

热轧光圆钢筋经热轧而成，强度较低、塑性与韧性好，易于加工焊接，其主要用作非预应力钢筋、箍筋及焊接网片等。热轧光圆钢筋用 HPB 表示，牌号由 HPB＋屈服强度值构成〔H、P、B 分别为热轧（Hot Rolled）、光圆（Plain）、钢筋（Bars）三个词的英文首位字母〕。热轧光圆钢筋的屈服点为 300MPa。

（2）热轧带肋钢筋

热轧带肋钢筋采用低合金钢热轧而成，具有较高的强度、塑性和可焊性。钢筋表面有纵肋和横肋，从而加强了钢筋与混凝土中间的握裹力，可用于钢筋混凝土结构受力筋，以及预应力钢筋。

热轧带肋钢筋用 HRB 表示，牌号由 HRB＋屈服强度值构成〔H、R、B 分别为热轧（Hot Rolled）、带肋（Ribbed）、钢筋（Bars）三个词的英文首位字母〕。其牌号有 HRB400、HRBF400、RRB400、HRB500、HRBF500。

热轧钢筋的级别越高，强度越高，塑性韧性越差。在热轧钢筋中，HPB300 级钢筋为光圆钢筋，强度较低，塑性好，易于加工成型，可焊性好；HRB400、RRB400 级钢筋为月牙肋钢筋，强度较高，塑性、可焊性好，为钢筋混凝土结构的主要用筋；HRB500 级钢筋，强度高，塑性韧性有保证，但可焊性较差。

2. 热处理钢筋

热处理钢筋以热轧中碳低合金钢筋经淬火和回火调质处理而成，按其螺纹外形分为有纵肋和无纵肋两种（均有横肋）。热处理钢筋具有强度高、预应力值稳定、韧性好、粘结力高等特点，适用于预应力混凝土构件，如吊车梁、预应力混凝土轨枕或其他各种预应力混凝土结构等。

3. 预应力混凝土用的钢丝及钢绞线

根据《混凝土结构工程施工质量验收规范》GB 50204—2015 规定，预应力筋包括钢丝、钢绞线等。预应力混凝土用的钢丝、钢绞线是用优质碳素结构钢经冷加工、再回火、冷轧或绞捻等加工而成，又称优质碳素钢丝及钢绞线。钢丝有 3mm、4mm、5mm 三种规格。预应力混凝土用的钢丝及钢绞线具有强度高、柔性好且使用时不需接头等优点，适用于曲线配筋的预应力混凝土结构以及大跨度、重荷载的屋架等。

（1）钢丝

预应力混凝土用的钢丝是由优质碳素结构钢经淬火、酸洗、冷拉加工而制成的高强度钢丝，抗拉强度高达 1470～1770MPa，其适用于大跨度屋架、吊车梁等大型构件及 V 形折板等，使用钢丝可节省钢材，施工方便，安全可靠，但成本较高。

钢丝按加工状态分为冷拉钢丝（WCD）和消除应力钢丝两类。消除应力钢丝按松弛性能又分为低松弛级钢丝（WLR）和普通松弛级钢丝（WNR）。钢丝按外形分为光圆钢丝（P）、螺旋肋钢丝（H）、刻痕钢丝（I）。经低温回火消除应力后，消除应力钢丝的塑性比冷拉钢丝好。螺旋肋钢丝和刻痕钢丝与混凝土的粘结力好。

（2）钢绞线

钢绞线是用 2、3 或 7 根钢丝在绞线机上经绞捻后，再经低温回火处理而成。钢绞线具有强度高、柔性好、与混凝土粘结力好、易锚固等特点。其主要用于大跨度、重荷载的预应力混凝土结构。

预应力钢绞线具有强度高、柔韧性好、无接头、质量稳定、施工简便等优点，使用时可按要求的长度切割，主要用于大跨度、大荷载、曲线配筋的预应力混凝土结构。

4. 钢筋应用规定

钢筋混凝土结构和预应力混凝土结构的钢筋，应按照以下规定采用：

（1）普通钢筋。普通钢筋是指用于钢筋混凝土结构中的钢筋和预应力混凝土结构的非预应力钢筋。普通钢筋的常用直径有 6mm、8mm、10mm、12mm、14mm、16mm、18mm、20mm、22mm、25mm、28mm 等。普通钢筋性能一览表见表 1-1。

（2）纵向受力普通钢筋宜采用 HRB400 级、HRB500 级、HRBF400 级、HRBF500 级、HPB300 级、RRB400 级钢筋。

普通钢筋性能一览表　　　　　　　　　　　　　　　表 1-1

种类	牌号	符号	软件代号	公称直径(mm)	屈服强度标准值(MPa)	极限强度标准值(MPa)
热轧光圆钢筋	HPB300	Φ	A	6～22	300	420
普通热轧带肋钢筋	HRB400	Φ	C	6～50	400	540
细晶粒热轧带肋钢筋	HRBF400	Φ^F	CF			
余热处理带肋钢筋	RRB400	Φ^R	D			
普通热轧带肋钢筋	HRB500	Φ	E	6～50	500	630
细晶粒热轧带肋钢筋	HRBF500	Φ^F	EF			

（3）梁、柱纵向受力普通钢筋应采用 HRB400 级、HRB500 级、HRBF400 级、HRBF500 级钢筋。

（4）箍筋宜采用 HRB400 级、HRBF400 级、HPB300 级、HRB500 级、HRBF500 级钢筋。

1.1.2　钢筋的混凝土保护层厚度

钢筋的混凝土保护层厚度定义为最外层钢筋（包括箍筋、拉筋、构造筋、分布筋）的最外边缘到混凝土表面的最小距离。同时针对最外层钢筋还规定了必须遵守的最小保护层厚度，见表 1-2［基础混凝土保护层厚度详见《混凝土结构施工图平面整体表示方法制图规则和构造详图（独立基础、条形基础、筏形基础、桩基础）》22G101-3 图集中的规定]。

钢筋的混凝土保护层厚度（mm）　　　　　　　　　　表 1-2

环境类别	板、墙	梁、柱
一	15	20
二 a	20	25
二 b	25	35
三 a	30	40
三 b	40	50

注：1. 表中混凝土保护层厚度指最外层钢筋外边缘至混凝土表面的距离，适用于设计使用年限为 50 年的混凝土结构。
　　2. 构件中受力钢筋的保护层厚度不应小于钢筋的公称直径。
　　3. 一类环境中，设计工作年限为 100 年的结构最外层钢筋的保护层厚度不应小于表中数值的 1.4 倍；二、三类环境中，设计工作年限为 100 年的结构应采取专门的有效措施。四类和五类环境类别的混凝土结构，其耐久性要求符合国家现行有关标准的规定。混凝土结构的环境类别见表 1-3。
　　4. 混凝土强度等级为 C25 时，表中保护层厚度数值应增加 5mm。
　　5. 基础底面钢筋的保护层厚度，有混凝土垫层时应从垫层顶面算起，且不应小于 40mm。

混凝土结构的环境类别　　　　　　　　　　表 1-3

环境类别	条件
一	室内干燥环境； 无侵蚀性静水浸没环境
二 a	室内潮湿环境； 非严寒和非寒冷地区的露天环境； 非严寒和非寒冷地区与无侵蚀性的水或土壤直接接触的环境； 严寒和寒冷地区的冰冻线以下与无侵蚀性的水或土壤直接接触的环境
二 b	干湿交替环境； 水位频繁变动环境； 严寒和寒冷地区的露天环境； 严寒和寒冷地区冰冻线以上与无侵蚀性的水或土壤直接接触的环境
三 a	严寒和寒冷地区冬季水位变动区环境； 受除冰盐影响环境； 海风环境
三 b	盐渍土环境； 受除冰盐作用环境； 海岸环境
四	海水环境
五	受人为或自然的侵蚀性物质影响的环境

由于混凝土保护层厚度定义为最外层钢筋（包括箍筋、拉筋、构造筋、分布筋）的最外边缘到混凝土表面的最小距离，因此，对保护层厚度可以理解为：哪层钢筋在最外层，保护层厚度就应从本层钢筋的最外边算起，并且在节点区，按照支撑与被支撑的关系，支撑构件包裹被支撑构件的钢筋。

钢筋的混凝土保护层的作用，除了要保证钢筋与混凝土之间的有效粘结，还须做好对最外层钢筋的防锈、防火及防腐等工作，同时针对最外层钢筋还规定了必须遵守的最小保护层厚度，这是因为若留出的保护层过薄，将会产生沿纵向受力筋方向的纵向裂缝。

1.1.3 钢筋的锚固

为保证钢筋受力后与混凝土有可靠的粘结，不产生与混凝土之间的相对滑动，钢筋必须伸过其受力截面在混凝土中有足够的埋入长度，通过这部分长度，钢筋也将所受力传递给混凝土。钢筋的锚固长度就是钢筋伸入支座内的长度。在平法图集中涉及的锚固长度有基本锚固长度 l_{ab}、抗震基本锚固长度 l_{abE}、锚固长度 l_a、抗震锚固长度 l_{aE}。锚固长度的取值可以通过查表得到，表1-4～表1-7摘自22G101-1图集。

受拉钢筋基本锚固长度 l_{ab}　　　　　　　　　　　　　表 1-4

钢筋种类	混凝土强度等级							
	C25	C30	C35	C40	C45	C50	C55	≥C60
HPB300	34d	30d	28d	25d	24d	23d	22d	21d
HRB400、HRBF400、RRB400	40d	35d	32d	29d	28d	27d	26d	25d
HRB500、HRBF500	48d	43d	39d	36d	34d	32d	31d	30d

抗震设计时受拉钢筋基本锚固长度 l_{abE}　　　　　　　表 1-5

钢筋种类		混凝土强度等级							
		C25	C30	C35	C40	C45	C50	C55	≥C60
HPB300	一、二级	39d	35d	32d	29d	28d	26d	25d	24d
	三级	36d	32d	29d	26d	25d	24d	23d	22d
HRB400、HRBF400	一、二级	46d	40d	37d	33d	32d	31d	30d	29d
	三级	42d	37d	34d	30d	29d	28d	27d	26d
HRB500、HRBF500	一、二级	55d	49d	45d	41d	39d	37d	36d	35d
	三级	50d	45d	41d	38d	36d	34d	33d	32d

注：1. 四级抗震时，$l_{abE}=l_{ab}$。

2. 混凝土强度等级应取锚固区的混凝土强度等级。

3. 当锚固钢筋的保护层厚度不大于5d时，锚固钢筋长度范围内应设置横向构造钢筋其直径不应小于d/4（d为锚固钢筋的最大直径）；对梁、柱等构件间距不应大于5d，对板、墙等构件间距不应大于10d，且均不应大于100mm（d为锚固钢筋的最小直径）。

受拉钢筋锚固长度 l_a　　　　　　　　　　　　　　　表 1-6

钢筋种类	混凝土强度等级														
	C25		C30		C35		C40		C45		C50		C55		≥C60	
	d≤25	d>25	d≤25	d>25	d≤25	d>25	d≤25	d>25	d≤25	d>25	d≤25	d>25	d≤25	d>25	d≤25	d>25
HPB300	34d	—	30d	—	28d	—	25d	—	24d	—	23d	—	22d	—	21d	—
HRB400、HRBF400、RRB400	40d	44d	35d	39d	32d	35d	29d	32d	28d	31d	27d	30d	26d	29d	25d	28d
HRB500、HRBF500	48d	53d	43d	47d	39d	43d	36d	40d	34d	37d	32d	35d	31d	34d	30d	33d

受拉钢筋抗震锚固长度 l_{aE}　　　　表 1-7

钢筋种类及抗震等级		混凝土强度等级															
		C25		C30		C35		C40		C45		C50		C55		≥C60	
		$d≤25$	$d>25$	$d≤25$	$d>25$	$d≤25$	$d>25$	$d≤25$	$d>25$	$d≤25$	$d>25$	$d≤25$	$d>25$	$d≤25$	$d>25$	$d≤25$	$d>25$
HPB300	一、二级	39d	—	35d	—	32d	—	29d	—	28d	—	26d	—	25d	—	24d	—
	三级	36d	—	32d	—	29d	—	26d	—	25d	—	24d	—	23d	—	22d	—
HRB400、HRBF400	一、二级	46d	51d	40d	45d	37d	40d	33d	37d	32d	36d	31d	35d	30d	33d	29d	32d
	三级	42d	46d	37d	41d	34d	37d	30d	34d	29d	33d	28d	32d	27d	30d	26d	29d
HRB500、HRBF500	一、二级	55d	61d	49d	54d	45d	49d	41d	46d	39d	43d	37d	40d	36d	39d	35d	38d
	三级	50d	56d	45d	49d	41d	45d	38d	42d	36d	39d	34d	37d	33d	36d	32d	35d

注：1. 当为环氧树脂涂层带肋钢筋时，表中数据尚应乘以 1.25。
　　2. 当纵向受拉钢筋在施工过程中易受扰动时，表中数据尚应乘以 1.1。
　　3. 当锚固长度范围内纵向受力钢筋周边保护层厚度为 3d（d 为锚固钢筋的直径）时，表中数据可乘以 0.8；保护层厚度不小于 5d 时，表中数据可乘以 0.7；中间时按内插值。
　　4. 当纵向受拉普通钢筋锚固长度修正系数（注 1～注 3）多于一项时，可按连乘计算。
　　5. 受拉钢筋的锚固长度 l_a、l_{aE} 计算值不应小于 200mm。
　　6. 四级抗震时，$l_{aE}=l_a$。
　　7. 当锚固钢筋的保护层厚度不大于 5d 时，锚固钢筋长度范围内应设置横向构造钢筋，其直径不应小于 $d/4$（d 为锚固钢筋的最大直径）；对梁、柱等构件间距不应大于 5d，对板、墙等构件间距不应大于 10d，且均不应大于 100mm（d 为锚固钢筋的最小直径）。
　　8. HPB300 钢筋末端应做 180°弯钩，做法详见 22G101-2 图集。
　　9. 混凝土强度等级应取锚固区的混凝土强度等级。

纵向受力钢筋谁锚入谁，与支撑受力有关。如：基础支撑柱、柱支撑梁、梁支撑板。所以，板纵向受力筋锚入梁、梁纵向受力筋锚入柱、柱的纵向受力筋锚入基础。这就说明构件的受力钢筋谁锚入谁，与支撑和被支撑有关，支撑构件是被支撑构件的支座，纵向钢筋锚入支座内，而锚固长度就是指纵向钢筋伸入支座内的那部分长度，从构件的汇交处（节点）内侧算起。因此纵向受力筋的计算长度就简化为：支座内长度（锚固长度）＋支座外长度。

受拉纵筋的锚固形式有直锚和弯锚两种，它与锚固区的长度和施工要求有关，当支座区或锚固区足够长时，尽量采用直锚；若为了施工方便或锚固区的长度不足时，只能采用弯锚的形式。

直锚长度：取值 l_a（l_{aE}）。

弯锚长度：伸入支座的平直段＋弯折长度（比如梁纵筋的弯锚长度≥$0.4l_{abE}+15d$）。

光圆钢筋的受拉锚固，末端应做 $6.25d$ 的辅助锚固弯钩，但受压和构造锚固可不做。

1.1.4　钢筋的连接

工厂生产出来的钢筋按一定规格（如 9m、12m）的定尺长度供应。而实际工程中使用的钢筋有长有短，就要求对纵向钢筋进行连接。尤其柱筋，要求尽量做到在每层楼面顶部连接，且层层连接。

纵向钢筋的连接分为绑扎连接、焊接、机械连接三类，连接类型和质量应符合国家现行有关标准的规定。对于绑扎连接，接头中点位于 $1.3l_l$（或 $1.3l_{lE}$）连接区段长度内的绑扎连接接头，均属于"同一连接区段"；而对于机械连接，接头中点位于 $35d$ 区段长度内或焊接连接点位于 $35d$ 且大于 $500mm$ 区段内的接头，均属于"同一连接区段"。在同一连接区段内连接的纵向钢筋被视为同一批连接的钢筋。"同一连接区段"的确定：小连大，按小算；当同一连接区段长度不同时，取大值。连接接头面积百分率的计算公式，无论是绑扎、焊接还是机械连接接头面积百分率，均为"同一连接区段"内接头的纵向受力钢筋截面面积与本构件同类钢筋在同一连接范围内的全部纵向钢筋截面面积的比值。同一连接区段内的纵向受拉钢筋绑扎搭接接头，机械连接、焊接接头示意图如图 1-2、图 1-3 所示（摘自 22G101-1 图集）。

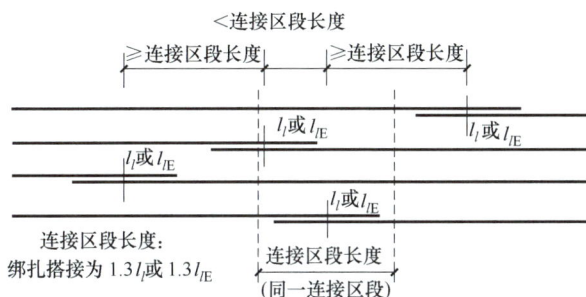

图 1-2 同一连接区段内纵向受拉钢筋绑扎搭接接头

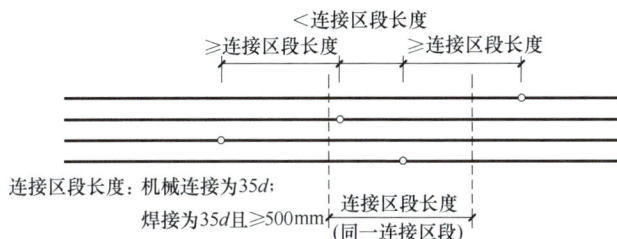

图 1-3 同一连接区段内纵向受拉钢筋机械连接、焊接接头

受拉钢筋绑扎接头长度根据抗震与非抗震情况直接查表得出，如表 1-8、表 1-9 所示（摘自 22G101-1 图集）。

纵向受拉钢筋搭接长度 l_l　　　　　　　　　　表 1-8

钢筋种类及同一区段内搭接钢筋面积百分率		混凝土强度等级															
		C25		C30		C35		C40		C45		C50		C55		C60	
		$d \leqslant 25$	$d > 25$	$d \leqslant 25$	$d > 25$	$d \leqslant 25$	$d > 25$	$d \leqslant 25$	$d > 25$	$d \leqslant 25$	$d > 25$	$d \leqslant 25$	$d > 25$	$d \leqslant 25$	$d > 25$	$d \leqslant 25$	$d > 25$
HPB300	≤25%	41d	—	36d	—	34d	—	30d	—	29d	—	28d	—	26d	—	25d	—
	50%	48d	—	42d	—	39d	—	35d	—	34d	—	32d	—	31d	—	29d	—
	100%	54d	—	48d	—	45d	—	40d	—	38d	—	37d	—	35d	—	34d	—

续表

钢筋种类及同一区段内搭接钢筋面积百分率		混凝土强度等级														
		C25		C30		C35		C40		C45		C50		C55		C60	
		$d \leqslant 25$	$d > 25$	$d \leqslant 25$	$d > 25$	$d \leqslant 25$	$d > 25$	$d \leqslant 25$	$d > 25$	$d \leqslant 25$	$d > 25$	$d \leqslant 25$	$d > 25$	$d \leqslant 25$	$d > 25$	$d \leqslant 25$	$d > 25$
HRB400 HRBF400 RRB400	≤25%	48d	53d	42d	47d	38d	42d	35d	38d	34d	37d	32d	36d	31d	35d	30d	34d
	50%	56d	62d	49d	55d	45d	49d	41d	45d	39d	43d	38d	42d	36d	41d	35d	39d
	100%	64d	70d	56d	62d	51d	56d	46d	51d	45d	50d	43d	48d	42d	46d	40d	45d
HRB500 HRBF500	≤25%	58d	64d	52d	56d	47d	52d	43d	48d	41d	44d	38d	42d	37d	41d	36d	40d
	50%	67d	74d	60d	66d	55d	60d	50d	56d	48d	52d	45d	49d	43d	48d	42d	46d
	100%	77d	85d	69d	75d	62d	69d	58d	64d	54d	59d	51d	56d	50d	54d	48d	53d

注：1. 表中数值为纵向受拉钢筋绑扎搭接接头的搭接长度。

2. 两根不同直径钢筋搭接时，表中 d 取钢筋较小直径。

3. 当为环氧树脂涂层带肋钢筋时，表中数据尚应乘以 0.25。

4. 当纵向受拉钢筋在施工过程中易受扰动时，表中数据尚应乘以 1.1。

5. 当搭接长度范围内纵向受力钢筋周边保护层厚度为 $3d$（d 为锚固钢筋的直径）时，表中数据可乘以 0.8；保护层厚度不小于 $5d$ 时，表中数据可乘以 0.7；中间时按内插值。

6. 当上述修正系数（注 3～注 5）多于一项时，可按连乘计算。

7. 当位于同一连接区段内的钢筋搭接接头面积百分率为表中数据中搭接长度可按内插取值。

8. 任何情况下，搭接长度不应小于 300mm。

9. HPB300 级钢筋末端应做 180°弯钩，做法详见 22G101-2 图集。

纵向受拉钢筋抗震搭接长度 l_{lE}　　　　　　　　　　　　　　　　　表 1-9

钢筋种类及同一区段内搭接钢筋面积百分率			混凝土强度等级														
			C25		C30		C35		C40		C45		C50		C55		C60	
			$d \leqslant 25$	$d > 25$	$d \leqslant 25$	$d > 25$	$d \leqslant 25$	$d > 25$	$d \leqslant 25$	$d > 25$	$d \leqslant 25$	$d > 25$	$d \leqslant 25$	$d > 25$	$d \leqslant 25$	$d > 25$	$d \leqslant 25$	$d > 25$
一、二级抗震等级	HPB300	≤25%	47d	—	42d	—	38d	—	35d	—	34d	—	31d	—	30d	—	29d	—
		50%	55d	—	49d	—	45d	—	41d	—	39d	—	36d	—	35d	—	34d	—
	HRB400 HRBF400	≤25%	55d	61d	48d	54d	44d	48d	40d	44d	38d	43d	37d	42d	36d	40d	35d	38d
		50%	64d	71d	56d	63d	52d	56d	46d	52d	45d	50d	43d	49d	42d	46d	41d	45d
	HRB500 HRBF500	≤25%	66d	73d	59d	65d	54d	59d	49d	55d	47d	52d	44d	48d	43d	47d	42d	46d
		50%	77d	85d	69d	76d	63d	69d	57d	64d	55d	60d	52d	56d	50d	55d	49d	53d
三级抗震等级	HPB300	≤25%	43d	—	38d	—	35d	—	31d	—	30d	—	29d	—	28d	—	26d	—
		50%	50d	—	45d	—	41d	—	36d	—	35d	—	34d	—	32d	—	31d	
	HRB400 HRBF400	≤25%	50d	55d	44d	49d	41d	44d	36d	41d	34d	38d	34d	38d	32d	36d	31d	35d
		50%	59d	64d	52d	57d	48d	52d	42d	48d	41d	46d	39d	45d	38d	42d	36d	41d
	HRB500 HRBF500	≤25%	60d	67d	54d	59d	49d	54d	46d	50d	43d	47d	41d	44d	40d	43d	38d	42d
		50%	70d	78d	63d	69d	57d	63d	53d	59d	50d	55d	48d	52d	46d	50d	45d	49d

注：1. 表中数值为纵向受拉钢筋绑扎搭接接头的搭接长度。

2. 两根不同直径钢筋搭接时，表中 d 钢筋取较小直径。

3. 当为环氧树脂涂层带肋钢筋时，表中数据尚应乘以 1.25。

4. 当纵向受拉钢筋在施工过程中易受扰动时，表中数据尚应乘以 1.1。

5. 当搭接长度范围内纵向受力钢筋周边保护层厚度为 $3d$（d 为锚固钢筋的直径）时，表中数据可乘以 0.8；保护层厚度不小于 $5d$ 时，表中数据可乘以 0.7；中间时按内插值。

6. 当上述修正系数（注 3～注 5）多于一项时，可按连乘计算。

7. 当位于同一连接区段内的钢筋搭接接头面积百分率为 100%时，$l_{lE} = 1.6 l_{aE}$。

8. 当位于同一连接区段内的钢筋搭接接头面积百分率为表中数据中间值时，搭接长度可按内插取值。

9. 任何情况下，搭接长度不应小于 300mm。

10. 四级抗震等级时，$l_l = l_{lE}$。详见 22G101-2 图集。

11. HPB300 钢筋末端应做 180°弯钩，做法详见 22G101-2 图集。

钢筋连接的基本要求：

（1）钢筋的接头宜设置在受力较小处。同一纵向受力钢筋不宜设置两个或两个以上接头，接头末端至钢筋弯起点的距离不应小于钢筋直径的 10 倍。

（2）当受力钢筋采用机械连接或焊接时，设置在同一构件内的接头宜相互错开。

（3）同一连接区段内，纵向受力钢筋的接头面积百分率应符合设计要求；当设计无具体要求时，应符合下列规定：

1）在受拉区不宜大于 50%。

2）接头不宜设置在有抗震设防要求的框架梁端、柱端的箍筋加密区；当无法避开时，机械连接接头不应大于 50%。

3）直接承受动力荷载的结构构件中，不宜采用焊接接头；当采用机械连接接头时，不应大于 50%。

任务 1.2　钢筋平法识图原理

1.2.1　平法简介

1. 平法的概念

平法是混凝土结构施工图平面整体表示方法制图规则和构造详图的简称，包括制图规则和构造详图两大部分。平法的表达形式，概括来讲，是把结构构件的尺寸和配筋等信息，按照平面整体表示方法的制图规则，直接表达在各类构件的结构平面布置图上，再与标准构造详图相配合，构成一套完整的结构设计施工图纸。设计师可以用较少的元素，准确地表达丰富的设计意图，这是一种科学合理且简洁高效的结构设计方法。

2. 平法的优势

平法是我国对混凝土结构施工图设计表示方法所进行的一项重大改革，是国家科技成果重点推广项目。建筑工程施工图纸可分为建筑施工图和结构施工图两大部分，自从实行了平法设计，结构施工图的数量大幅度减少，一个工程的图纸由过去的百余张变成了二三十张，不但画图的工作量减少了，而且结构设计的后期计算，例如每根钢筋形状和尺寸的具体设计，工程钢筋的绘制等也被免去了。

（1）采用标准化的设计制图规则，结构施工图表达数字化、符号化，单张图纸的信息量较大并且集中。

（2）构件分类明确，层次清晰，设计速度快，效率成倍提高。

（3）设计者易掌握全局，易修改，易校审，易控制设计质量。

（4）平法分结构层设计的图纸与水平逐层施工的顺序完全一致，对标准层可实现单张图纸施工，有利于施工质量管理。

（5）平法采用标准化的构造详图，形象、直观，施工易懂、易操作。

（6）平法大幅度降低设计成本和设计消耗，节约自然资源。

1.2.2 平法标准图集简介

1. 平法图集内容

平法标准图集即 G101 系列平法图集，是混凝土结构施工图采用建筑结构施工图平面整体设计方法的国家建筑标准设计图集。平法标准图集内容包括两个主要部分：一是平法制图规则，二是标准构造详图。平法的表示方法有三种：平面注写方式、列表注写方式和截面注写方式。

2. 平法图集的特点

平法图集的特点有以下几点：结构设计标准化；结构构造规律化；图纸顺序与施工顺序一致化；化繁琐的传统为简洁形式。

3. 平法的形成

1995 年 7 月，平法通过了建设部科技成果鉴定。

1996 年 11 月，《96G101》发行。

2003 年 1 月，《03G101-1》修订完成。

2003 年 7 月，《03G101-2》发行。

2004 年 2 月，《03G101-3》发行。

2006 年 9 月，《04G101-1》《04G101-2》《04G101-3》修订完成。

2011 年 9 月，《11G101-1》《11G101-2》《11G101-3》发行。

2016 年 9 月，《16G101-1》《16G101-2》《16G101-3》发行。

2022 年 9 月，《22G101-1》《22G101-2》《22G101-3》发行。

从 2006 年开始，原则上每隔 5 年平法图集修订一次。

4. 平法图集组成及适用范围

现行平法系列图集包括三册，如图 1-4 所示，分别为：《混凝土结构施工图平面整体表示方法制图规则和构造详图（现浇混凝土框架、剪力墙、梁、板）》22G101-1、《混凝土结构施工图平面整体表示方法制图规则和构造详图（现浇混凝土板式楼梯）》22G101-2、《混凝土结构施工图平面整体表示方法制图规则和构造详图（独立基础、条形基础、筏形基础、桩基础）》22G101-3。

图 1-4　G101 系列图集

（1）22G101-1：包括基础顶面以上的现浇混凝土柱、剪力墙、梁、板（包括有梁楼盖和无梁楼盖）等构件的平法制图规则和标准构造详图两大部分。其适用于抗震设防烈度为 6～9 度地区的现浇混凝土框架、剪力墙、框架-剪力墙和部分框支剪力墙等主体结构施工图设计。

（2）22G101-2：包括现浇混凝土板式楼梯制图规则和标准构造详图两大部分内容。其适用于非抗震和抗震设防烈度为 6～9 度地区的现浇钢筋混凝土板式楼梯结构施工图的设计。

（3）22G101-3：包括常用的现浇混凝土独立基础、条形基础、筏形基础（分为梁板式和平板式）及桩基础的平法制图规则和标准构造详图两部分内容。其适用于现浇混凝土独立基础、条形基础、筏形基础（分为梁板式和平板式）及桩基础施工图的设计。

任务 1.3　钢筋工程量计算规则

钢筋工程包括现浇构件钢筋、预制构件钢筋、钢筋网片、钢筋笼、先张法预应力钢筋、后张法预应力钢筋、预应力钢丝、预应力钢绞线、支撑钢筋（铁马）、声测管。

1.3.1　工程量计算规则

1. 现浇混凝土钢筋、预制构件钢筋、钢筋网片、钢筋笼，如图 1-5 所示，按设计图示钢筋（网）长度（面积）乘以单位理论质量以"t"计算。

项目特征描述：钢筋种类、规格。钢筋的工作内容中包括焊接（或绑扎）连接，不需要计量，在综合单价中考虑，但机械连接需要单独列项计算工程量。

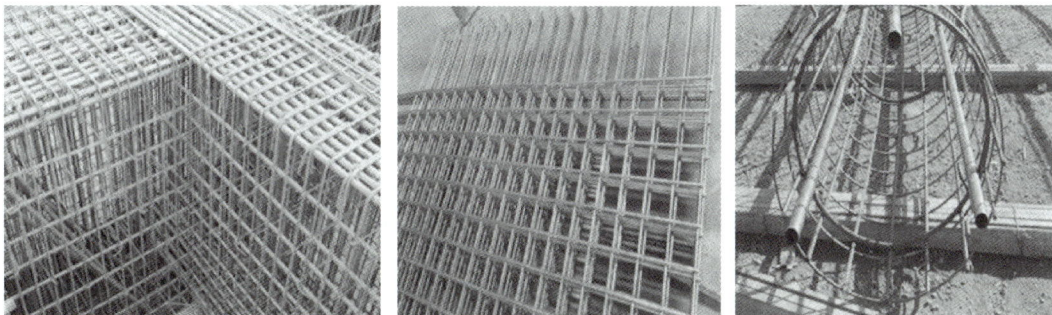

图 1-5　钢筋网、钢筋笼

2. 先张法预应力钢筋，按设计图示钢筋长度乘以单位理论质量以"t"计算。

3. 后张法预应力钢筋、预应力钢丝、预应力钢绞线，按设计图示钢筋（丝束、绞线）长度乘以单位理论质量以"t"计算。

其长度应按以下规定计算：

（1）低合金钢筋两端均采用螺杆锚具时，钢筋长度按孔道长度减 0.35m 计算，螺杆另行计算。

（2）低合金钢筋一端采用镦头插片，另一端采用螺杆锚具时，钢筋长度按孔道长度计算，螺杆另行计算。

（3）低合金钢筋一端采用镦头插片，另一端采用绑条锚具时，钢筋长度增加 0.15m 计算；两端均采用绑条锚具时，钢筋长度按孔道长度增加 0.3m 计算。

（4）低合金钢筋采用后张混凝土自锚时，钢筋长度按孔道长度增加 0.35m 计算。

（5）低合金钢筋（钢绞线）采用 JM、XM、QM 型锚具，孔道长度≤20m 时，钢筋长度增加 1m 计算；孔道长度＞20m 时，钢筋长度增加 1.8m 计算。

（6）碳素钢丝采用锥形锚具，孔道长度≤20m 时，钢丝束长度按孔道长度增加 1m 计算；孔道长度＞20m 时，钢丝束长度按孔道长度增加 1.8m 计算。

（7）碳素钢丝采用镦头锚具时，钢丝束长度按孔道长度增加 0.35m 计算。

4. 支撑钢筋（铁马），如图 1-6 所示，按钢筋长度乘以单位理论质量（t）计算。

在编制工程量清单时，如果设计未明确，其工程数量可为暂估量，结算时按现场签证数量计算。

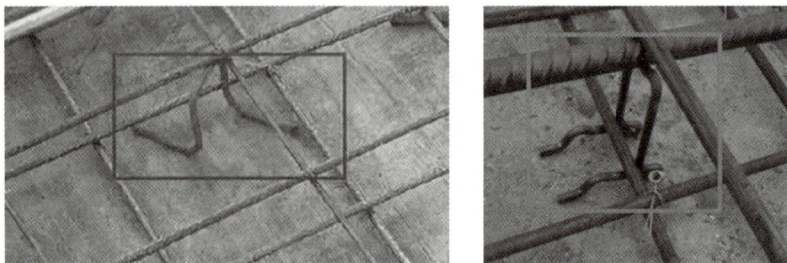

图 1-6　支撑钢筋

5. 声测管，如图 1-7 所示，按设计图示尺寸以质量（t）计算。

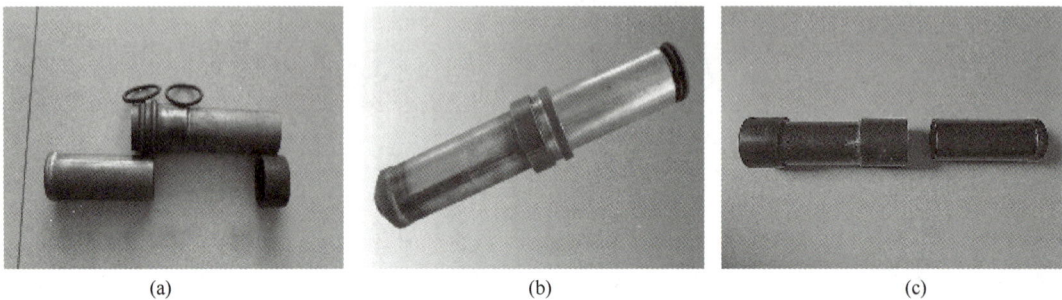

(a)　　　　　　　　　　　　　(b)　　　　　　　　　　　　　(c)

图 1-7　声测管

(a) 钳压式声测管；(b) 螺旋式声测管；(c) 套筒式声测管

1.3.2　相关说明

1. 现浇构件中伸出构件的锚固钢筋应并入钢筋工程量内。除设计（包括规范规定）标明的搭接外，其他施工搭接不计算工程量，在综合单价中综合考虑。

2. 在工程计价中，钢筋连接的数量可根据《房屋建筑与装饰工程消耗量定额》TY01-31-2015 中规定确定。即钢筋连接的数量按设计图示及规范要求计算，设计图纸及规范要求未标明的，按以下规定计算：

（1）ϕ10 以内的长钢筋按每 12m 一个钢筋接头计算；

（2）ϕ10 以上的长钢筋按每 9m 一个钢筋接头计算。

1.3.3 计算原理

1. 钢筋工程量计算

钢筋工程量的计算是先计算钢筋的总长度，再用总长度乘以单根长度理论重量得到总重量。用公式则表示为：

钢筋的总重量(t)＝单根钢筋长度×总根数×钢筋单位长度理论重量

钢筋的长度可分为预算长度和下料长度。预算长度主要应用于工程造价领域内；下料长度主要应用于施工领域内，但在 2013 年后，施工中的钢筋下料长度的计算也要参照平法的计算规则来进行。

钢筋单位理论重量可根据公式计算确定，钢筋单位理论重量＝$0.006165×d^2$（kg/m）（d 为钢筋直径，单位 mm），也可以查表确定，参见表 1-10（钢筋的容重可按 7850kg/m³ 计）。

钢筋的公称直径、公称截面面积及理论重量　　　　表 1-10

公称直径 /mm	不同根数钢筋的公称截面面积/mm²									单根钢筋理论质量/(kg·m⁻¹)
	1	2	3	4	5	6	7	8	9	
6	28.3	57	85	113	142	170	198	226	255	0.222
8	50.3	101	151	201	252	302	352	402	453	0.395
10	78.5	157	236	314	393	471	550	628	707	0.617
12	113.1	226	339	452	565	678	791	904	1017	0.888
14	153.9	308	461	615	769	923	1077	1231	1385	1.21
16	201.1	402	603	804	1005	1206	1407	1608	1809	1.58
18	254.5	509	763	1017	1272	1527	1781	2036	2290	2.00(2.11)
20	314.2	628	942	1256	1570	1884	2199	2513	2827	2.47
22	380.1	760	1140	1520	1900	2281	2661	3041	3421	2.98
25	490.9	982	1473	1964	2454	2945	3436	3927	1418	3.85(4.10)
28	615.8	1232	1817	2463	3079	3695	4310	1926	5542	4.83
32	804.2	1609	2413	3217	4021	4826	5630	6434	7238	6.31(6.65)
36	1017.9	2036	3054	1072	5089	6107	7125	8143	9161	7.99
40	1256.6	2513	3770	5027	6283	7540	8796	10053	11310	9.87(10.34)
50	1963.5	3928	5892	7856	9820	11784	13748	15712	17676	15.42(16.28)

2. 纵筋的计算

纵筋的长度按图示设计长度确定。用公式则表示为：

纵向钢筋单根长度＝净长度＋锚固长度＋连接长度＋弯钩长度

纵筋的根数按设计图示的根数确定。

3. 箍筋的计算

箍筋是为了固定主筋位置和组成钢筋骨架而设置的一种钢筋。箍筋的形式比较复杂，所以单根长度和根数的计算要考虑构件的截面尺寸、混凝土保护层厚度、弯钩的增加长度、抗震等级等。

箍筋单根长度＝箍筋的外皮尺寸周长＋2×弯钩增加长度

双肢箍单根长度（按外皮长度）＝构件截面周长－8×混凝土保护层厚度＋2×弯钩增加长度

双肢箍单根长度（按中心线长度）＝构件截面周长－8×混凝土保护层厚度－4×箍筋直径＋2×弯钩增加长度

箍筋根数的计算按下式：

$$箍筋根数＝\frac{箍筋分布长度}{箍筋间距}＋1$$

项目总结

1. 熟悉钢筋分类及适用范围。
2. 熟悉钢筋计算的计算数据。
3. 掌握钢筋工程量的计算规则、计算原理以及计算方法。

思政提升

通过钢筋基础知识的学习，提升学生认识问题的全面性和发展性，提升所学知识体系的总控能力，提升创新能力、协作能力。

项目习题

一、单项选择题

1. 热轧钢筋的级别提高，则其（　　）。

A. 屈服强度提高，极限强度下降

B. 极限强度提高，塑性提高

C. 屈服强度提高，塑性下降

D. 屈服强度提高，塑性提高

2. 根据《混凝土结构设计标准》（2024 年版）GB/T 50010—2010 规定，300MPa 级钢筋属于（　　）。

A. 光圆钢筋　　　　　　　　　B. 普通热轧带肋钢筋

C. 余热处理带肋钢筋　　　　　D. 细晶粒热轧带肋钢筋

3. 钢筋牌号为 HRB500 级钢筋中，"500" 代表的含义是（　　）。

A. 公称直径　　　　　　　　　B. 屈服强度

C. 抗拉强度　　　　　　　　　D. 抗压强度

4. 下面不属于影响钢筋锚固长度 l_{aE} 大小选择因素的是（　　）。

A. 抗震等级　　　　　　　　　B. 混凝土强度

C. 钢筋种类及直径　　　　　　D. 保护层厚度

5. 混凝土保护层厚度是指（　　）。

A. 纵筋中心至混凝土表面的距离　　B. 纵筋外缘至混凝土表面的距离

C. 箍筋中心至混凝土表面的距离　　D. 最外层钢筋的最外边缘到混凝土表面的距离

6. 国家建筑标准设计图集 22G101 混凝土结构施工平面图平面整体表示方法其优点在于（　　）。

A. 适用于所有地区现浇混凝土结构施工图设计

B. 用图集表示了大量的标准构造详图

C. 适当增加图纸数量，表达更为详细

D. 识图简单一目了然

7. 根据《房屋建筑与装饰工程工程量计算标准》GB/T 50854—2024，钢筋工程中钢筋网片工程量（　　　）。

A. 不单独计算

B. 按设计图示以数量计算

C. 按设计图示面积乘以单位理论质量计算

D. 按设计图示尺寸以片计算

8. 后张法施工预应力混凝土，孔道长度为 12.00m，采用后张混凝土自锚低合金钢筋。钢筋工程量计算的每孔钢筋长度为（　　　）。

A. 12.00m　　　　B. 12.15m　　　　C. 12.35m　　　　D. 13.00m

9. 根据《混凝土结构设计标准》（2024 年版）GB/T 50010—2010，设计使用年限为 50 年的二 b 环境类别条件下，混凝土强度等级 C30 的梁柱最外层钢筋保护层最小厚度应为（　　　）。

A. 25mm　　　　B. 35mm　　　　C. 40mm　　　　D. 50mm

10. 下列关于钢筋焊接连接，叙述不正确的是（　　　）。

A. 闪光对焊不适宜于预应力钢筋焊接

B. 电渣压力焊适宜于斜向钢筋的焊接

C. 气压焊适宜于直径相差 7mm 的不同直径钢筋焊接

D. 电弧焊可用于钢筋和钢板的焊接

读者可扫描下方二维码获取更多试题资源。

钢筋基础知识

二、填空题

1. 钢筋混凝土结构用钢筋分别是_____，_____，RRB400，HRBF400，HRB500 等。

2. 热轧钢筋是建筑工程中用量最大的钢材之一，主要用于_____和_____。

3. 纵向钢筋的连接分为_____、_____、_____三类，连接类型和质量应符合国家现行有关标准的规定。

4. 钢筋的锚固形式通常有_____和_____。

5. 平法是_____的简称，是把结构构件的_____等，按照平面整体表示方法制图规则，整体直接表达在各类构件的结构平面布置图上，在与图集中标注构造详图相配合。

三、简答题

1. 什么是混凝土保护层厚度？

2. 什么是钢筋锚固长度？

3. 现浇混凝土钢筋的工程量计算规则是什么？

4. 简要说明平法图集的组成及适用范围。

5. 简要说明钢筋工程量的计算原理。

项目 2　基础钢筋工程

思维导图

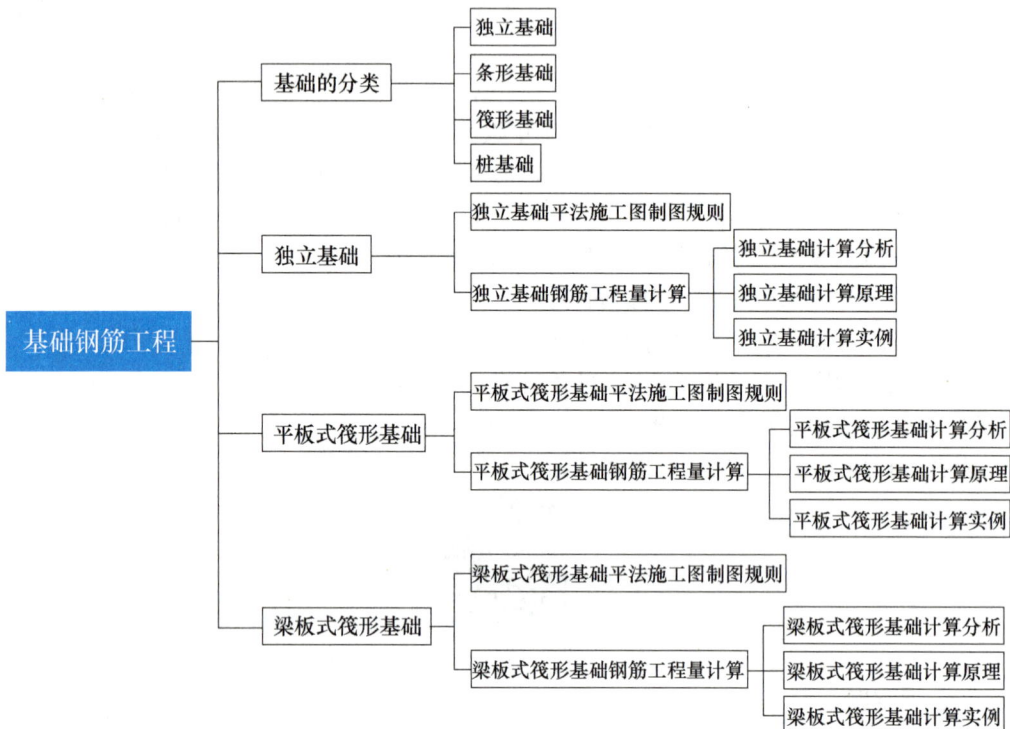

知识要点

　　通过本章的学习，熟悉 22G101 图集的相关内容；掌握现浇混凝土独立基础、筏形基础施工图中平法制图规则所表达的内容；掌握基础标准构造详图中基础底板配筋、基础主梁（次梁）纵筋构造规定；能够准确计算各类基础钢筋的长度。

思政要点

　　通过基础钢筋平法施工图识读，引导学生思考"规则"在专业领域的重要性，确立"规则意识"。以不同类型基础钢筋的计算组成作为切入点，明确学生在未来岗位上的自我担当，确立"责任意识"。

任务 2.1　基础的分类

　　建筑物向地基传递荷载的下部结构就是基础，按照基础材料不同可分为砖基础、毛石基础、混凝土基础、钢筋混凝土基础等；按照基础的构造形式不同可分为独立基础、条形基础、筏形基础和桩基础等。

1. 独立基础

建筑物上部结构采用框架结构或单层排架结构承重时，基础常采用圆柱形和多边形等形式的独立基础，这类基础称为独立基础。独立基础分为三种：阶形基础、锥形基础、杯形基础，如图 2-1 所示。

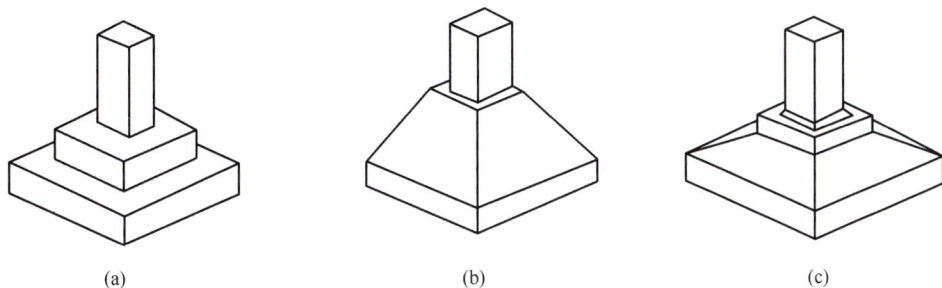

图 2-1 独立基础
（a）阶形基础；（b）坡形基础；（c）杯形基础

2. 条形基础

条形基础是指基础长度远远大于宽度的一种基础形式。按上部结构分为墙下条形基础和柱下条形基础，如图 2-2、图 2-3 所示。

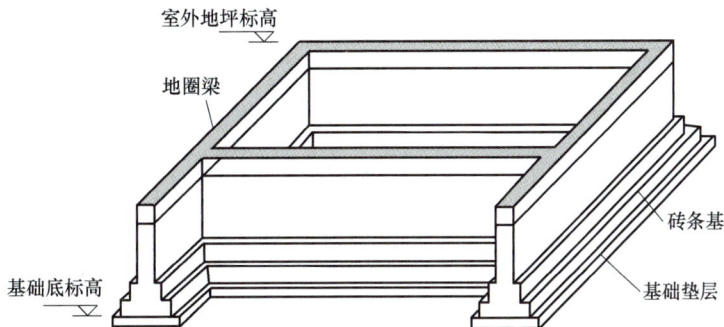

图 2-2 墙下条形基础

3. 筏形基础

当建筑物上部荷载较大而地基承载能力又比较弱时，用简单的独立基础或条形基础已不能适应地基变形的需要，这时常将墙或柱下基础连成一片，使整个建筑物的荷载承受在一块整板上，这种满堂式的基础称为筏形基础。筏形基础分为平板式和梁板式。

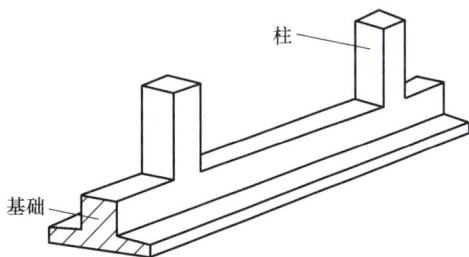

图 2-3 柱下条形基础

（1）平板式

平板式筏形基础的底板是一块厚度相等的钢筋混凝土平板。板厚一般在 0.5～2.5m

之间。平板式筏形基础适用于柱荷载不大、柱距较小且等柱距的情况，其特点是施工方便、建造快，但混凝土用量大，如图 2-4 所示。

（2）梁板式

梁板式筏形基础是指底板和基础梁组成的筏形基础，如图 2-5 所示。

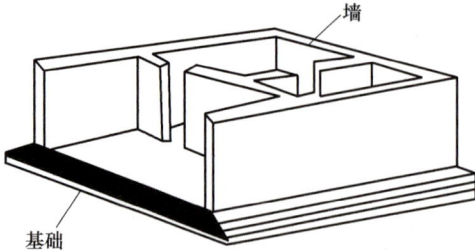

图 2-4　平板式筏形基础

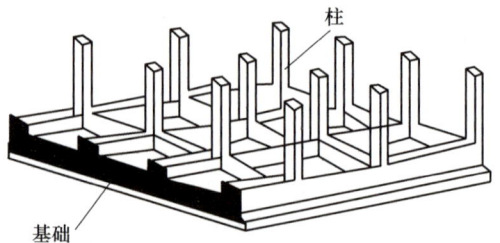

图 2-5　梁板式筏形基础

4. 桩基础

桩基础是基础结构的一种形式，由桩和连接桩顶的桩承台（简称承台）组成的深基础，简称桩基。其具有承载力高、沉降量小且均匀的特点，几乎可以应用于各种工程地质条件和各种类型的工程，尤其适用于建筑在软弱地基上的重型建（构）筑物，如图 2-6 所示。

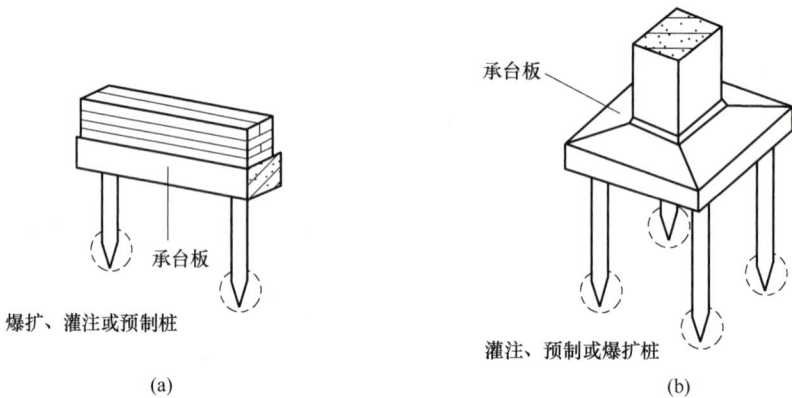

爆扩、灌注或预制桩

（a）

灌注、预制或爆扩桩

（b）

图 2-6　桩基础

（a）墙下桩基础；（b）柱下桩基础

任务 2.2　独 立 基 础

2.2.1　独立基础平法施工图制图规则

1. 独立基础平法施工图的表示方法

（1）独立基础平法施工图，有平面注写、截面注写和列表注写三种表达方式，设计者可根据具体工程情况选择一种，或将两种方式相结合进行独立基础的施工图设计。

（2）绘制独立基础平面布置图时，应将独立基础平面与基础所支承的柱一起绘制。当设置基础联系梁时，可根据图面的疏密情况，将基础联系梁与基础平面布置图一起绘制，或将基础联系梁布置图单独绘制。

（3）在独立基础平面布置图上应标注基础定位尺寸；当独立基础的柱中心线或杯口中心线与建筑轴线不重合时，应标注其定位尺寸。编号相同且定位尺寸相同的基础，可仅选择一个进行标注。

2. 独立基础编号

各种独立基础的编号见表 2-1。

独立基础编号   表 2-1

类型	基础底板截面形状	代号	序号
普通独立基础	阶形	DJj	××
	锥形	DJz	××
杯口独立基础	阶形	BJj	××
	锥形	BJz	××

3. 平面注写方式

独立基础的平面注写方式，分为集中标注和原位标注。

（1）独立基础的集中标注

普通独立基础和杯口独立基础的集中标注，在基础平面图上集中引注：基础编号、截面竖向尺寸、配筋三项必注内容，以及基础底面标高（与基础底面基准标高不同时）和必要的文字注解两项选注内容，如图 2-7 所示。

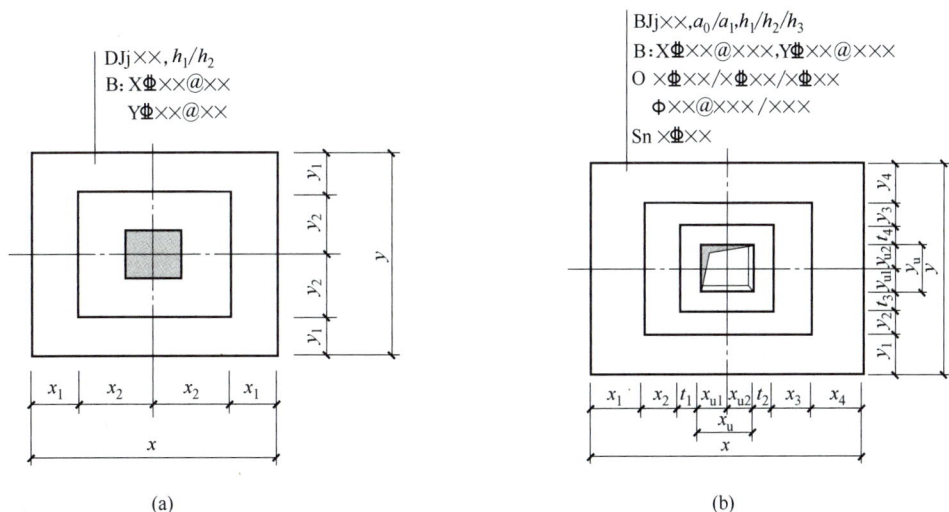

图 2-7 独立基础平面注写方式

（a）普通独立基础；（b）杯口独立基础

1）注写独立基础编号（必注内容），见表 2-1。

如图 2-7（a）所示，普通独立基础阶形截面注写为 DJj××；

如图 2-7（b）所示，杯口独立基础阶形截面注写为 BJj××。

2）注写独立基础截面竖向尺寸（必注内容）。

① 普通独立基础。注写 $h_1/h_2/\cdots\cdots$，具体标注为：当独立基础为阶形截面时，如图 2-8（a）所示，各阶尺寸自下而上用"/"分隔顺写。例如阶形截面普通独立基础 DJj×× 的竖向尺寸标注为 400/300/300 时，表示 $h_1=400\text{mm}$、$h_2=300\text{mm}$、$h_3=300\text{mm}$，基础底板总厚度为 1000mm。

当基础为单阶时，其竖向尺寸仅为一个，如图 2-8（b）所示。

当基础为锥形截面时，注写为 h_1/h_2，如图 2-8（c）所示。

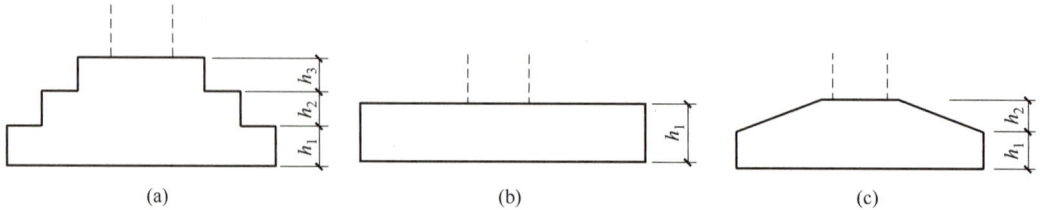

图 2-8　普通独立基础竖向尺寸

（a）阶形截面普通独立基础竖向尺寸；（b）单阶形截面普通独立基础竖向尺寸；
（c）锥形截面普通独立基础竖向尺寸

② 杯口独立基础。当基础为阶形（锥形）截面时，其竖向尺寸分两组，一组表达杯口内，一组表达杯口外，两组尺寸以"，"分隔，注写为 a_0/a_1，$h_1/h_2/h_3\cdots$，其中 a_0 为杯口深度。如图 2-9 所示。

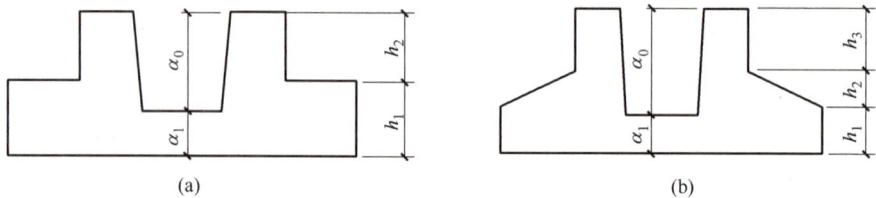

图 2-9　杯口独立基础竖向尺寸

（a）阶形截面杯口独立基础竖向尺寸；（b）锥形截面杯口独立基础竖向尺寸

③ 注写独立基础配筋（必注内容）。注写独立基础底板配筋，普通独立基础和杯口基础的底部双向配筋注写方式如下：

A. 以 B 代表各种独立基础底板的底部配筋；

B. x 向配筋以 X 打头、y 向配筋以 Y 打头注写，当两向配筋相同时，则以 X&Y 打头注写；

C. 注写杯口独立基础顶部焊接钢筋网，以 Sn 打头引注杯口顶部焊接钢筋网的各边钢筋。

④ 注写基础底面标高（选注内容）。当独立基础的底面标高与基础底面基准标高不同时，应将独立基础底面标高直接注写在"（　）"内。

⑤ 必要的文字注解（选注内容）。当独立基础的设计有特殊要求时，宜增加必要的文字注解。例如，基础底板配筋长度是否采用缩短方式等，可在该项内注明。

【例 2-1】　识读如图 2-10 所示独立基础的平面集中标注内容。

解： 如图 2-10 所示，DJj1，200/200 表示普通阶形独立基础 1，两阶，$h_1 = 200\text{mm}$，$h_2 = 200\text{mm}$，基础总高为 400mm。

B：XΦ14@200，YΦ14@200 表示基础底板底部配置螺纹钢，x 方向直径为 14mm，间距为 200mm，y 方向直径为 14mm，间距为 200mm。

（2）独立基础的原位标注

独立基础的原位标注，系在基础平面布置图上标注独立基础的平面尺寸。对相同编号的基础，可选择一个进行原位标注。当平面图形较小时，可将所选定进行原位标注的基础按比例适当放大，其他相同编号者仅注编号。

① 普通独立基础。原位标注 x、y，x_i、y_i；$i = 1，2，3\cdots\cdots$。其中，x、y 为普通独立基础两向边长，x_i、y_i 为阶宽或锥形平面尺寸。（图 2-11）

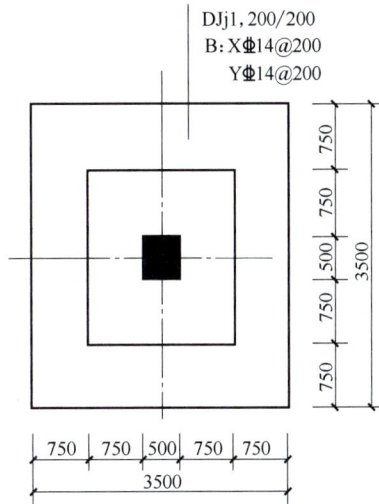

图 2-10　某独立基础平面标注

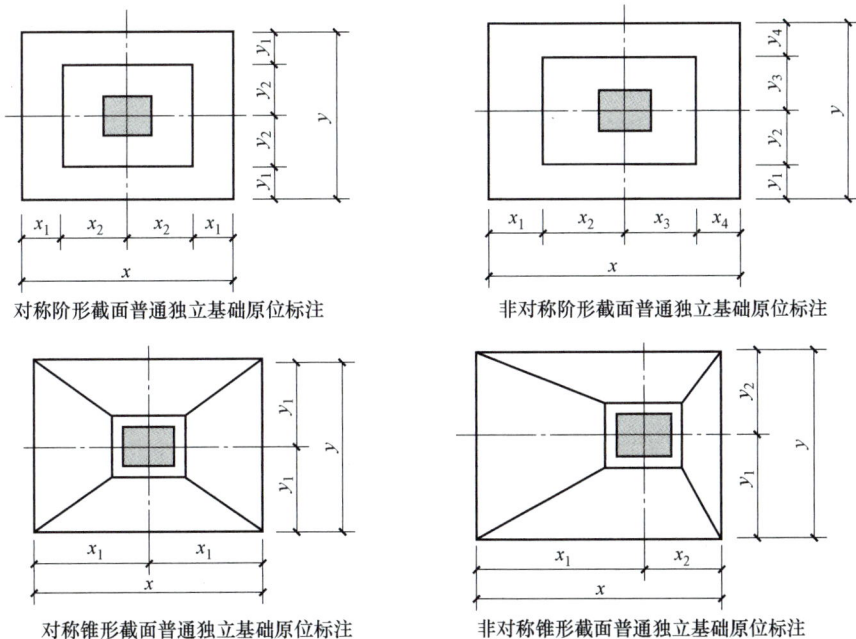

图 2-11　普通独立基础原位标注

② 杯口独立基础。原位标注形式 x、y、x_u、y_u、x_{ui}、y_{ui}、t_i、x_i、y_i，$i = 1，2，3\cdots\cdots$。其中，x、y 为杯口独立基础两向边长，x_u、y_u 为杯口上口尺寸，x_{ui}、y_{ui} 为杯口上口边到轴线的尺寸，t_i 为杯壁上口厚度，下口厚度为 $t_i + 25\text{mm}$，x_i、y_i 为阶宽或锥形截面尺寸。杯口上口尺寸 x_u、y_u，按柱截面边长两侧双向各加 75mm；杯口下口尺寸按标准构造详图（为插入杯口的相应柱截面边长尺寸，每边各加 50mm），设计不注（图 2-12）。

【例 2-2】 识读如图 2-10 所示独立基础的原位标注内容。

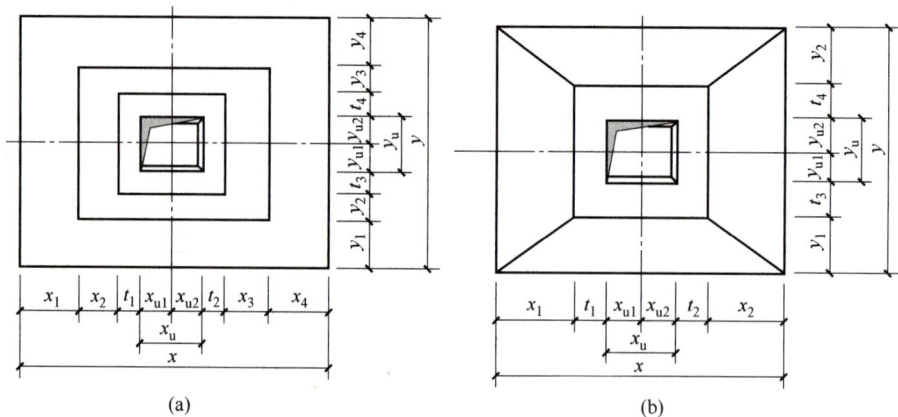

图 2-12　杯口独立基础原位标注

(a) 阶形截面杯口独立基础原位标注；(b) 锥形截面杯口独立基础原位标注

解： 该独立基础所支承的柱截面为 500mm×500mm；

第一阶边长 3500mm×3500mm；

第二阶边长 2000mm×2000mm。

4. 截面注写方式

（1）独立基础采用截面注写方式，应在基础平面布置图上对所有基础进行编号，标注独立基础的平面尺寸，并用剖面号引出对应的截面图；对相同编号的基础，可选择一个进行标注，见表 2-1。

（2）对单个基础进行截面标注的内容和形式，与传统"单构件正投影表示方法"基本相同。对于已在基础平面布置图上原位标注清楚的该基础的平面几何尺寸，在截面图上可不再重复表达，具体表达内容可参照 22G101-3 图集中相应的标准构造。

5. 列表注写方式

（1）独立基础采用列表注写方式，应在基础平面布置图上对所有基础进行编号，见表 2-1。

（2）对多个同类基础，可采用列表注写（结合平面和截面示意图）的方式进行集中表达。表中内容为基础截面的几何数据和配筋等，在平面和截面示意图上应标注与表中栏目相对应的代号。列表的具体内容规定如下：

1）普通独立基础。普通独立基础列表集中注写栏目为：

① 编号：应符合表 2-1 的规定。

② 几何尺寸：水平尺寸 x、y、x_i、y_i，$i=1$，2，3……；竖向尺寸 h_1/h_2……。

③ 配筋：B：XΦ××@×××，YΦ××@×××。

普通独立基础列表格式见表 2-2。

普通独立基础几何尺寸和配筋表　　　　表 2-2

基础编号/	截面几何尺寸						底部配筋（B）	
截面号	x	y	x_i	y_i	h_1	h_2	x 向	y 向

注：表中可根据实际情况增加栏目。

2）杯口独立基础。杯口独立基础列表集中注写栏目为：

① 编号：应符合表 2-1 的规定。

② 几何尺寸：水平尺寸 x、y、x_u、y_u、x_{ui}、y_{ui}，t_i，x_i、y_i，$i=1$，2，3……；竖向尺寸 a_0、a_1、$h_1/h_2/h_3$……。

③ 配筋：B：X$\Phi\times\times@\times\times$，Y$\Phi\times\times@\times\times\times$，Sn$\times\Phi\times\times$，O$\times\Phi\times\times/\times\Phi\times\times/\times\Phi\times\times$，$\phi\times\times@\times\times\times/\times\times\times$。

杯口独立基础列表格式见表 2-3。

杯口独立基础几何尺寸和配筋表   表 2-3

| 基础编号/截面号 | 截面几何尺寸 | | | | | | | | 底部配筋（B） | | 杯口顶部钢筋网（Sn） | 短柱配筋（O） | |
	x	y	x_i	y_i	a_0	a_1	h_1	h_2	x 向	y 向		角筋/x边中部筋/y边中部筋	杯口壁箍筋/其他部位箍筋

注：表中可根据实际情况增加栏目。

2.2.2 独立基础钢筋工程量计算

1. 独立基础钢筋计算内容

独立基础钢筋计算内容如图 2-13 所示。

图 2-13 独立基础钢筋计算内容

2. 独立基础钢筋计算分析

以图 2-10 所示独立基础为例，按照独立基础平法施工图制图规则要求以及独立基础内需要计算的钢筋内容，该独立基础需要计算的钢筋内容如图 2-14 所示。

图 2-14 DJj1 钢筋计算分析

3. 独立基础钢筋计算原理

（1）一般钢筋构造，如图 2-15 所示。

1）适用条件：对各种尺寸的单柱、多柱独立基础都适用。

2）布筋特点：x 和 y 方向均连续垂直布置，且正交成钢筋网。第一根钢筋距基础边的距离 min（75mm，$s/2$），布筋间距 s。

3）计算原理：单根长度×根数。

4）计算公式：见表 2-4。

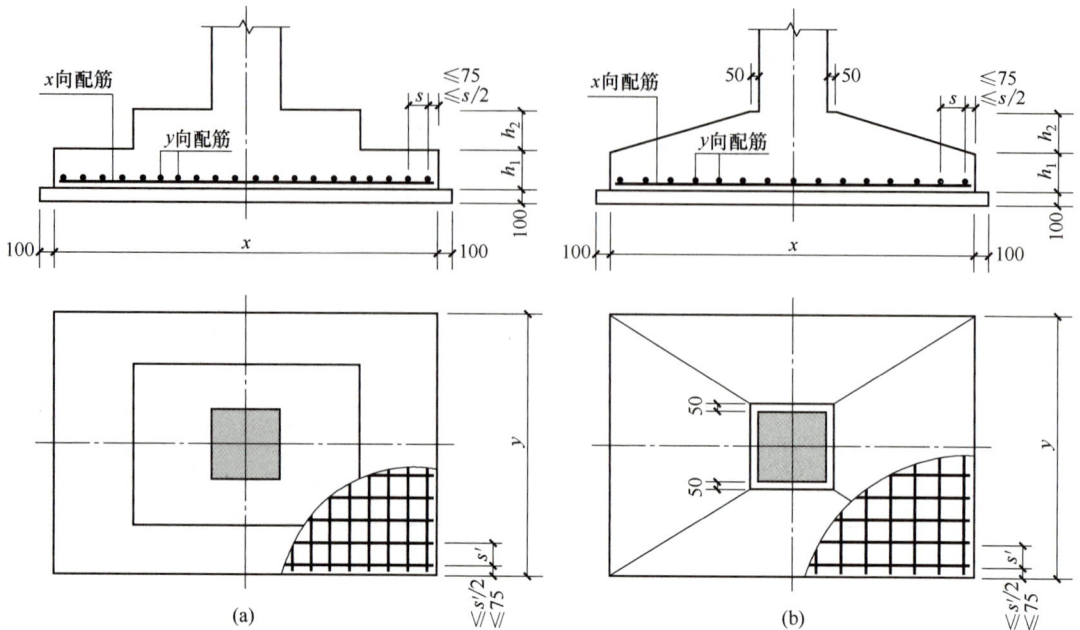

图 2-15　独立基础底板配筋构造
（a）阶形；（b）锥形

独立基础一般钢筋构造计算公式　　　　表 2-4

钢筋类型	计算公式
x 方向底筋	单根长度 $L = x$ 方向基础长 $-2 \times$ 基础保护层厚度
	根数 $N = [y$ 方向基础长 $- \min(75mm, s/2) \times 2] \div s + 1$
y 方向底筋	单根长度 $L = y$ 方向基础长 $-2 \times$ 基础保护层厚度
	根数 $N = [x$ 方向基础长 $- \min(75mm, s/2) \times 2] \div s + 1$

注：当采用 HPB300 级钢筋时，两端应设 180°弯钩，弯钩增加值为 $6.25d$。

（2）长度缩减 10%情况的对称型构造，如图 2-16 所示。

① 适用条件：独立基础底板长度≥2500mm。

② 布筋特点：x 和 y 方向最外侧的两根钢筋，长度如一般构造，不缩减。其余底筋长度取相应底板长度 0.9 倍，交错布置。第一根钢筋距基础边的距离 min（75mm，$s/2$），布筋间距 s。

③ 计算原理：单根长度×根数。

④ 计算公式：见表 2-5。

独立基础长度缩减 10%对称型构造计算公式　　　　表 2-5

钢筋类型	计算公式
x 方向底筋	外侧：单根长度 $L = x$ 方向基础长 $-2 \times$ 基础保护层厚度
	外侧根数：2
	内侧：单根长度 $L = x$ 方向基础长 $\times 0.9$
	根数 $N = \{[y$ 方向基础长 $- \min(75mm, s/2) \times 2] \div s + 1\} - 2$
y 方向底筋	外侧：单根长度 $L = y$ 方向基础长 $-2 \times$ 基础保护层厚度
	外侧根数：2
	内侧：单根长度 $L = y$ 方向基础长 $\times 0.9$
	根数：$N = \{[x$ 方向基础长 $- \min(75mm, s/2) \times 2] \div s + 1\} - 2$

注：当采用 HPB300 级钢筋时，两端应设 180°弯钩，弯钩增加值为 $6.25d$。

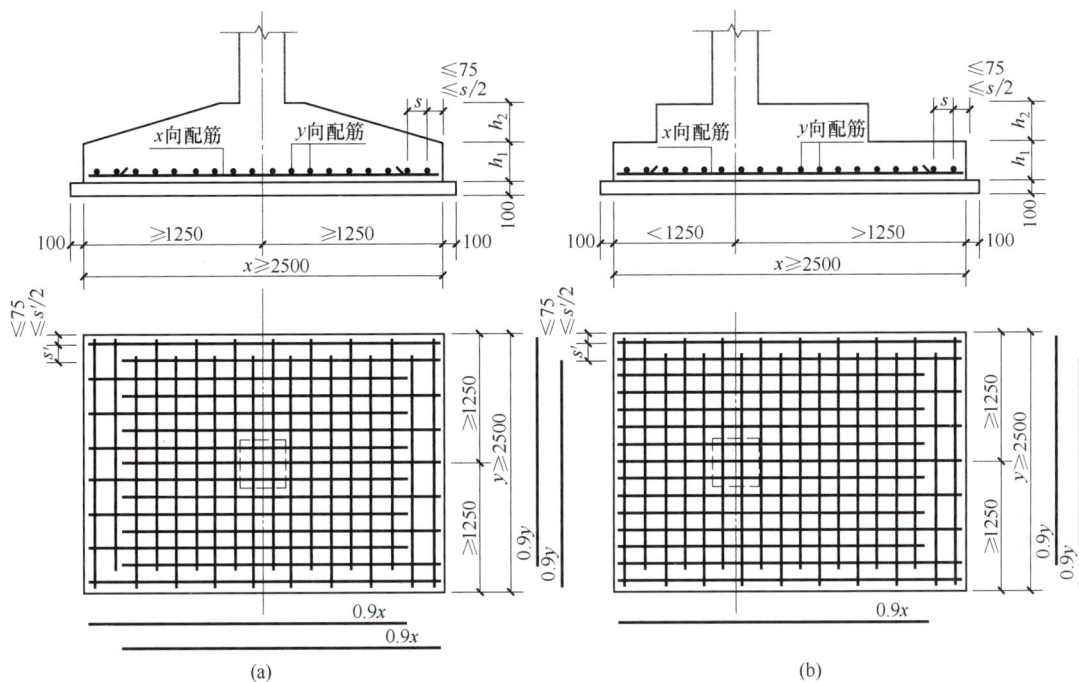

图 2-16 长度缩减 10％情况的构造

(a) 对称独立基础；(b) 非对称独立基础

4. 独立基础钢筋计算实例

【例 2-3】 阶形独立基础如图 2-17 所示，计算该基础钢筋工程量（Φ14 理论重量：1.21kg/m）。

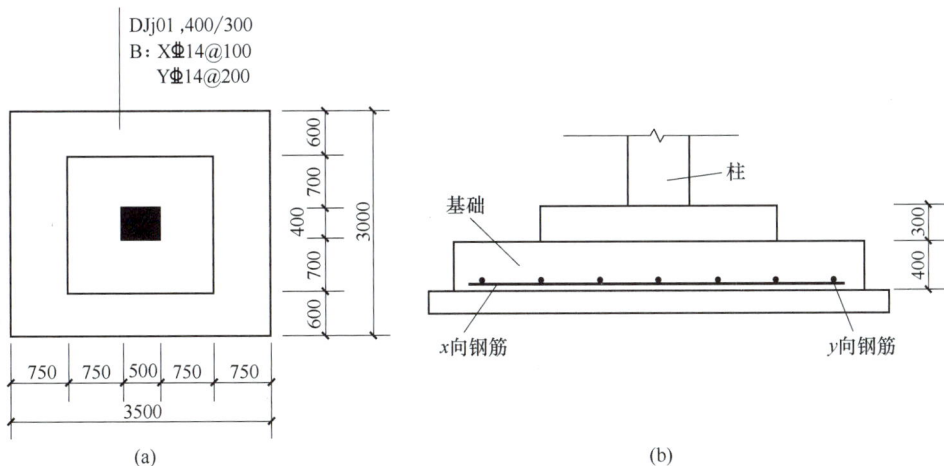

图 2-17 某独立基础平面图、剖面图

(a) 平面图；(b) 剖面图

解： 独立基础钢筋计算过程见表 2-6。

【例 2-4】 矩形非对称独立基础如图 2-18 所示，计算该基础钢筋工程量（Φ14 理论重量：1.21kg/m）。

独立基础钢筋计算过程　　　　　　　　　　　　　　　　　表 2-6

计算的基础资料	设计未注明,基础保护层厚度为40mm
x 方向 $\Phi 14@100$	单根长度:$L=3.5-0.04\times2=3.42\text{m}$ $\min(75\text{mm},s/2)=50\text{mm}$ $N=(3-0.05\times2)\div0.1+1=30$ 根
y 方向 $\Phi 14@200$	单根长度:$L=3-0.04\times2=2.92\text{m}$ $\min(75\text{mm},s/2)=75\text{mm}$ $N=(3.5-0.075\times2)\div0.2+1=18$ 根
钢筋重量	$T=(3.42\times30+2.92\times18)\times1.21\times10^{-3}=0.188\text{t}$

注:表中所计算钢筋根数的数值若不为整数,则该数值向上取整(后续钢筋根数计算取值同上)。

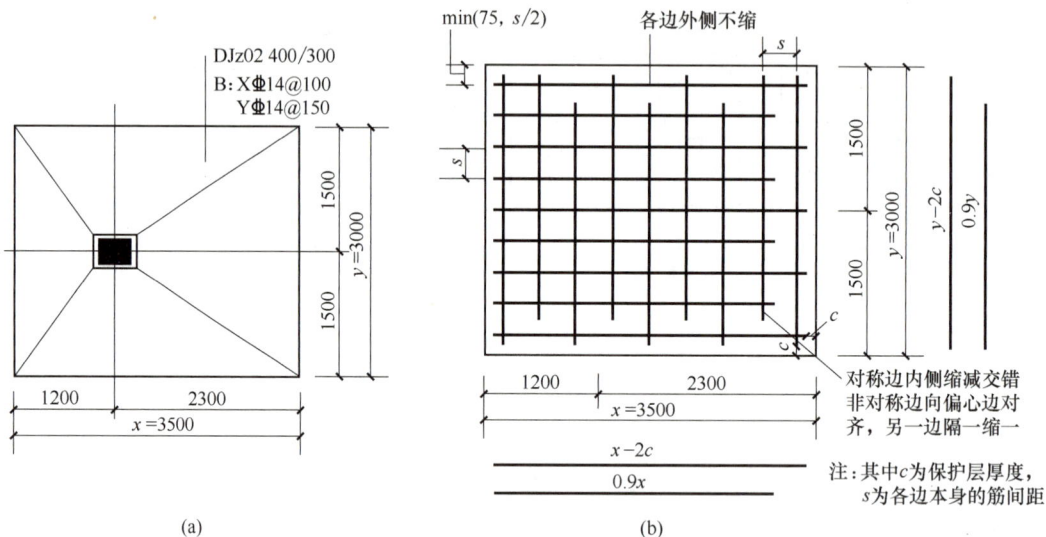

图 2-18 某独立基础平面图、剖面图

(a)平面图;(b)剖面图

解: 独立基础钢筋计算过程见表 2-7。

独立基础钢筋计算过程　　　　　　　　　　　　　　　　　表 2-7

计算的基础资料	设计未注明,基础保护层厚度为40mm
x 方向(非对称) $\Phi 14@100$	外侧单根长度:$L=3.5-0.04\times2=3.42\text{m}$ 外侧根数:2 根 内侧不缩减:$L=3.42\text{m}$ $\min(75\text{mm},s/2)=50\text{mm}$ 根数 $N=(3-0.05\times2-2\times0.1)\div0.2+1=15$ 根 内侧缩减:$L=3.5\times0.9=3.15\text{m}$ $\min(75\text{mm},s/2)=50\text{mm}$ 根数 $N=(3-0.05\times2)\div0.2-1=14$ 根
y 方向(对称) $\Phi 14@150$	外侧单根长度:$L=3-0.04\times2=2.92\text{m}$ 外侧根数:2 根 内侧单根长度:$L=3\times0.9=2.7\text{m}$ $\min(75\text{mm},s/2)=75\text{mm}$ $N=(3.5-0.075\times2)\div0.15-1=22$ 根
钢筋重量	$T=(3.42\times17+3.15\times14+2.92\times2+2.7\times22)\times1.21\times10^{-3}=0.203\text{t}$

任务2.3　平板式筏形基础

2.3.1　平板式筏形基础平法施工图制图规则

1. 平板式筏形基础平法施工图的表示方法

（1）平板式筏形基础平法施工图，系在基础平面布置图上采用平面注写方式进行表达。

（2）当绘制基础平面布置图时，应将平板式筏形基础与其所支承的柱、墙一起绘制。当基础底面标高不同时，需注明与基础底面基准标高不同之处的范围和标高。

2. 平板式筏形基础构件的类型与编号

平板式筏形基础的平面注写表达方式有两种。一是划分为柱下板带和跨中板带进行表达；二是按基础平板进行表达。平板式筏形基础构件编号见表2-8。

平板式筏形基础构件编号　　　　　　　　表2-8

构件类型	代号	序号	跨数及有无外伸
柱下板带	ZXB	××	(××)或(××A)或(××B)
跨中板带	KZB	××	(××)或(××A)或(××B)
平板式筏形基础平板	BPB	××	—

注：1. (××A)为一端有外伸，(××B)为两端有外伸，外伸不计入跨数。

例：ZXB7（5B）表示第7号柱下板带，5跨，两端有外伸。

2. 平板式筏形基础平板，其跨数及是否有外伸分别在 x、y 两向的贯通纵筋之后表达。图面从左至右为 x 向，从下至上为 y 向。

3. 柱下板带、跨中板带的平面注写方式

（1）柱下板带 ZXB 与跨中板带 KZB 的平面注写，分集中标注与原位标注两部分内容，如图2-19所示。

（2）柱下板带 ZXB 与跨中板带 KZB 的标注说明如表2-9所示。

柱下板带 ZXB 与跨中板带 KZB 标注说明　　　　　表2-9

集中标注说明：集中标注应在第一跨引出		
注写形式	表达内容	附加说明
ZXB××(×B)或 KZB××(×B)	柱下板带或跨中板带编号，具体包括：代号、序号（跨数及外伸状况）	(×A)：一端有外伸；(×B)：两端均有外伸；无外伸则仅注跨数(×)
$b=××××$	板带宽度（在图注中应注明板厚）	板带宽度取值与设置部位应符合规范要求
B⾦××@×××；T⾦××@×××	底部贯通纵筋强度等级、直径、间距；顶部贯通纵筋强度等级、直径、间距	底部纵筋应有不少于1/3贯通全跨，柱下板带的柱下区域，通常在其底部贯通纵筋的间隔内插空设有（原位注写）底部附加非贯通纵筋

续表

板底部附加非贯通纵筋原位标注说明：

注写形式	表达内容	附加说明
ⓐ Φ××@××× ×××× 柱下板带：ⓐ Φ××@××× ×××× 跨中板带：ⓑ Φ××@××× ××××	底部非贯通纵筋编号、强度等级、直径、间距；自柱中线分别向两边跨内的伸出长度值	同一板带中其他相同非贯通纵筋可仅在中粗虚线上注写编号。向两侧对称伸出时，可只在一侧注写伸出长度值。向外伸部位的伸出长度与方式按标准构造，设计不注。原位注写的底部附加非贯通筋与集中标注的底部贯通筋，宜采用"隔一布一"的方式布置
修正内容原位注写	某部位与集中标注不同的内容	原位标注的修正内容取值优先

注：1. 相同的柱下或跨中板带只标注一处，其他仅标注编号。
 2. 图注中注明的其他内容见本教材第 29 页 "5. 其他"。

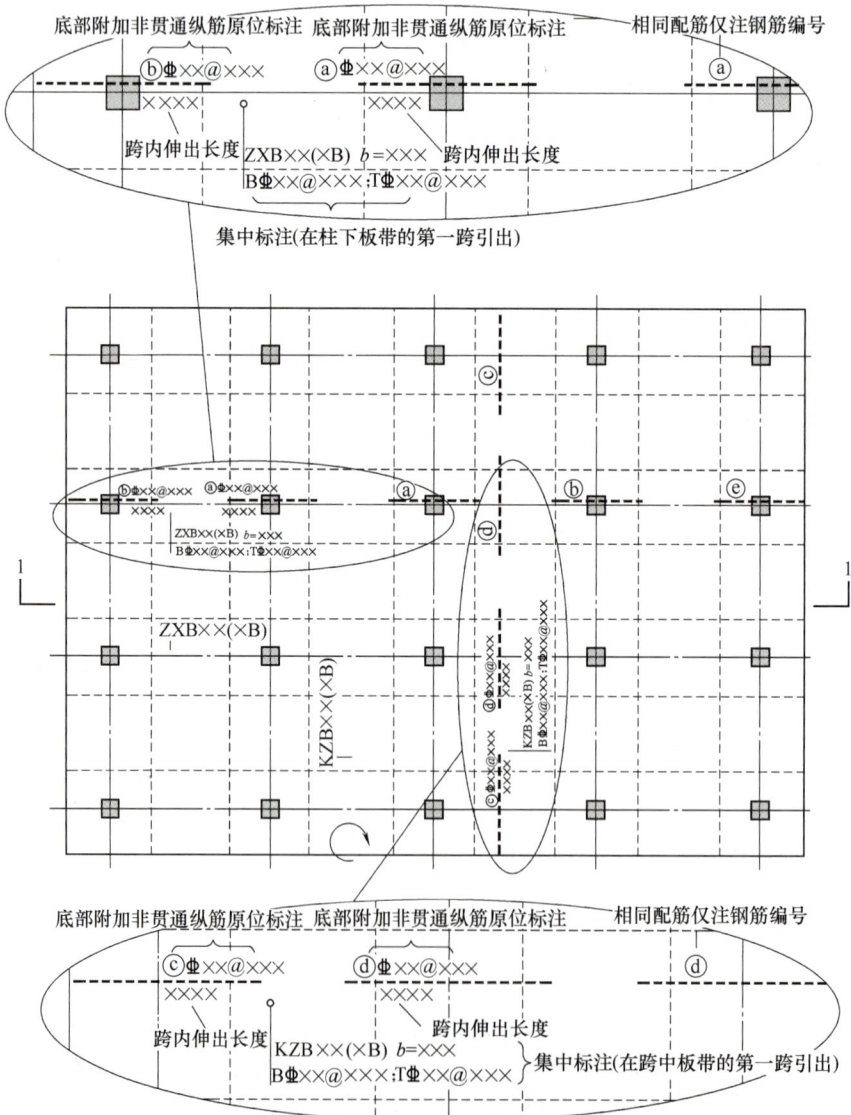

图 2-19　柱下板带与跨中板带的平面标注

4. 平板式筏形基础平板 BPB 的平面注写方式

（1）平板式筏形基础平板 BPB 的平面注写，分为集中标注与原位标注两部分内容，如图 2-20 所示。

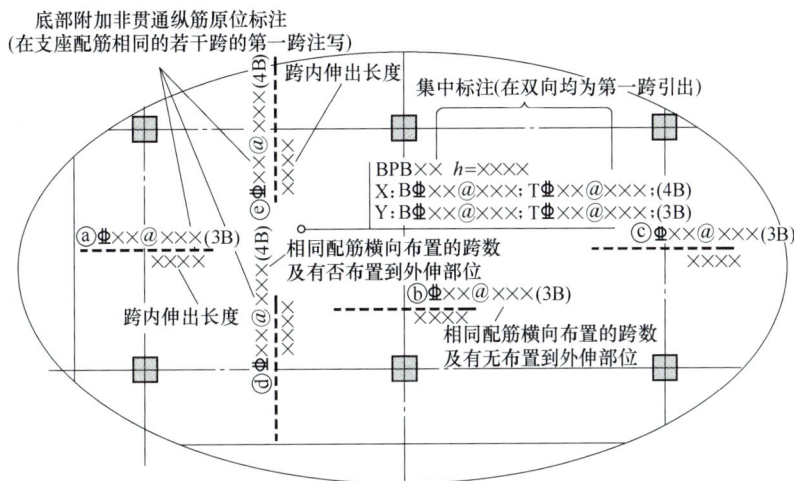

图 2-20　平板式筏形基础平板 BPB 的平面标注

（2）平板式筏形基础平板 BPB 标注说明如表 2-10 所示。

平板式筏形基础平板 BPB 标注说明　　　　　表 2-10

集中标注说明：集中标注应在第一跨引出		
注写形式	表达内容	附加说明
BPB××	基础平板编号，包括代号和序号	为平板式筏形基础的基础平板
$h=\times\times\times\times$	基础平板厚度	
X：BΦ××@×××； 　TΦ××@×××；(4B) Y：BΦ××@×××； 　TΦ××@×××；(3B)	x 或 y 向底部与顶部贯通纵筋强度等级、直径、间距（跨数及外伸情况）	底部纵筋应有不少于 1/3 贯通全跨，顶部纵筋应全跨贯通。用 B 引导底部贯通纵筋，用 T 引导顶部贯通纵筋。(×A)：一端有外伸；(×B)：两端均有外伸；无外伸则仅注跨数(×)。图面从左至右为 x 向，从下至上为 y 向
板底部附加非贯通纵筋原位标注说明：原位标注应在基础梁下相同配筋跨的第一跨下注写		
注写形式	表达内容	附加说明
ⓍΦ××@×××(×、×A、×B) 　　　　　　×××× ├──柱中线	底部非贯通纵筋编号、强度等级、直径、间距（相同配筋横向布置的跨数及有无布置到外伸部位）；自支座边线分别向两边跨内的伸出长度值	当两侧对称伸出时，可只在一侧注伸出长度值。外伸部位一侧的伸出长度与方式按标准构造，设计不注。相同贯通纵筋可只注写一处，其他仅在中粗线上注写编号。与贯通纵筋组合设置时的具体要求详见相应制图规则
注写修正内容	某部位与集中标注不同的内容	原位标注的修正内容取值优先

注：板底支座处实际配筋为集中标注的板底贯通纵筋与原位标注的板底附加非贯通纵筋之和。

5. 其他

平板式筏形基础应在图中注明的其他内容：

（1）注明板厚。当整片平板式筏形基础有不同板厚时，应分别注明各板厚值及其各自的分布范围。

（2）当在基础平板周边沿侧面设置纵向构造钢筋时，应在图注中注明。

（3）应注明基础平板外伸部位的封边方式，当采用 U 形钢筋封边时，应注明其种类、直径及间距。

（4）当基础平板厚度大于 2m 时，应注明设置在基础平板中部的水平构造钢筋网。

（5）当在基础平板外伸阳角部位设置放射筋时，应注明放射筋的种类、直径、根数以及设置方式等。

（6）板的上、下部纵筋之间设置拉筋时，应注明拉筋的种类、直径、双向间距等。

（7）应注明混凝土垫层厚度与强度等级。

（8）当基础平板同一层面的纵筋相交叉时，应注明何向纵筋在下，何向纵筋在上。

（9）设计需注明的其他内容。

2.3.2 平板式筏形基础钢筋工程量计算

1. 平板式筏形基础钢筋计算内容

平板式筏形基础钢筋计算内容如图 2-21 所示。

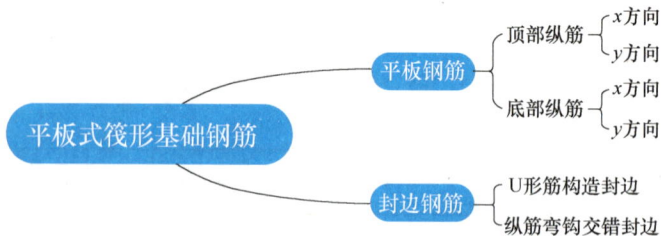

图 2-21 平板式筏形基础钢筋计算内容

2. 平板式筏形基础钢筋计算分析

以图 2-22 所示平板式筏形基础为例，按照平板式筏形基础平法施工图制图规则要求以及需要计算的钢筋内容，该平板式筏形基础需要计算的钢筋内容如图 2-23 所示。

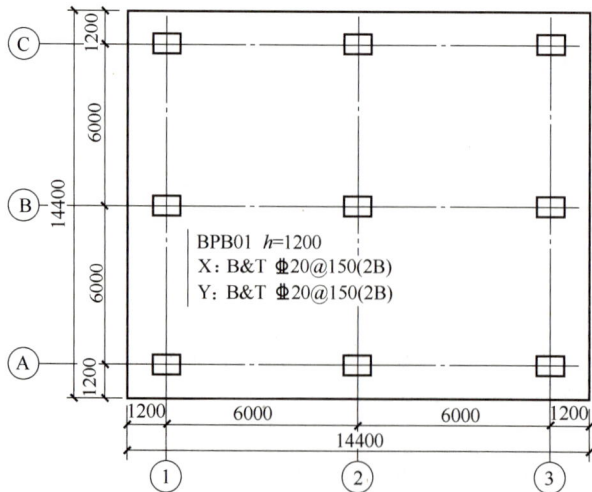

图 2-22 某平板式筏形基础

图 2-23　平板式筏形基础钢筋计算分析

3. 平板式筏形基础钢筋计算原理

（1）平板式筏形基础平板纵筋构造如图 2-24～图 2-26 所示。

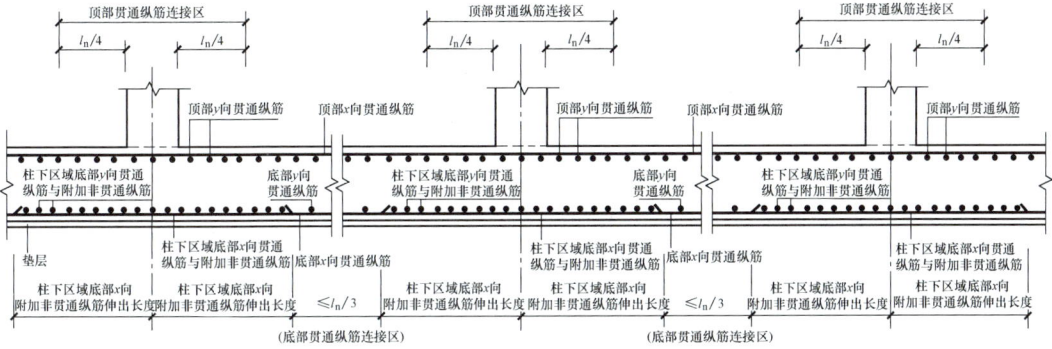

图 2-24　平板式筏形基础平板 BPB 钢筋构造（柱下区域）

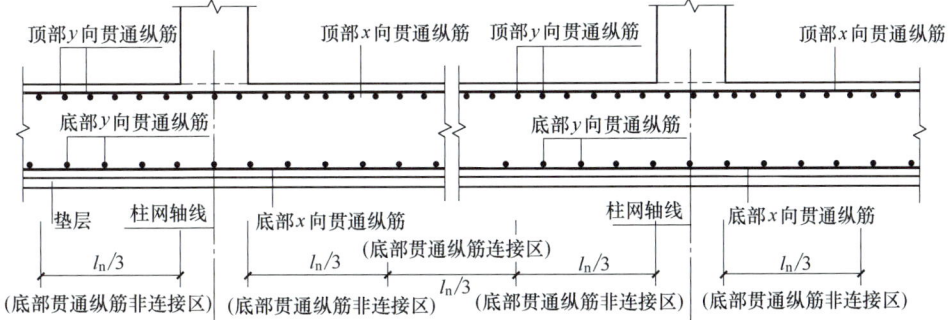

图 2-25　平板式筏形基础平板 BPB 钢筋构造（跨中区域）

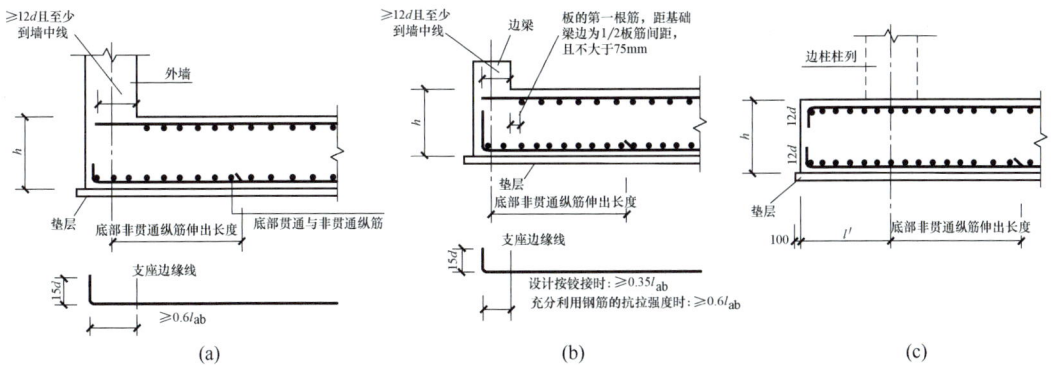

图 2-26　平板式筏形基础平板端部构造

（a）端部无外伸构造（一）；（b）端部无外伸构造（二）；（c）端部等截面外伸构造

筏板(BPB)底部纵筋 x 方向(⚓20)	$L=14.4-0.04\times2+2\times12\times0.02=14.8\text{m}$ $N=(14.4-0.04\times2)\div0.15+1=97$ 根
筏板(BPB)底部纵筋 y 方向(⚓20)	$L=14.4-0.04\times2+2\times12\times0.02=14.8\text{m}$ $N=(14.4-0.04\times2)\div0.15+1=97$ 根
⚓20	$T=4\times14.8\times97\times2.47\times10^{-3}=14.184\text{t}$

任务 2.4 梁板式筏形基础

2.4.1 梁板式筏形基础平法施工图制图规则

1. 梁板式筏形基础平法施工图的表示方法

(1) 梁板式筏形基础平法施工图，系在基础平面布置图上采用平面注写方式进行表达。

(2) 当绘制基础平面布置图时，应将梁板式筏形基础与其所支承的柱、墙一起绘制。梁板式筏形基础以多数相同的基础平板底面标高作为基础底面基准标高。当基础底面标高不同时，需注明与基础底面基准标高不同之处的范围和标高。

(3) 通过选注基础梁底面与基础平板底面的标高高差来表达两者之间的位置关系，可以明确其"高板位"（梁顶与板顶一平）、"低板位"（梁底与板底一平）以及"中板位"（板在梁的中部）三种不同位置组合的筏形基础，方便设计表达。

(4) 对于轴线未居中的基础梁，应标注其定位尺寸。

2. 梁板式筏形基础构件的类型与编号

梁板式筏形基础由基础主梁、基础次梁、基础平板等构成，编号见表 2-13。

梁板式筏形基础构件编号　　　　　　　　　　　表 2-13

构件类型	代号	序号	跨数及有无外伸
基础主梁(柱下)	JL	××	(××)或(××A)或(××B)
基础次梁	JCL	××	(××)或(××A)或(××B)
基础平板	LPB	××	—

注：(××A) 为一端有外伸，(××B) 为两端有外伸，外伸不计入跨数。

3. 基础主梁与基础次梁的平面注写方式

(1) 基础主梁 JL 与基础次梁 JCL 的平面注写方式，分集中标注与原位标注两部分内容。当集中标注中的某项数值不适用于梁的某部位时，则将该项数值采用原位标注，施工时，原位标注优先。

(2) 基础主梁 JL 与基础次梁 JCL 的集中标注内容为：基础梁编号、截面尺寸、配筋三项必注内容，以及基础梁底面标高高差（相对于筏形基础平板底面标高）一项选注内容，如图 2-28 所示。具体标注说明如表 2-14 所示。

原位标注(外伸部位)
顶部贯通纵筋修正值

原位标注顶部贯通纵筋修正值
×Φ×× ×/×

×Φ×× ×/×

×Φ×× ×/×

底部纵筋(含贯
通筋)原位标注

JL××(4B) b×h
××Φ××@×××/
Φ××@×××(×)
B×Φ××:T×Φ××
G×Φ××
(×.×××)

底部纵筋(含贯
通筋)原位标注

集中标注(在基础主梁的第一跨引出)

JL××(×B)

×Φ××(×)

×Φ××(×)

×Φ×× ×/×

×Φ×× ×/×

×Φ×× ×/×

×Φ×× ×/×

×Φ×× ×/×

JL××(4B) b×h
××Φ××@×××/Φ××@×××(×)
B×Φ××:T×Φ××
G×Φ××
(×.×××)

×Φ××(×)

×Φ××(×)

×Φ××(×)

1

1

×Φ×× ×/×
××Φ××@×××(×)

×Φ××(×)

×Φ××(×)

JL××(×B)

JCL××(×)

JCL××(×) b×h
××Φ××@×××/
B×Φ××
G×Φ××(×.×××)

JL××(×B)

×Φ××(×)

×Φ××(×)

×Φ××(×)

1—1

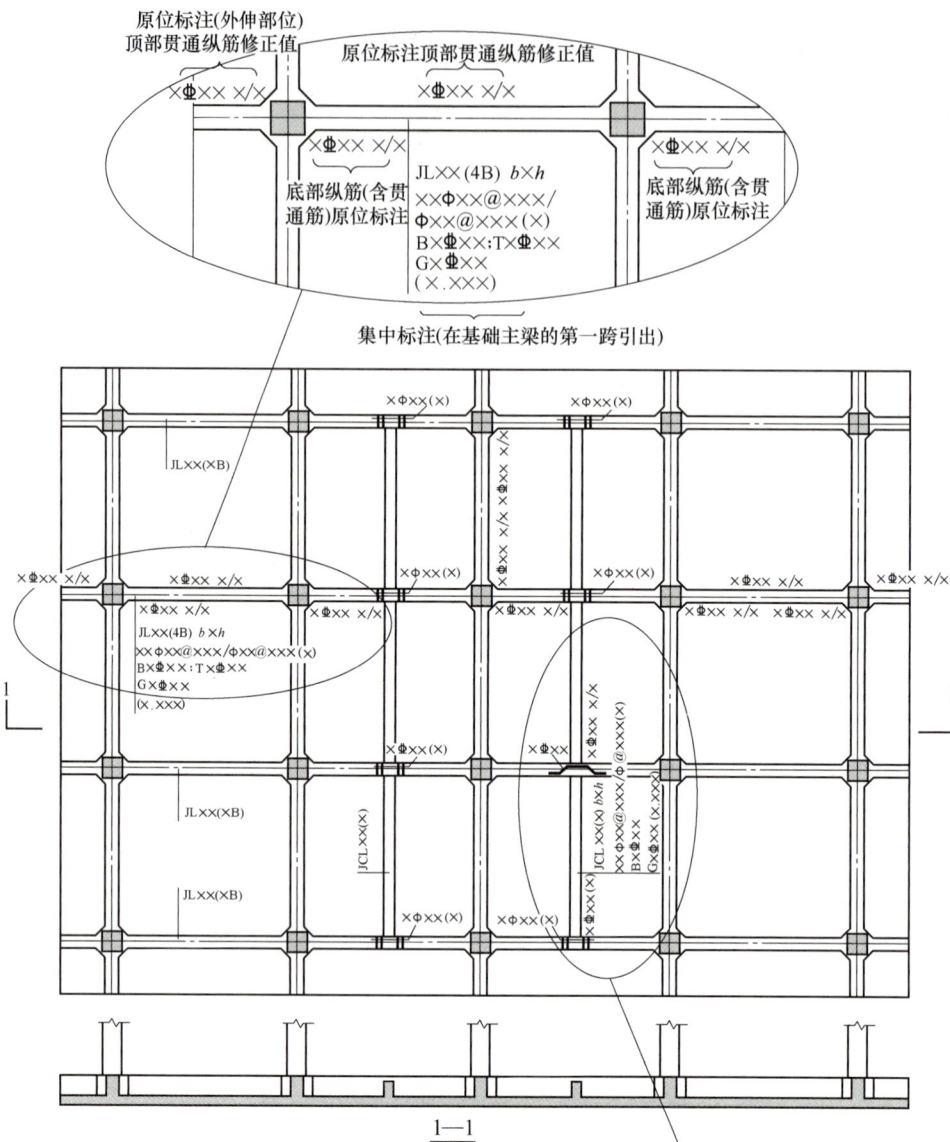

基础主梁JL与基础次梁JCL标注图示

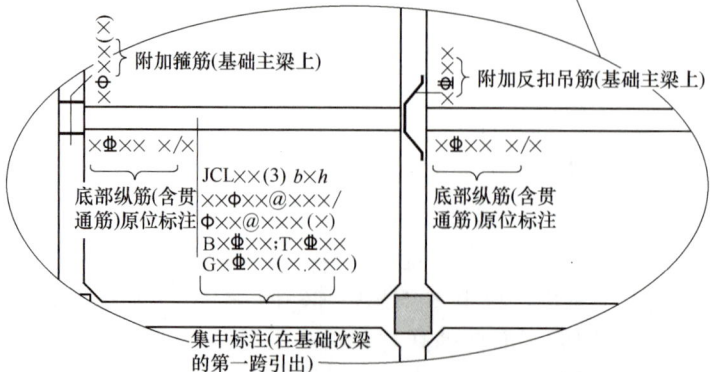

(×)

附加箍筋(基础主梁上)

附加反扣吊筋(基础主梁上)

×Φ×× ×/×

×Φ×× ×/×

底部纵筋(含贯
通筋)原位标注

JCL××(3) b×h
××Φ××@×××/
Φ××@×××(×)
B×Φ××;T×Φ××
G×Φ××(×.×××)

底部纵筋(含贯
通筋)原位标注

集中标注(在基础次梁
的第一跨引出)

图 2-28 基础梁标注内容

基础主梁 JL 与基础次梁 JCL 标注说明　　　　　　　　　　表 2-14

集中标注说明：集中标注应在第一跨引出

注写形式	表达内容	附加说明
JL××(×B)或 JCL××(×B)	基础主梁 JL 或基础次梁 JCL 编号，具体包括：代号、序号、跨数及外伸状况	(×A)：一端有外伸；(×B)：两端均有外伸；无外伸则仅注跨数(×)
$b×h$	截面尺寸，梁宽×梁高	当加腋时，用 $b×h$ $Yc_1×c_2$，其中 c_1 为腋长，c_2 为腋高
××Φ××@×××/Φ××@×××(×);	第一种箍筋道数、强度等级、直径、间距/第二种箍筋(肢数)	Φ——HPB300，Φ——HRB400，$Φ^R$——RRB400，下同
B×Φ××;T×Φ××	底部(B)贯通纵筋根数、强度等级、直径；顶部(T)贯通纵筋根数、强度等级、直径	底部纵筋应有不少于1/3贯通全跨，顶部纵筋全部连通
G×Φ××	梁侧面纵向构造钢筋根数、强度等级、直径	为梁两个侧面构造纵筋的总根数
(×.×××)	梁底面相对于筏板基础平板标高的高差	高者前加"+"号，低者前加"—"号，无高差不注

原位标注(含贯通筋)的说明：

注写形式	表达内容	附加说明
×Φ××　×/×	基础主梁柱下与基础次梁支座区域底部纵筋根数、强度等级、直径，以及用"/"分隔的各排筋根数	为该区域底部包括贯通筋与非贯通筋在内的全部纵筋
×Φ××(×)	附加箍筋总根数(两侧均分)、强度级别、直径及肢数	在主次梁相交处的主梁上引出
其他原位标注	某部位与集中标注不同的内容	原位标注取值优先

注：平面注写时，相同的基础主梁或次梁只标注一根，其他仅注编号。有关标注的其他规定详见制图规则。在基础梁相交处位于同一层面的纵筋相交叉时，设计应注明何梁纵筋在下，何梁纵筋在上。

4. 梁板式筏形基础平板的平面注写方式

（1）梁板式筏形基础平板 LPB 的平面注写，分为集中标注与原位标注两部分内容，如图 2-29 所示。

（2）梁板式筏形基础平板 LPB 的集中标注，应在所表达的板区双向均为第一跨（x 与 y 双向首跨）的板上引出（图面从左至右为 x 向，从下至上为 y 向）。板区划分条件：板厚相同，基础平板底部与顶部贯通纵筋配置相同的区域为同一板区。梁板式筏形基础平板 LPB 的原位标注，主要表达板底部附加非贯通纵筋。具体标注说明如表 2-15 所示。

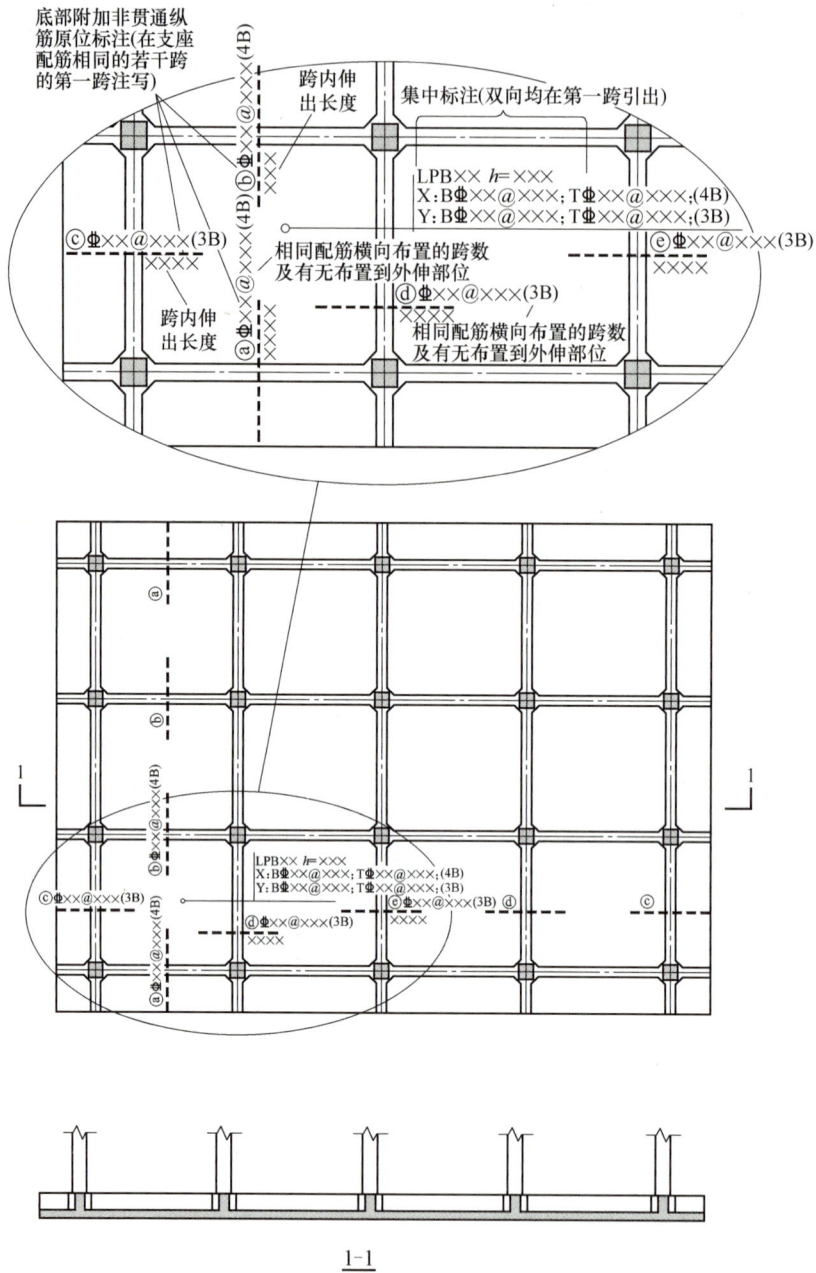

图 2-29　梁板式筏形基础平板标注图

梁板式筏形基础平板 LPB 标注说明　　　　　　　　　　　表 2-15

集中标注说明：集中标注应在双向均为第一跨引出		
注写形式	表达内容	附加说明
LPB××	基础平板编号，包括代号和序号	为梁板式基础的基础平板
$h=$××××	基础平板厚度	—

注写形式	表达内容	附加说明
X:BΦ××@×××； 　TΦ××@×××；(4B) Y:BΦ××@×××； 　TC××@×××；(3B)	x 或 y 向底部与顶部贯通纵筋强度级别、直径、间距、跨数及外伸情况	底部纵筋应有不少于 1/3 贯通全跨，注意与非贯通纵筋组合设置的具体要求，详见制图规则。顶部纵筋应全跨连通。用 B 引导底部贯通纵筋，用 T 引导顶部贯通筋。(×A)：一端有外伸；(×B)：两端均有外伸；无外伸则仅注跨数(×)。图面从左至右为 x 向，从下至上为 y 向

板底部附加非贯通纵筋的原位标注说明：原位标注应在基础梁下相同配筋跨的第一跨下注写

注写形式	表达内容	附加说明
⊗Φ××@×××(×、×A、×B) 　　　　　　　×××× ———— 基础梁	板底部附加非贯通纵筋编号、强度级别、直径、间距(相同配筋横向布置的跨数外伸情况)；自梁边线分别向两边跨内的伸出长度值	当向两侧对称伸出时，可只在一侧注伸出长度值。外伸部位一侧的伸出长度与方式按标准构造，设计不注。相同非贯通纵筋可只注写一处，其他仅在中粗虚线上注写编号。与贯通纵筋组合设置时的具体要求详见相应制图规则
注写修正内容	某部位与集中标注不同的内容	原位标注的修正内容取值优先

注：板底支座处实际配筋为集中标注的板底贯通筋与原位标注的板底附加非贯通纵筋之和。

2.4.2　梁板式筏形基础钢筋工程量计算

1. 梁板式筏形基础钢筋计算内容

梁板式筏形钢筋计算内容如图 2-30 所示。

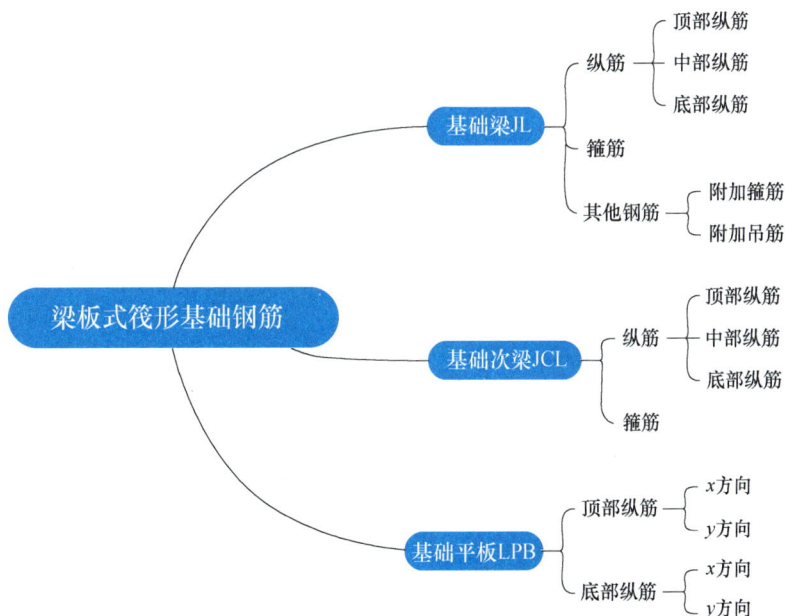

图 2-30　梁板式筏形基础钢筋计算内容

2. 梁板式筏形基础钢筋计算分析

以图 2-31 所示梁板式筏形基础为例，按照梁板式筏形基础平法施工图制图规则要求以及需要计算的钢筋内容，该梁板式筏形基础需要计算的钢筋内容如图 2-32 所示。

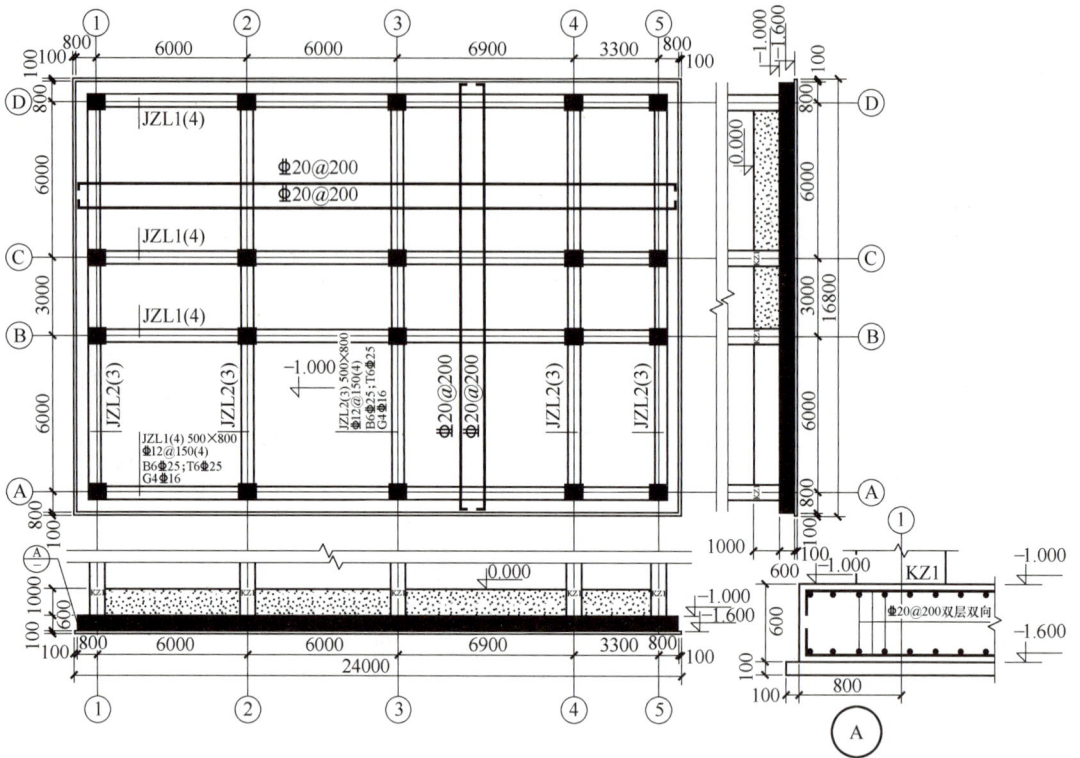

图 2-31　某梁板式筏形基础

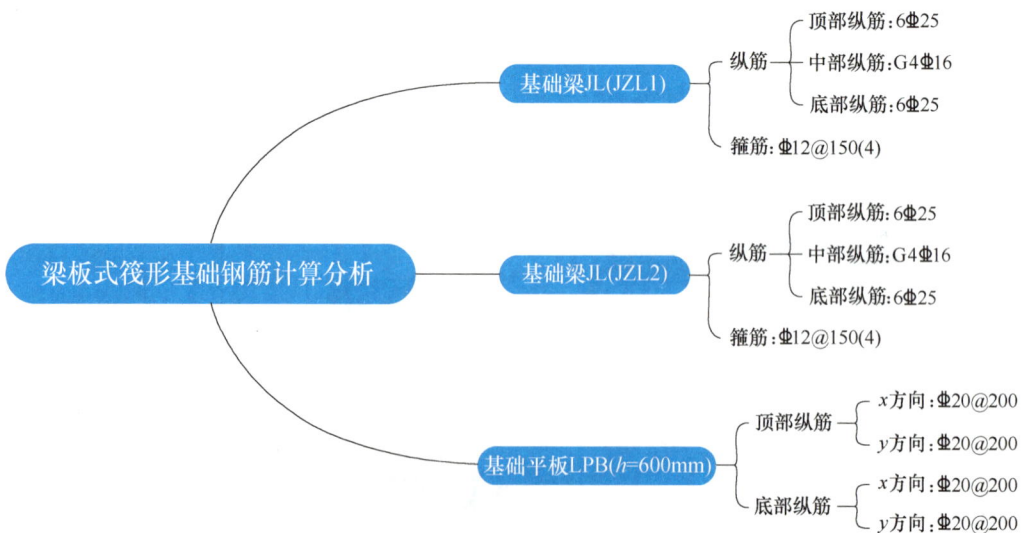

图 2-32　梁板式筏形基础钢筋计算分析

3. 梁板式筏形基础钢筋计算原理

（1）基础梁钢筋构造如图 2-33～图 2-36 所示。

顶部贯通纵筋在连接区内采用搭接、机械连接或焊接。同一连接区段内接头面积百分率不宜大于50%。当钢筋长度可穿过一连接区到下一连接区并满足连接要求时，宜穿越设置

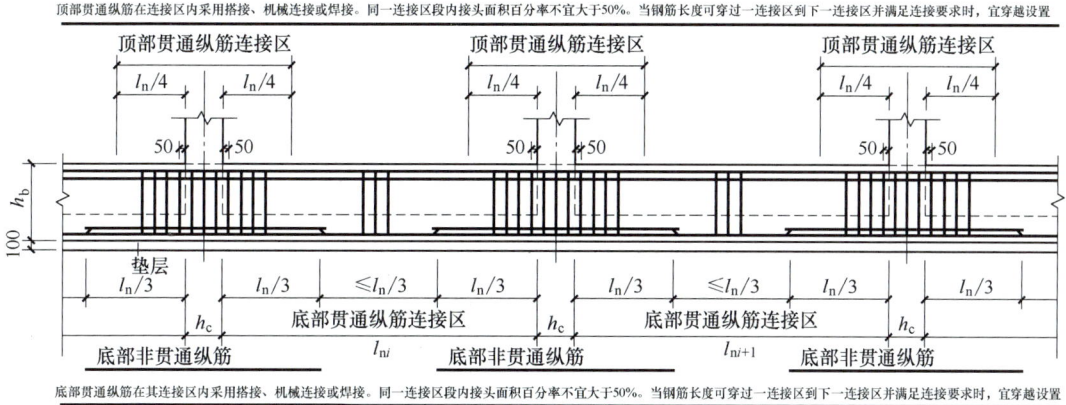

底部贯通纵筋在其连接区内采用搭接、机械连接或焊接。同一连接区段内接头面积百分率不宜大于50%。当钢筋长度可穿过一连接区到下一连接区并满足连接要求时，宜穿越设置

图 2-33　基础梁纵向钢筋与箍筋构造

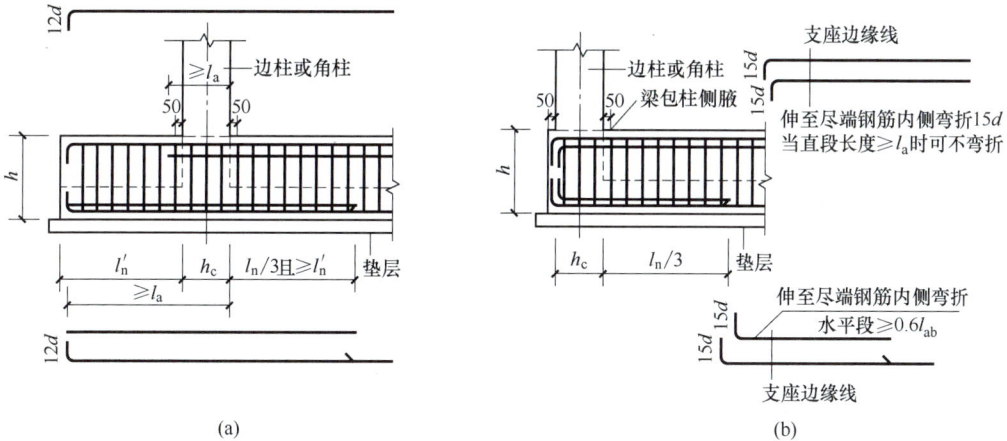

(a)　　　　　　　　　　(b)

图 2-34　基础梁端部构造

（a）梁板式筏形基础梁端部等截面外伸构造；（b）梁板式筏形基础梁端部无外伸构造

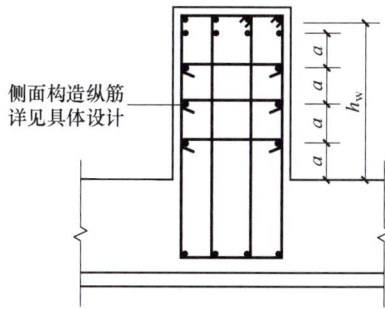

基础梁侧面构造纵筋和拉筋

$a \leqslant 200$

图 2-35　基础梁侧面构造

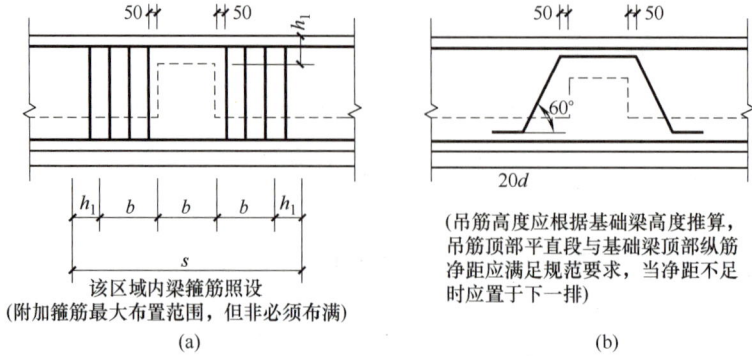

图 2-36　其他钢筋构造

（a）附加箍筋构造；（b）附加（反扣）吊筋构造

基础梁钢筋计算要求（以梁板式筏形基础梁端部等截面外伸构造弯折 $12d$ 为例）见表 2-16。

基础梁钢筋计算公式　　　　　　　　　　　表 2-16

钢筋类型			计算公式
纵筋	顶部纵筋		$L=梁长-2\times梁保护层厚度+2\times12d$
	中部纵筋	G 构造	$L=梁净长+2\times15d$
		N 受扭	$L=梁净长+2\times l_a$
	底部纵筋		$L=梁长-2\times梁保护层厚度+2\times12d$
箍筋			单根长度×根数 单根长度（算至外皮）： $L=[(b-2c)+(h-2c)]\times2+2\max(10d,75mm)+1.9d\times2$ 根数：布筋长度÷布筋间距+1

注：梁中部钢筋需设置拉筋，拉筋直径除注明者外均为 8mm，间距为箍筋间距的 2 倍。当设有多排拉筋时，上下两排拉筋竖向错开布置。

（2）梁板式筏形基础平板钢筋构造如图 2-37～图 2-39 所示。

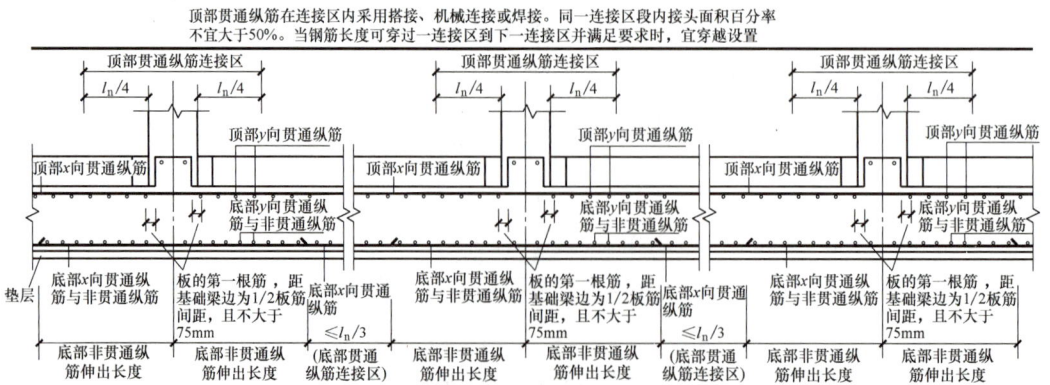

图 2-37　梁板式筏形基础平板 LPB 钢筋构造（柱下区域）

顶部贯通纵筋在连接区内采用搭接、机械连接或焊接。同一连接区段内接头面积百分率不宜大于50%。
当钢筋长度可穿过一连接区到下一连接区并满足要求时，宜穿越设置

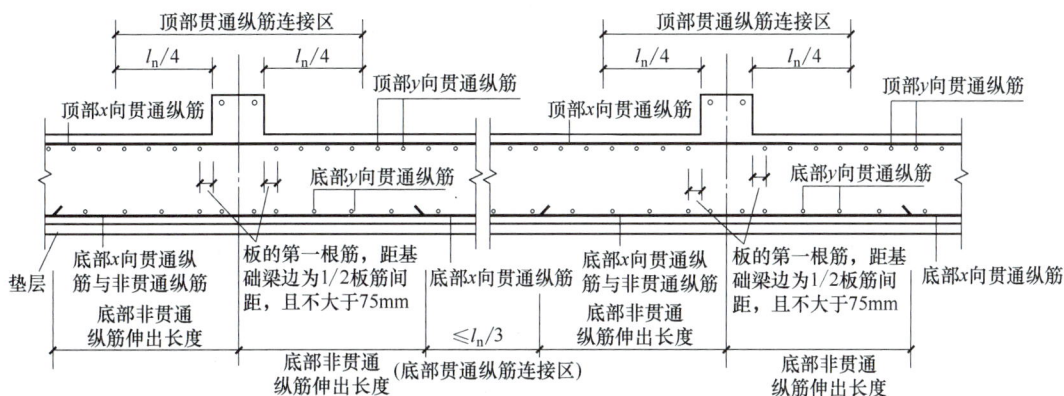

图 2-38　梁板式筏形基础平板 LPB 钢筋构造（跨中区域）

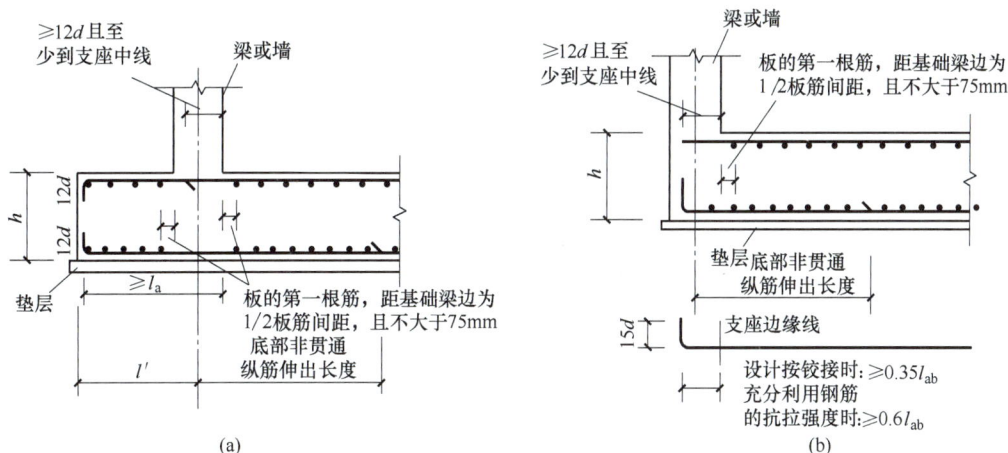

图 2-39　梁板式筏形基础平板 LPB 端部构造

（a）端部等截面外伸构造；（b）端部无外伸构造

梁板式筏形基础平板 LPB 钢筋计算要求（以端部等截面外伸构造为例）见表 2-17。

梁板式筏形基础平板 LPB 钢筋计算公式　　　　　　　　　　表 2-17

钢筋类型		计算公式
顶部纵筋	$x(y)$方向	$L = x(y)$方向筏板长 $- 2 \times$筏板保护层厚度 $+ 2 \times 12d$ $N =$ 布筋距离 ÷ 布筋间距 $+ 1$
底部纵筋	$x(y)$方向	$L = x(y)$方向筏板长 $- 2 \times$筏板保护层厚度 $+ 2 \times 12d$ $N =$ 布筋距离 ÷ 布筋间距 $+ 1$

注：计算布筋距离时注意板的第一根钢筋，距基础梁边为1/2板筋间距，且不大于75mm。

4. 梁板式筏形基础钢筋计算实例

【例 2-6】　如图 2-31 所示为梁板式筏形基础，三级抗震，采用 HRB400 级钢筋，混凝

平板式筏形基础钢筋计算要求（以端部等截面外伸构造为研究对象且端部无封边要求）见表2-11。

平板式筏形基础钢筋计算公式   表 2-11

钢筋类型			计算公式
顶部纵筋	外伸	x 方向	$L = x$ 方向筏板长 $-2 \times$ 筏板保护层厚度 $+2 \times 12d$ $N = (y$ 方向筏板长 $-2 \times$ 筏板保护层厚度 $) \div$ 布筋间距 $+1$
		y 方向	$L = y$ 方向筏板长 $-2 \times$ 筏板保护层厚度 $+2 \times 12d$ $N = (x$ 方向筏板长 $-2 \times$ 筏板保护层厚度 $) \div$ 布筋间距 $+1$
底部纵筋	外伸	x 方向	$L = x$ 方向筏板长 $-2 \times$ 筏板保护层厚度 $+2 \times 12d$ $N = (y$ 方向筏板长 $-2 \times$ 筏板保护层厚度 $) \div$ 布筋间距 $+1$
		y 方向	$L = y$ 方向筏板长 $-2 \times$ 筏板保护层厚度 $+2 \times 12d$ $N = (x$ 方向筏板长 $-2 \times$ 筏板保护层厚度 $) \div$ 布筋间距 $+1$

（2）平板式筏形基础封边钢筋构造如图2-27所示。

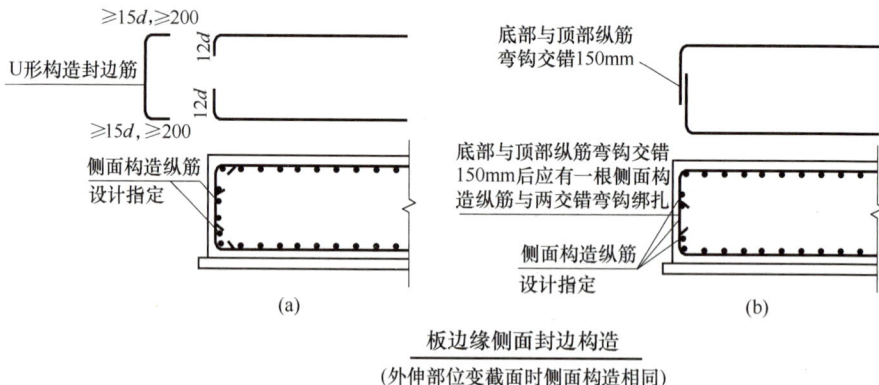

图 2-27 平板式筏形基础封边钢筋构造

(a) U形筋构造封边方式；(b) 纵筋弯钩交错封边方式

板边缘侧面封边构造同样用于梁板式筏形基础部位，采用何种做法由设计者指定，当设计者未指定时，施工单位可根据实际情况自选一种做法。

4. 平板式筏形基础钢筋计算实例

【例2-5】 如图2-22所示为平板式筏板基础，三级抗震，采用 HRB400 级钢筋，混凝土强度等级为 C30，梁、柱的保护层厚度均为 30mm，基础保护层厚度为 40mm，试计算筏板钢筋工程量（Φ20 理论重量：2.47kg/m）。

解：BPB 钢筋工程量计算过程见表2-12。

BPB 钢筋工程量计算过程   表 2-12

计算的基础资料	梁、柱保护层厚度为30mm，基础保护层厚度为40mm
筏板(BPB)顶部纵筋 x 方向（Φ20）	$L = 14.4 - 0.04 \times 2 + 2 \times 12 \times 0.02 = 14.8\text{m}$ $N = (14.4 - 0.04 \times 2) \div 0.15 + 1 = 97$ 根
筏板(BPB)顶部纵筋 y 方向（Φ20）	$L = 14.4 - 0.04 \times 2 + 2 \times 12 \times 0.02 = 14.8\text{m}$ $N = (14.4 - 0.04 \times 2) \div 0.15 + 1 = 97$ 根

土强度等级为 C30，梁、柱的保护层厚度均为 30mm，基础保护层厚度为 40mm，框柱 700mm×600mm，轴线居中，试计算梁板式筏形基础底板钢筋工程量（$\Phi 20$ 理论重量：2.47kg/m）。

解：筏板钢筋计算过程见下表 2-18。

筏板钢筋工程量计算过程 表 2-18

计算的基础资料	梁、柱保护层厚度为 30mm，基础保护层厚度为 40mm
筏板顶部纵筋 x 方向 ($\Phi 20$)	$L=23.8-0.04\times2+2\times12\times0.02=24.2\text{m}$ $N_1=(0.8-0.3-0.075)\div0.2+1=4$ 根 $N_2=(6-0.3\times2-0.075\times2)\div0.2+1=28$ 根 $N_3=(3-0.3\times2-0.075\times2)\div0.2+1=13$ 根 $N_4=N_2=28$ 根 $N_5=N_1=4$ 根
筏板顶部纵筋 y 方向 ($\Phi 20$)	$L=16.6-0.04\times2+2\times12\times0.02=17\text{m}$ $N_1=(0.8-0.35-0.075)\div0.2+1=3$ 根 $N_2=(6-0.35\times2-0.075\times2)\div0.2+1=27$ 根 $N_3=N_2=27$ 根 $N_4=(6.9-0.35\times2-0.075\times2)\div0.2+1=32$ 根 $N_5=(3.3-0.35\times2-0.075\times2)\div0.2+1=14$ 根 $N_6=N_1=3$ 根
筏板底部纵筋 x 方向 ($\Phi 20$)	$L=23.8-0.04\times2+2\times12\times0.02=24.2\text{m}$ $N_1=(0.8-0.3-0.075)\div0.2+1=4$ 根 $N_2=(6-0.3\times2-0.075\times2)\div0.2+1=28$ 根 $N_3=(3-0.3\times2-0.075\times2)\div0.2+1=13$ 根 $N_4=N_2=28$ 根 $N_5=N_1=4$ 根
筏板底部部纵筋 y 方向 ($\Phi 20$)	$L=16.6-0.04\times2+2\times12\times0.02=17\text{m}$ $N_1=(0.8-0.35-0.075)\div0.2+1=3$ 根 $N_2=(6-0.35\times2-0.075\times2)\div0.2+1=27$ 根 $N_3=N_2=27$ 根 $N_4=(6.9-0.35\times2-0.075\times2)\div0.2+1=32$ 根 $N_5=(3.3-0.35\times2-0.075\times2)\div0.2+1=14$ 根 $N_6=N_1=3$ 根
$\Phi 20$	$T=[2\times24.2\times(28\times2+13+4\times2)+2\times17\times(27\times2+32+14+3\times2)]\times2.47\times10^{-3}=18.107\text{t}$

项目拓展

1. 双柱普通独立基础底部与顶部配筋构造如图 2-40 所示，试列出双柱独立基础的钢筋计算要求。

2. 梁板式筏形基础次梁构造如图 2-41、图 2-42 所示，试列出基础次梁的钢筋计算要求。

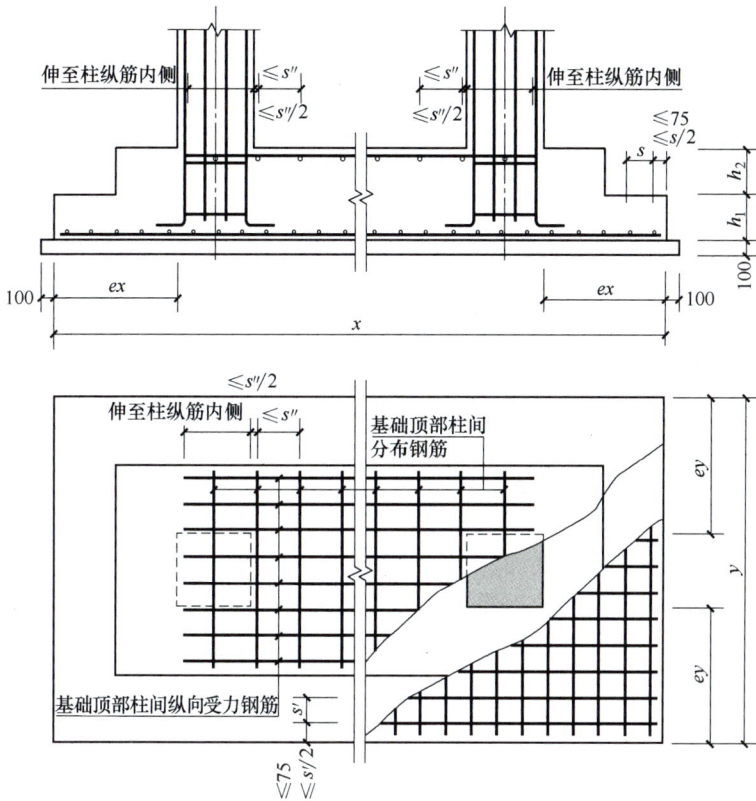

图 2-40 双柱普通独立基础配筋构造

顶部贯通纵筋在连接区内采用搭接、机械连接或对焊连接。同一连接区段内接头面积百分率不宜大于50%。
当钢筋长度可穿过一连接区到下一连接区并满足要求时，宜穿越设置

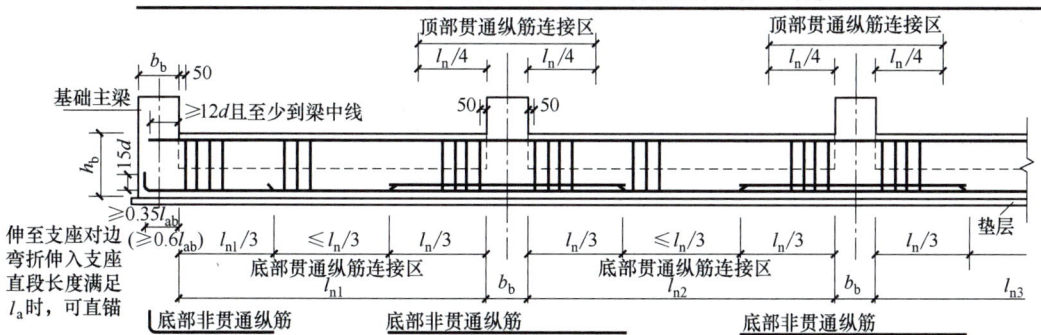

底部贯通纵筋，在其连接区内搭接、机械连接或对焊连接。同一连接区段内接头面积百分率不应大于50%。
当钢筋长度可穿过一连接区到下一连接区并满足要求时，宜穿越设置

图 2-41 基础次梁纵向钢筋与箍筋构造

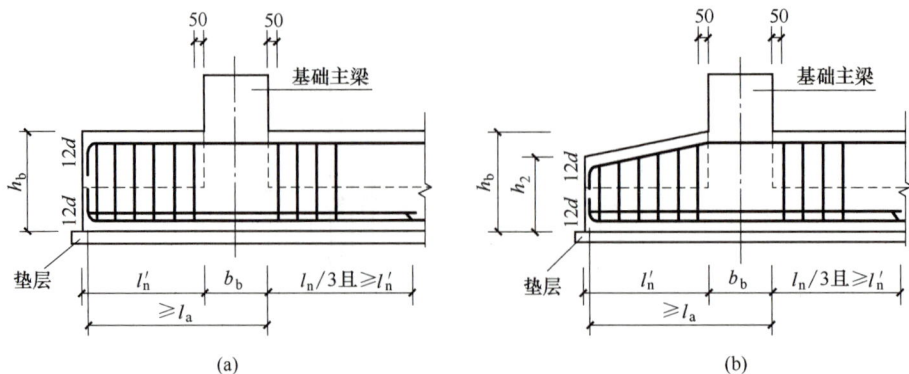

图 2-42　基础次梁端部外伸构造

（a）端部等截面外伸构造；（b）端部变截面外伸构造

项目总结

1. 掌握独立基础施工图中平面注写方式所表达的内容。
2. 掌握筏形基础施工图中平面注写方式所表达的内容。
3. 能够准确识读工程图纸中基础的钢筋信息并进行计算分析。
4. 能够准确计算基础中各类钢筋的长度。

思政提升

通过计算原理和计算方法的训练，培养学生解决问题的耐心、恒心以及协作配合，确立"团队意识"，同时贯穿"教中渗入、学中体会、做中践行"的三阶段课程思政，打造学生的职业规划能力和专业素养。

项目习题

一、单项选择题

1. 按照基础材料不同，基础可以分为（　　）、毛石基础、混凝土基础等。

A. 砖基础　　　　B. 独立基础　　　　C. 桩基础　　　　D. 杯口独立基础

2. 独立基础的集中标注不包括（　　）。

A. 基础编号　　B. 基础底面标高　　C. 基础的平面尺寸　　D. 配筋

3. 普通独立基础底板的截面形状通常有两种，下列正确的是（　　）。

A. DJj××和DJz××
B. Jp××和DJj××
C. JJz××和PDj××
D. IJz××和LPj××

4. T：$\Phi 18@100/\Phi 10@200$，表示独立基础顶部配置纵向受力钢筋等级为（　　）。

A. HRB400　　　B. HPB300　　　C. HRB500　　　　D. HRB350

5. 独立基础底板第一根钢筋距基础边的距离为（　　）。

A. 50mm
B. 75mm
C. min（75mm，$s/2$）
D. s

6. 当独立基础底板≥2500mm，除最外侧钢筋外，基础底板钢筋长度取相应底板长度
（　　）倍。

A. 0.9　　　　　　　　　　　　B. 0.7

C. 0.5　　　　　　　　　　　　D. 1

7. 基础主梁 JL 的集中标注不包括（　　）。

A. 基础梁编号　　　　　　　　B. 截面尺寸

C. 梁支座底部纵筋　　　　　　D. 配筋

8. 当基础梁箍筋采用两种时，用（　　）分隔不同的箍筋。

A. ＋　　　　　　　　　　　　B. ／

C. ；　　　　　　　　　　　　D. 一

9. 平板式筏形基础平板端部等截面外伸构造上部钢筋在端部的弯折长度为（　　）。

A. 1.9d　　　　　　　　　　B. 15d

C. 12d　　　　　　　　　　D. 8d

10. 纵筋弯钩交错封边方式，底部与顶部纵筋弯钩交错（　　）。

A. 100mm　　　　　　　　　　B. 50mm

C. 150mm　　　　　　　　　　D. 200mm

读者可扫描下方二维码获取更多试题资源。

基础钢筋工程识图　　　　　　　　　　基础钢筋工程计算

二、判断题

1. 独立基础的平法施工图，包括平面注写与列表注写两种表达形式。　　　　（　　）

2. 锥形普通独立基础的代号为：DJj。　　　　　　　　　　　　　　　　（　　）

3. 杯口独立基础顶部焊接钢筋网，以 Sn 打头引注。　　　　　　　　　　（　　）

4. 基础梁 JL 的平面注写方式，分集中标注、截面标注、列表标注和原位标注四部分
内容。　　　　　　　　　　　　　　　　　　　　　　　　　　　　　　　（　　）

5. 当具体设计仅采用一种箍筋间距时，需标注钢筋级别、直径、间距与肢数。
　　　　　　　　　　　　　　　　　　　　　　　　　　　　　　　　　（　　）

6. 当同排纵筋有两种直径时，用"，"将两种直径的纵筋相连。　　　　　（　　）

7. 平板式筏形基础是没有基础梁的筏形基础，构件编号为 LPB。　　　　（　　）

8. 当独立基础底板长度大于 2500mm 时，基础底板钢筋必须进行缩短配置。（　　）

9. 梁板式筏形基础平板 LPB 板的第一根钢筋距基础梁边 75mm。　　　　（　　）

10. 基础梁底面标高高差是必注值。　　　　　　　　　　　　　　　　　（　　）

三、识图分析题

1. 识读图 1 所示独立基础的平法标注内容，分析该基础需要计算的钢筋内容。

2. 识读图 2 所示筏形基础的平法标注内容，并分析该基础需要计算的钢筋内容（该
筏形基础无外伸构造）。

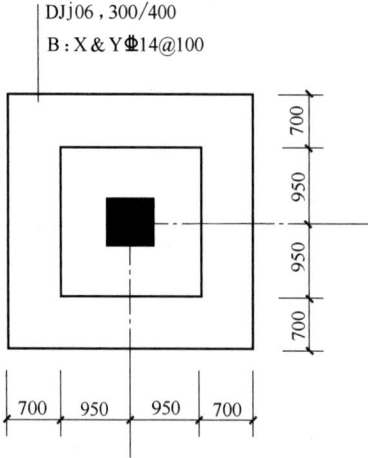

图 1

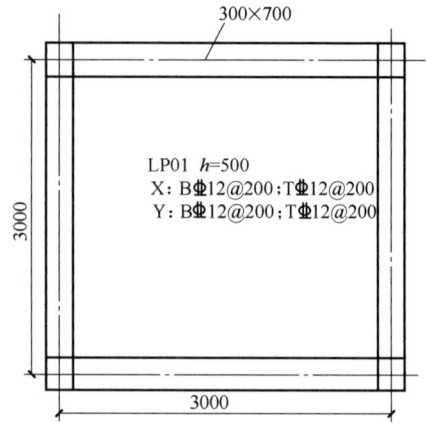

图 2

四、计算题

1. 计算图 1 所示独立基础的钢筋工程量。

2. 计算图 2 所示筏形基础的钢筋工程量。

项目 3 柱钢筋工程

思维导图

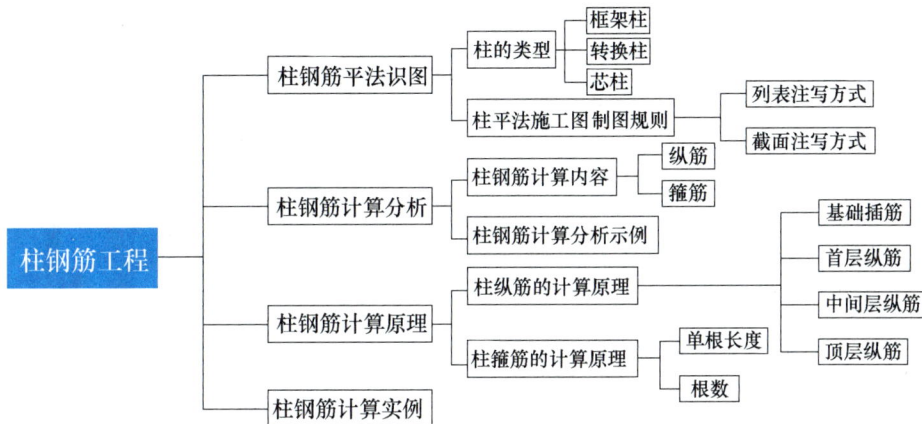

知识要点

通过本章的学习，熟悉 22G101 图集的相关内容；掌握现浇混凝土柱施工图中列表注写方式与截面注写方式所表达的内容；掌握柱标准构造详图中柱插筋、底层纵筋、中间层纵筋、顶层纵筋以及柱箍筋的构造规定；能够准确计算各种类型柱钢筋的长度。

思政要点

以钢筋的计算规则作为切入点，引导学生思考"规则"在专业领域的重要性，确立"规则意识"。通过践行计算原理和计算方法，明确学生在未来岗位上的自我担当，确立"责任意识"。

任务 3.1 柱钢筋平法识图

3.1.1 柱的类型

在 22G101 图集中，柱编号由柱类型代号和序号组成，柱的类型代号有框架柱（KZ）、转换柱（ZHZ）、芯柱（XZ），如表 3-1 所示。

柱编号 表 3-1

柱类型	代号	序号
框架柱	KZ	××

47

续表

柱类型	代号	序号
转换柱	ZHZ	××
芯柱	XZ	××

注：编号时，当柱的总高、分段截面尺寸和配筋均对应相同，仅截面与轴线的关系不同时，仍可将其编为同一柱号，但应在图中注明截面与轴线的关系。

1. 框架柱（KZ）

框架柱是指在框架结构中承受梁和板传来的荷载，并将荷载传递给基础的柱，是主要的竖向受力构件，如图 3-1 所示。

2. 转换柱（ZHZ）

转换柱是支撑框支梁的柱，一般来讲，当上部结构中有些墙（柱）不能落地时，需要用一定的结构构件来支撑上部的墙（柱），如果这个构件用的是梁，那么这根梁就是框支梁，支撑框支梁的柱就是转换柱。

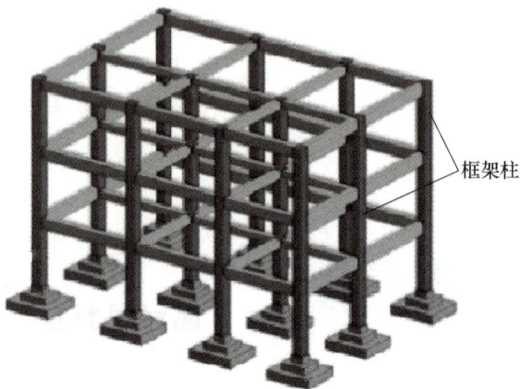

图 3-1 框架柱

3. 芯柱（XZ）

芯柱是指在框架柱截面中 1/3 左右的核心部位配置附加纵向钢筋及箍筋而形成的内部加强区域，如图 3-2 所示。

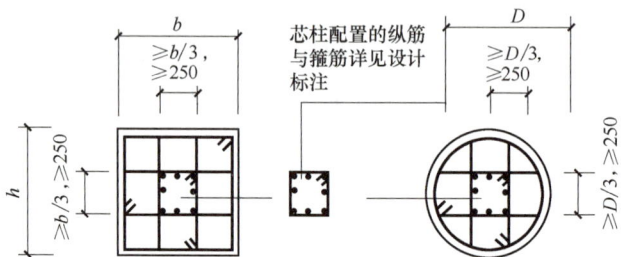

图 3-2 芯柱

3.1.2 柱平法施工图制图规则

1. 柱平法施工图的表示方法

（1）柱平法施工图系在柱平面布置图上采用列表注写方式或截面注写方式表达。

（2）柱平面布置图，可采用适当比例单独绘制，也可与剪力墙平面布置图合并绘制。

（3）在柱平法施工图中，应按规定注明各结构层的楼面标高、结构层高及相应的结构层号，尚应注明上部结构嵌固部位位置。

（4）上部结构嵌固部位的注写：

1）框架柱嵌固部位在基础顶面时，无须注明。

2）框架柱嵌固部位不在基础顶面时，在层高表嵌固部位标高下使用双细线注明，并在层高表下注明上部结构嵌固部位标高。

3）框架柱嵌固部位不在地下室顶板，但仍需考虑地下室顶板对上部结构实际存在嵌固作用时，可在层高表地下室顶板标高下使用双虚线注明，此时首层柱端箍筋加密区长度范围及纵向钢筋（也称"纵筋"）连接位置均按嵌固部位要求设置。

2. 列表注写方式

柱列表注写方式系在柱平面布置图上（一般只需采用适当比例绘制一张柱平面布置图，包括框架柱、转换柱、芯柱等），分别在同一编号的柱中选择一个（有时需要选择几个）截面标注几何参数代号；在柱表中注写柱编号、柱段起止标高、几何尺寸（含柱截面对轴线的定位情况）与配筋的具体数值，并配以柱截面形状及其箍筋类型的方式来表达柱平法施工图，如图 3-3 所示。下面以柱表中 KZ1 为例说明表中各项表达的含义。

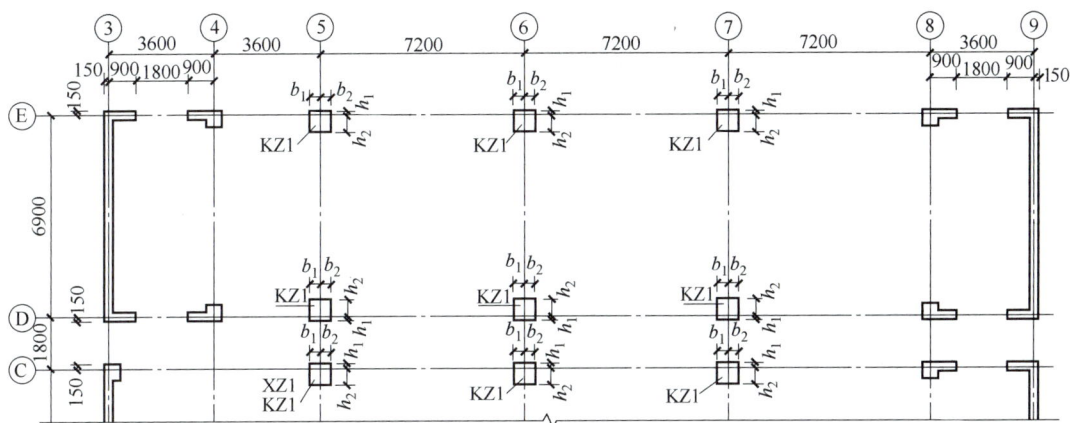

柱表

柱编号	标高(m)	$b \times h$(mm×mm)（圆柱直径D)	b_1(mm)	b_2(mm)	h_1(mm)	h_2(mm)	全部纵筋	角筋	b边一侧中部筋	h边一侧中部筋	箍筋类型号	箍筋	备注
KZ1	−4.530~−0.030	750×700	375	375	150	550	28Φ25				1(6×6)	Φ10@100/200	
	−0.030~19.470	750×700	375	375	150	550	24Φ25				1(5×4)	Φ10@100/200	
	19.470~37.470	650×600	325	325	150	450		4Φ22	5Φ22	4Φ20	1(4×4)	Φ10@100/200	—
	37.470~59.070	550×500	275	275	150	350		4Φ22	5Φ22	4Φ20	1(4×4)	Φ8@100/200	
XZ1	−4.530~8.670						8Φ25				按标准构造详图	Φ10@100	⑤×ⓒ轴KZ1中设置

−4.530~59.070柱平法施工图(局部)

图 3-3　柱列表注写方式示例

（1）注写柱编号。如图 3-4 所示，第一列表示 KZ1，就是 1 号框架柱。

（2）注写各段柱起止标高，自柱根部往上以变截面位置或截面未变但配筋改变处为界分段注写。如图 3-4 所示，第二列表示柱的起止标高，根据起止标高把 KZ1 分为四段，分四段的原因是 KZ1 的截面尺寸、钢筋配置发生了变化。

（3）注写柱截面尺寸以及与轴线关系的几何参数代号。如图 3-4 所示，第三列表示柱的截面尺寸，比如在标高−0.030~19.470m，柱截面宽 $b=750$mm，柱截面高 $h=700$mm。第四~七列的分项表示柱截面尺寸的偏心情况，比如在标高−0.030~19.470m，柱截面的 b 边、h 边偏心是 $b=b_1+b_2=375$mm$+375$mm，$h=h_1+h_2=150$mm$+550$mm。

（4）注写柱纵筋。当柱纵筋直径相同，各边根数也相同时，将纵筋注写在"全部纵筋"，除此之外柱纵筋按角筋、b 边中部筋和 h 边中部筋分别注写。如图 3-4 所示，第八列表示柱在起止标高在−0.030~19.470m 时的全部纵筋为 24Φ25；第九~十一列为分项表示柱在起止标高为 19.470～37.470m 的角筋信息为 4Φ22，b 边一侧中部筋为 5Φ22，h 边一侧中部筋为 4Φ22。

（5）注写箍筋类型编号及箍筋肢数，具体规定如表 3-2 所示。箍筋肢数可有多种组合，应注明具体数值：m、n 及 Y 等。同时还需要注写柱箍筋钢筋种类、直径与间距。如图 3-4 所示，第十二～十三列表示箍筋信息，柱在起止标高为 －0.030～19.470m 的箍筋信息为ϕ10@100/200，箍筋是类型 1 的 5×4 复合箍筋。

箍筋类型表　　　　　　　　　　　　　　表 3-2

箍筋类型编号	箍筋肢数	复合方式	箍筋类型编号	箍筋肢数	复合方式
1	$m \times n$	肢数 m 肢数 n	3	—	
2	—		4	Y+$m \times n$ 圆形箍	肢数 m 肢数 n

3. 截面注写方式

柱截面注写方式，系在柱平面布置图的柱截面上，分别在同一编号的柱中选择一个截面，以直接注写截面尺寸和配筋具体数值的方式来表达柱平法施工图。当纵筋采用两种直径时，需要注写截面各边中部筋的具体数值（对于采用对称配筋的矩形截面柱，可仅在一侧注写中部筋，对称边省略不注）。在截面注写方式中，柱的分段截面尺寸和配筋均相同，仅截面与轴线关系不同时可将其视为同一柱号，如图 3-4 所示。

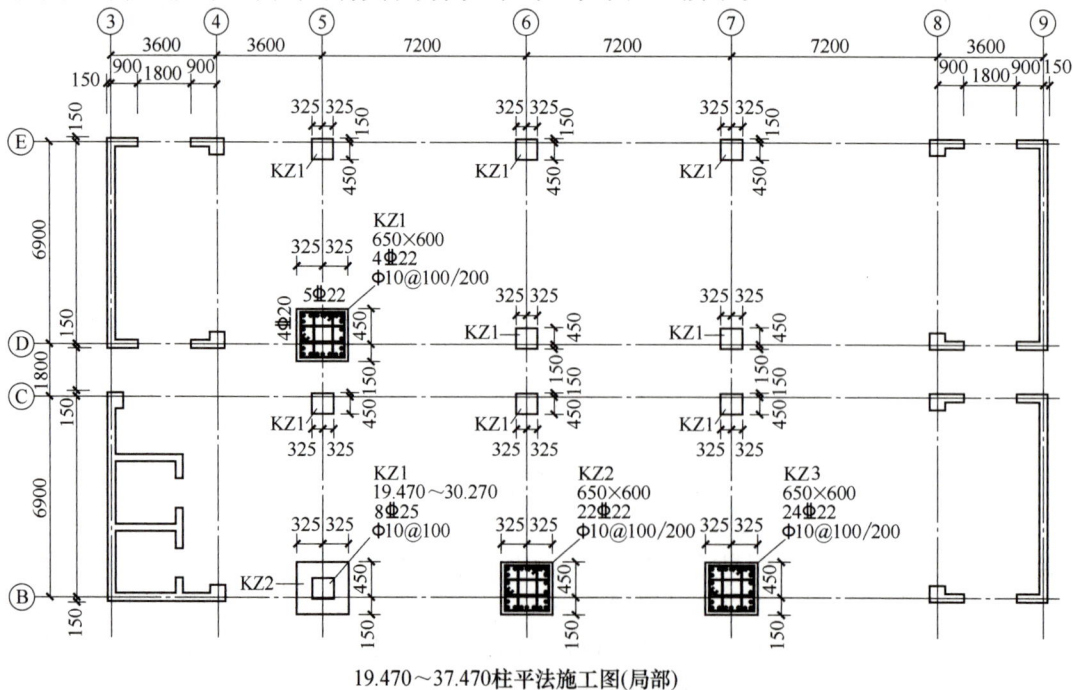

19.470～37.470柱平法施工图(局部)

图 3-4　柱的截面注写方式示例

柱截面注写的内容包括柱类型及编号、柱截面尺寸、柱纵筋信息、柱箍筋信息等，如图 3-5 所示。

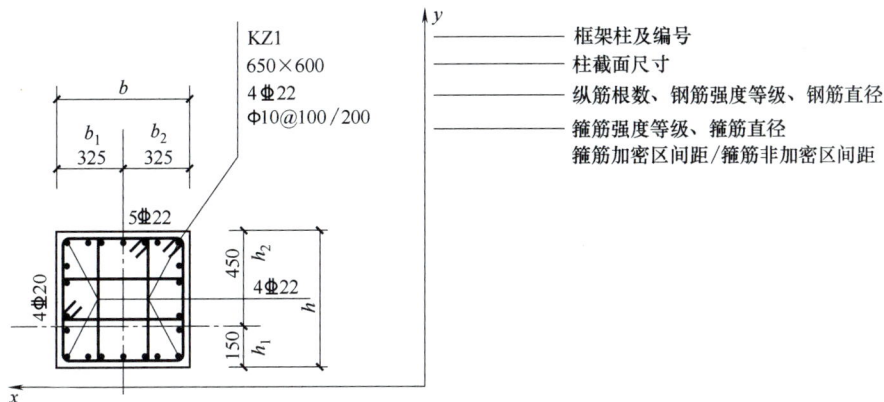

图 3-5 柱截面注写内容

注意事项：

（1）柱截面尺寸的规定，框架柱的截面尺寸分为截面宽 b 和截面高 h，如图 3-5 所示。x 方向柱的截面尺寸为截面宽，用 b 表示，$b=b_1+b_2$；y 方向柱的截面尺寸为截面高，用 h 表示，$h=h_1+h_2$。

（2）柱箍筋肢数，根据 22G101 的规定，柱箍筋肢数沿 x 方向箍筋肢数写在前面，沿 y 方向箍筋肢数写在后面，所以在图 3-5 中，箍筋肢数为 4×4 肢箍。

（3）柱纵筋直径及钢筋级别相同，可以注写纵筋总数，如图 3-6 所示，纵筋为 22Φ22；如果纵筋直径及钢筋级别不同，线引出注写角筋，然后各边再注写其纵筋，如果是对称配筋，则在对称的两边中，只注写其中一边即可，如图 3-7 所示；如果是非对称配筋，则每边注写实际的纵筋，如图 3-8 所示。

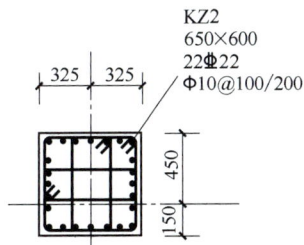

图 3-6 纵筋直径相同

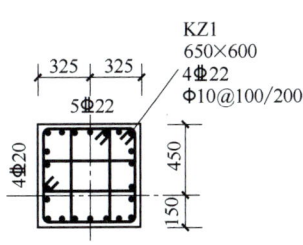

图 3-7 纵筋直径不同且截面对称

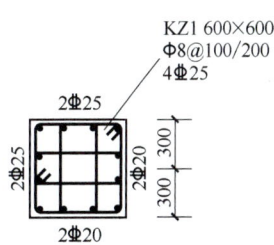

图 3-8 纵筋直径不同且非对称截面

4. 柱箍筋

柱箍筋有复合箍筋和非复合箍筋两种，如图 3-9 所示。柱箍筋的表达内容包括箍筋级别、直径、加密区与非加密区间距及肢数、箍筋类型。箍筋肢数可有多种组合，应注明具体数值。

当为抗震设计时，用斜线"/"区分柱端箍筋加密区与柱身非加密区长度范围内箍筋的不同间距。当框架节点核芯区内箍筋与柱端箍筋设置不同时，应在括号中注明核芯区箍筋直径及间距。当圆柱采用螺旋箍筋时，需在箍筋前加"L"。

具体工程所设计的各种箍筋类型图以及箍筋复合的具体方式，需画在表的上部或图中的适当位置，并在其上标注与表中相应的 b、h 和类型号。

特别注意：

当为抗震设计时，确定箍筋肢数时要满足对柱纵筋"隔一拉一"以及箍筋肢距的要求。（"隔一拉一"的意思是：相邻两根箍筋的垂直肢之间最多只允许有一根柱纵筋不被箍筋拉住。）

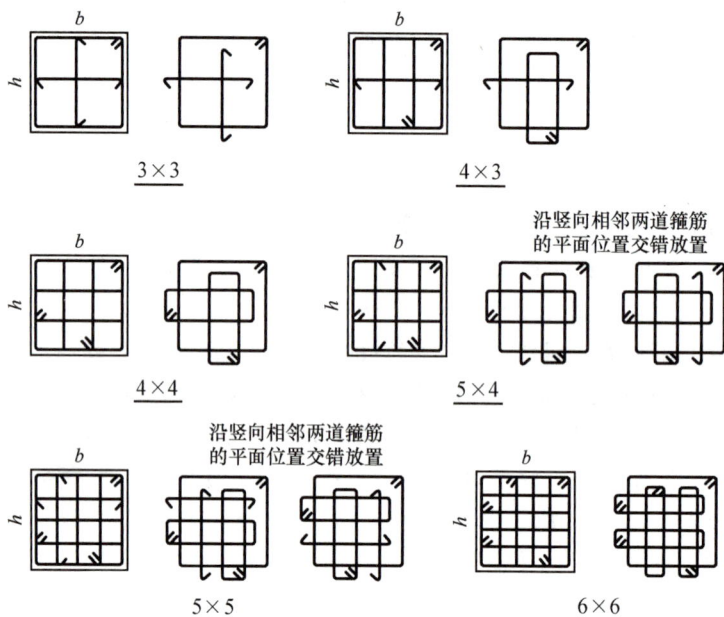

图 3-9 柱箍筋形式

任务 3.2 柱钢筋计算分析

3.2.1 柱钢筋计算内容

柱钢筋包括柱纵筋和柱箍筋。具体来说，柱纵筋又分为基础插筋、首层纵筋、中间层纵筋及顶层纵筋，柱箍筋分为复合箍筋和非复合箍筋两种，如图 3-10 所示。

1. 基础插筋

基础插筋是指在浇筑基础前，根据柱子纵向钢筋的尺寸、数量将一段钢筋事先埋入基础内，插筋的根数、尺寸应与柱子纵向钢筋保持一致，如图 3-11 所示。

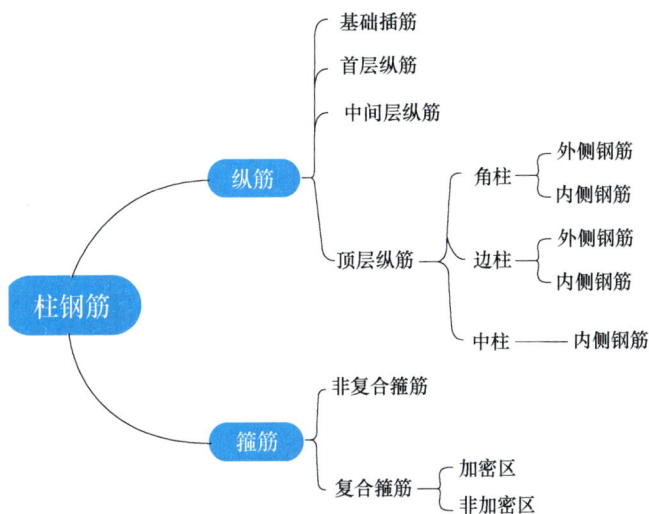

图 3-10　柱钢筋种类及计算内容

2. 首层纵筋

柱在首层内的纵向钢筋，承受轴向压力，如图 3-12 所示。

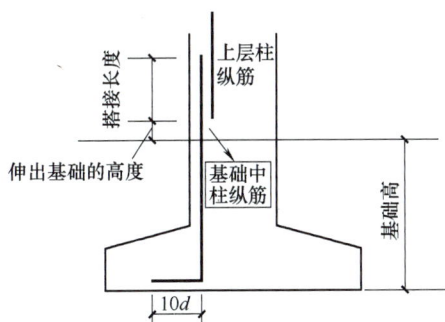

图 3-11　柱基础插筋示意图

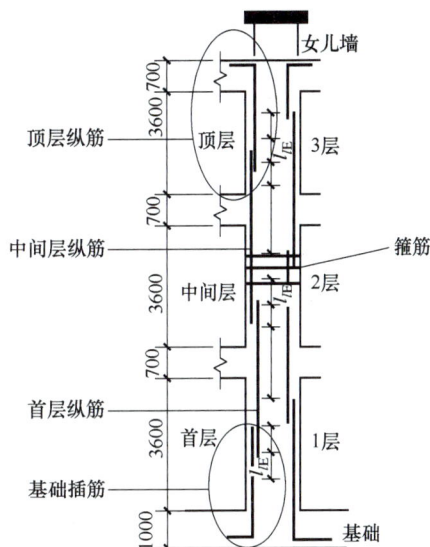

图 3-12　首层、中间层、顶层纵筋示意图

3. 中间层纵筋

柱在中间层内的纵向钢筋，承受轴向压力，如图 3-12 所示。

4. 顶层纵筋

柱在顶层内的纵向钢筋，由于所处平面位置不同，钢筋锚固要求也不相同。具体来说，在顶层根据柱的平面位置，将柱分为边柱、中柱、角柱，其钢筋伸到顶层梁板的方式和长度不同。

对于边柱，一条边为外侧边，三条边为内侧边；对于角柱，两条边为外侧边，两条边为内侧边；而中柱没有外侧边。外侧边上对应的钢筋为外侧钢筋，内侧边上对应的钢筋为内侧钢筋，如图 3-13 所示。

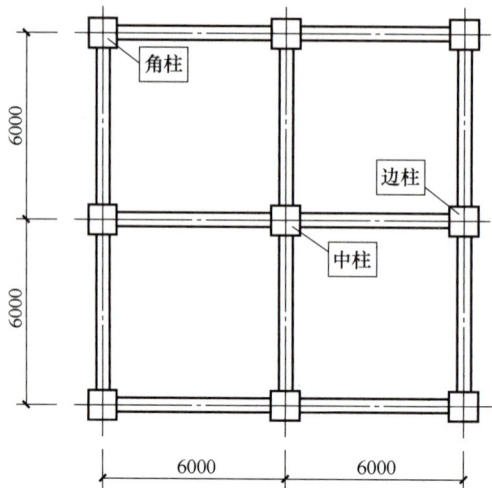

图 3-13　角柱、边柱、中柱示意图

3.2.2　柱钢筋计算分析

以图 3-14 所示框架柱为例，按照柱平法施工图制图规则要求以及柱内需要计算的钢筋内容，分析①轴和⑧轴相交处的 KZ2 需要计算的钢筋。具体分析如图 3-15 所示。

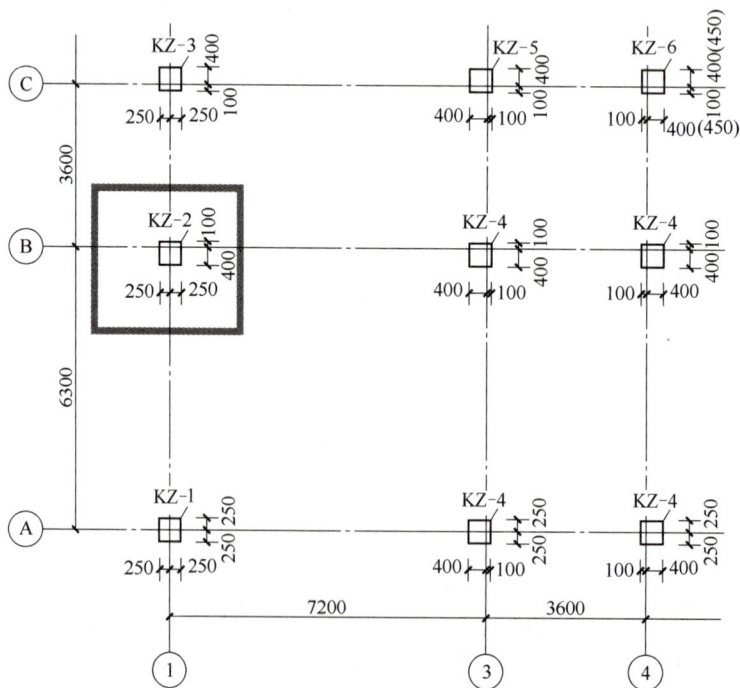

柱号	标高(m)	$b \times h(b_i \times h_i)$ (圆柱直径D) (mm×mm)	角筋	b边一侧 中部筋	h边一侧 中部筋	箍筋类型号	箍筋	核芯区箍筋
KZ-1	−0.030～4.170	500×500	4⚫25	2⚫22	2⚫25	1.(4×4)	⚫10@100	⚫10@100
	4.170～11.370	500×500	4⚫20	2⚫22	3⚫20	1.(4×4)	⚫10@100	⚫10@100
	11.370～14.970	500×500	4⚫22	3⚫20	3⚫22	1.(4×4)	⚫10@100	⚫10@100
	14.970～19.170	500×500	4⚫22	3⚫20	2⚫22	1.(4×4)	⚫10@100	⚫10@100
KZ-2	−0.030～4.170	500×500	4⚫20	3⚫20	2⚫18	1.(4×4)	⚫10@100	⚫10@100
	4.170～7.770	500×500	4⚫18	3⚫18	2⚫18	1.(4×4)	⚫10@100	⚫10@100
	7.770～11.370	500×500	4⚫18	3⚫18	3⚫18	1.(4×4)	⚫10@100	⚫10@100
	11.370～14.970	500×500	4⚫18	3⚫18	3⚫18	1.(4×4)	⚫10@100	⚫10@100
	14.970～19.170	500×500	4⚫18	2⚫16	2⚫16	1.(4×4)	⚫10@100	⚫10@100

图 3-14 框柱 2 与柱表

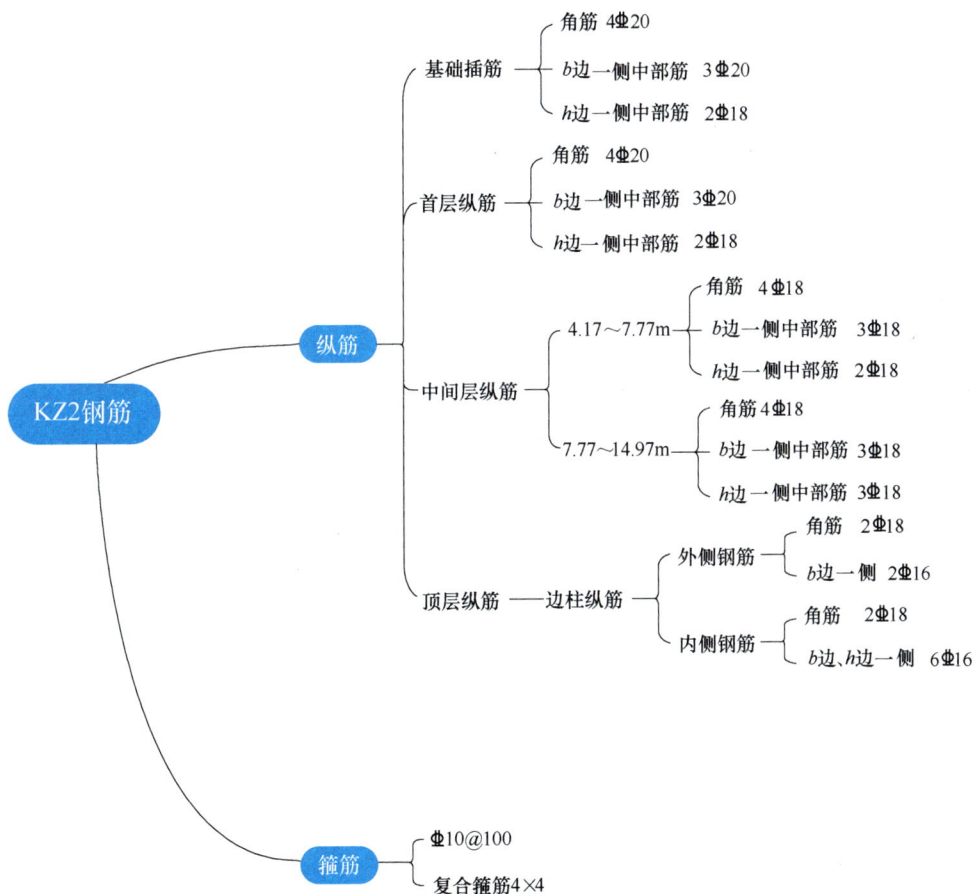

图 3-15 KZ2 钢筋计算内容分析

任务 3.3　柱钢筋计算原理

3.3.1　柱基础插筋的计算

1. 嵌固部位的确定

从结构力学上讲，对于上部建筑来说，结构嵌固部位标高以下可以视作基础，结构是嵌固在这个标高上的。

嵌固部位确定一般遵循以下原则：

（1）无地下室时，嵌固部位一般在基础顶面，如图 3-16 所示。

（2）有地下室时，根据具体情况由设计指定嵌固部位，如图 3-17 所示。

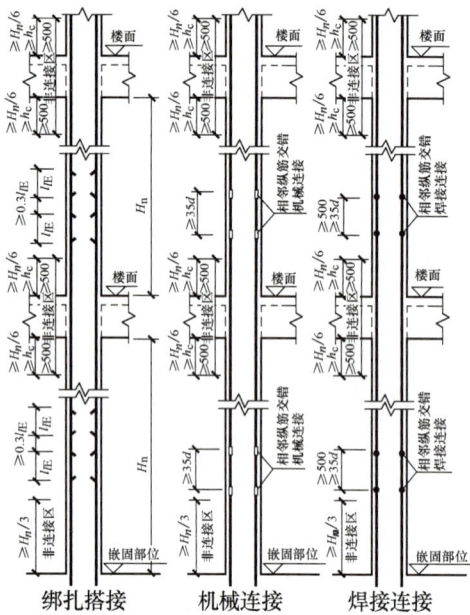

图 3-16　KZ 纵向钢筋连接构造

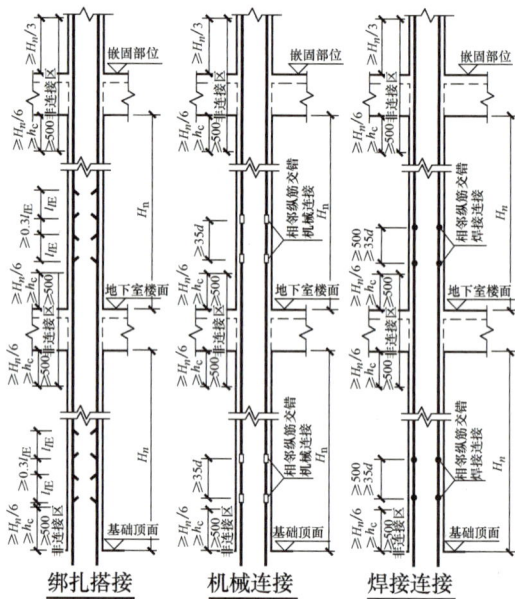

图 3-17　地下室 KZ 纵向钢筋连接构造

柱嵌固部位直接决定柱纵向钢筋非连接区长度的确定，具体情况如下：

（1）若为嵌固部位，非连接区长度为 $H_n/3$。

（2）若为非嵌固部位，非连接区长度为：$\max(H_n/6, h_c, 500\text{mm})$。

2. 柱基础插筋计算（基础顶面为嵌固部位）

基础插筋的节点详图如图 3-18 所示，钢筋计算要求见表 3-3。

3.3.2　柱首层纵筋的计算

无地下室时，在平法施工图中，首层的结构层高是从基础顶面到二层的楼面之间的高度，结构净高由本层层高减去本层梁高得到，如图 3-19 所示。

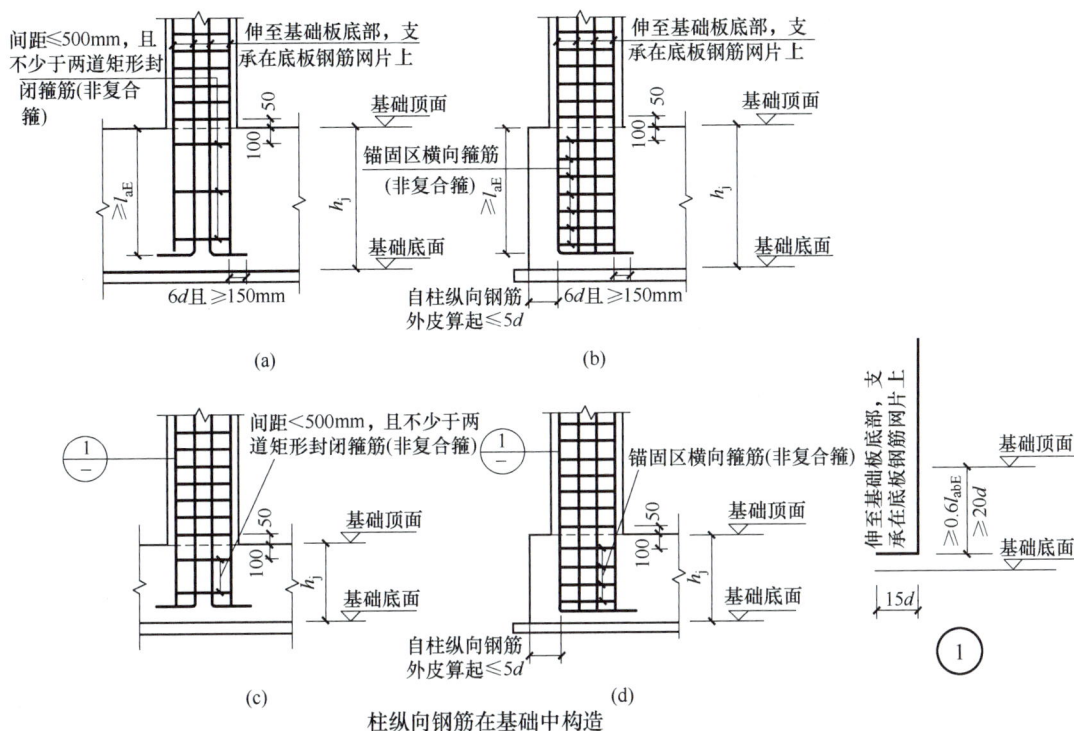

图 3-18　基础插筋构造节点

（a）保护层厚度＞5d，基础高度满足直锚；（b）保护层厚度≤5d，基础高度满足直锚；

（c）保护层厚度＞5d，基础高度不满足直锚；（d）保护层厚度≤5d，基础高度不满足直锚

基础插筋钢筋计算　　　　　　　　　　　　　　　　　　　　表 3-3

序号	柱插筋在基础中的构造	计算公式
1	（a）保护层厚度＞5d；基础高度满足直锚	基础插筋长度＝基础内的长度＋伸入上层柱的长度 $$=h_j-基础保护层厚度+\max(6d,150\text{mm})+非连接区 H_{n1}/3+搭接长度$$ 式中　h_j——基础底面至基础顶面的高度
2	（b）保护层厚度≤5d，基础高度满足直锚	H_{n1}——结构层净高 搭接长度：机械连接、焊接连接为0；绑扎连接为l_{lE}
3	（c）保护层厚度＞5d；基础高度不满足直锚	基础插筋长度＝基础内的长度＋伸入上层柱的长度 $$=h_j-基础保护层厚度+15d+非连接区 H_{n1}/3+搭接长度$$
4	（d）保护层厚度≤5d，基础高度不满足直锚	搭接长度：机械连接、焊接连接为0；绑扎连接为l_{lE}

　　首层纵筋长度＝首层层高－首层非连接区 $H_{n1}/3$＋二层非连接区 $\max(H_{n2}/6, h_c, 500\text{mm})$＋搭接长度

式中　H_{n1}——首层的结构净高；

H_{n2}——二层的结构净高；

h_c——柱的宽边尺寸。

搭接长度：机械连接、焊接连接为 0；绑扎连接为 l_{lE}。

3.3.3 柱中间层纵筋的计算

中间层纵筋的节点详图及计算公式如下。

在平法施工图中，中间层的结构层高是从本层楼面到上一层楼面之间的高度，结构净高由本层层高减去本层梁高得到，如图 3-20 所示。

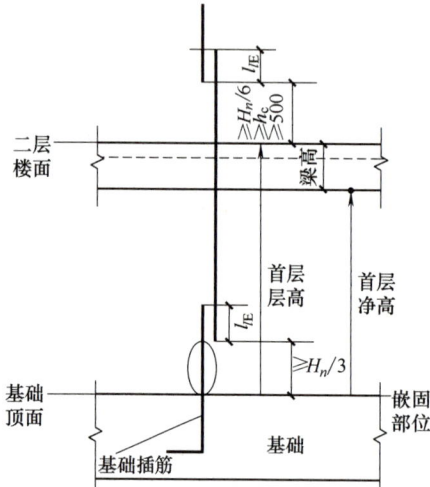

图 3-19 首层柱纵筋结构示意图

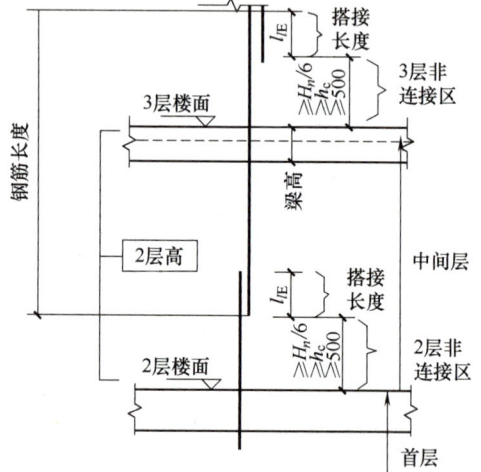

图 3-20 中间层柱纵筋结构示意图

中间层纵筋长度＝第 n 层层高－n 层非连接区长度 $\max(H_n/6, h_c, 500\text{mm})$＋$(n+1)$ 层非连接区长度 $\max(H_{n+1}/6, h_c, 500\text{mm})$＋搭接长度

式中　$n=2$，3，4......；

H_n、H_{n+1}——结构层净高；

h_c——柱的宽边尺寸；

搭接长度：机械连接、焊接连接为 0；绑扎连接为 l_{lE}。

3.3.4 柱顶层纵筋的计算

1. 边角柱顶层纵筋的计算原理

对于边角柱构造节点，分为柱外侧纵向钢筋和梁上部纵向钢筋在节点外侧弯折搭接构造，如图 3-21 所示；柱外侧纵向钢筋和梁上部钢筋在柱顶外侧直线搭接构造，以及梁宽范围内柱外侧纵向钢筋弯入梁内作梁筋构造，如图 3-22 所示。具体计算要求见表 3-4、表 3-5。

边角柱内侧纵向钢筋计算要求见中柱纵向钢筋计算。

2. 中柱顶层纵筋的计算原理

中柱柱顶共有①、②、③、④四种不同的节点，如图 3-23 所示。具体计算要求见表 3-6。

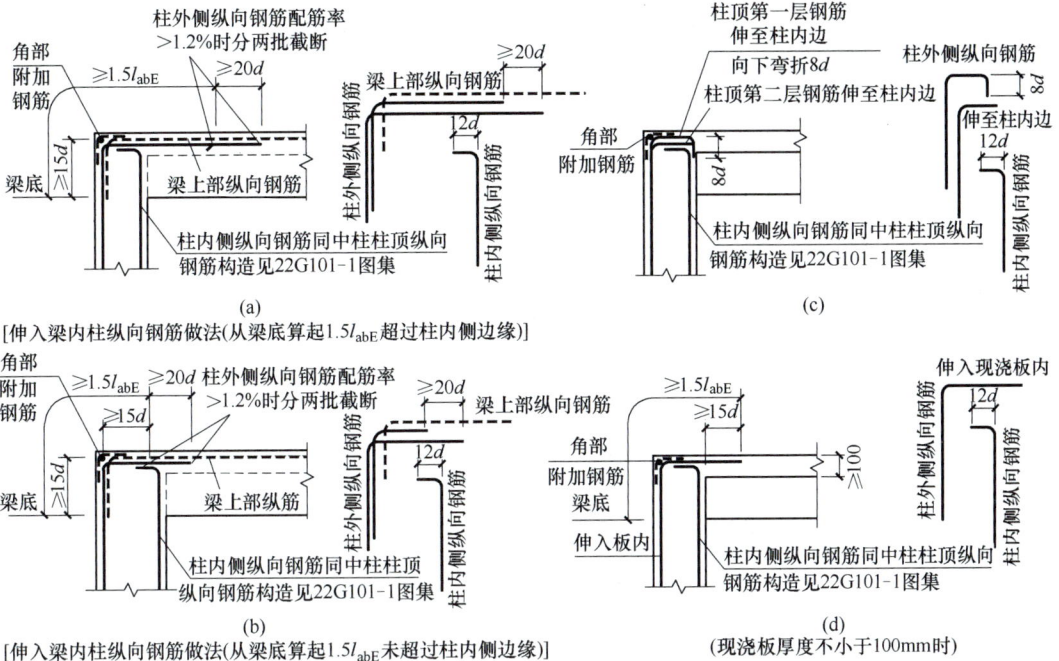

[伸入梁内柱纵向钢筋做法(从梁底算起1.5l_{abE}超过柱内侧边缘)]

[伸入梁内柱纵向钢筋做法(从梁底算起1.5l_{abE}未超过柱内侧边缘)]

(现浇板厚度不小于100mm时)

柱外侧纵向钢筋和梁上部纵向钢筋在节点外侧弯折搭接构造

图 3-21　边角柱外侧纵筋构造节点（一）

（a）梁宽范围内钢筋；（b）梁宽范围内钢筋；（c）梁宽范围外钢筋在节点内锚固；

（d）梁宽范围外钢筋伸入现浇板内锚固

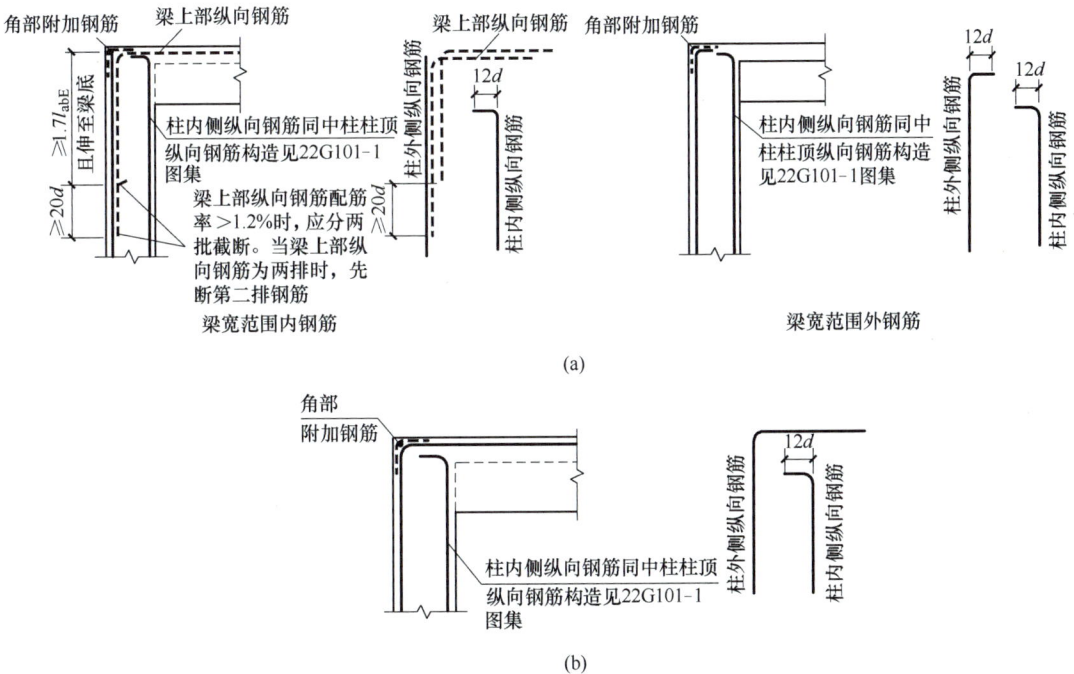

图 3-22　边角柱外侧纵筋构造节点（二）

（a）柱外侧纵向钢筋和梁上部钢筋在柱顶外侧直线搭接构造；（b）梁宽范围内柱外侧纵向钢筋弯入梁内作梁筋构造

边角柱外侧纵筋构造节点（一）计算　　　　　　　　　表 3-4

钢筋构造	构造要点	计算公式
(a)梁宽范围内钢筋[伸入梁内柱纵向钢筋做法（从梁底算起 $1.5l_{abE}$ 超过柱内侧边缘）]	该节点构造就是柱外侧钢筋弯折进入梁上部，具体来说是柱外侧钢筋从梁底开始伸入梁内的长度为 $1.5l_{abE}$，并且超过了柱内侧边缘线。当配筋率＞1.2%时，钢筋分两批截断，较长的部分多加 $20d$	柱外侧纵筋长度（第一批断）＝顶层层高－顶层非连接区长度－梁高＋$1.5l_{abE}$； 柱外侧纵筋长度（第二批断）＝顶层层高－顶层非连接区长度－梁高＋$1.5l_{abE}$＋$20d$
(b)梁宽范围内钢筋[伸入梁内柱纵向钢筋做法（从梁底算起 $1.5l_{abE}$ 未超过柱内侧边缘）]	该节点构造就是柱外侧钢筋弯折进入梁上部，具体来说是柱外侧钢筋从梁底开始伸入梁内的长度为 $1.5l_{abE}$，并且未超过柱内侧边缘线，这也说明柱的截面尺寸较大。当配筋率＞1.2%时，钢筋分两批截断，较长的部分多加 $20d$	柱外侧纵筋长度（第一批断）＝顶层层高－顶层非连接区长度－梁高＋$1.5l_{abE}$； 柱外侧纵筋长度（第二批断）＝顶层层高－顶层非连接区长度－梁高＋$1.5l_{abE}$＋$20d$
(c)梁宽范围外钢筋在节点内锚固	该节点构造就是柱顶第一层钢筋伸至柱内边向下弯折 $8d$，第二层钢筋伸至柱内边，注意与第一、第二层钢筋的排布间距	柱外侧第一层纵筋长度＝顶层层高－顶层非连接区长度－梁保护层厚度＋柱宽－柱保护层厚度＋$8d$； 柱外侧第二层纵筋长度＝顶层层高－顶层非连接区长度－柱保护层厚度＋柱宽－柱保护层厚度
(d)梁宽范围外钢筋伸入现浇板内锚固（现浇板厚度不小于 100mm 时）	该节点构造就是柱外侧钢筋弯折进入板上部，具体来说是柱外侧钢筋从梁底开始伸入板内的长度为 $1.5l_{abE}$	柱外侧纵筋长度＝顶层层高－顶层非连接区长度－梁高＋$1.5l_{abE}$

注：顶层非连接区长度均为 $\max(H_n/6, h_c, 500\text{mm})$。

边角柱外侧纵筋构造节点（二）计算　　　　　　　　　表 3-5

钢筋构造	构造要点	计算公式
(a)梁宽范围内钢筋	该节点构造就是梁上部纵筋锚入柱内 $1.7l_{abE}$，当配筋率＞1.2%时，钢筋分两批截断，第二批长度再加 $20d$；当（梁高－保护层厚度）≥l_{aE} 时，柱外侧纵筋可不弯折 $12d$	柱外侧纵筋长度＝顶层层高－顶层非连接区长度－保护层厚度
(b)梁宽范围外钢筋	该节点构造就是柱外侧纵筋伸入柱顶弯折 $12d$	柱外侧纵筋长度＝顶层层高－顶层非连接区长度－保护层厚度＋$12d$
(c)梁宽范围内柱外侧纵向钢筋弯入梁内作梁筋构造	该节点构造就是柱外侧纵筋不小于梁上部钢筋时，可以弯入梁内作为梁上部纵筋	柱外侧纵筋长度＝顶层层高－顶层非连接区长度－保护层厚度＋弯入梁内的长度

注：顶层非连接区长度均为 $\max(H_n/6, h_c, 500\text{mm})$。

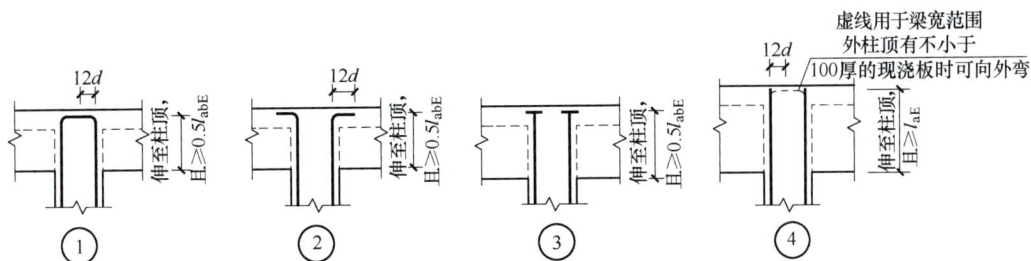

12d（当柱顶有不小于100厚的现浇板）柱纵向钢筋端头加锚头（锚板）（当直锚长度≥l_{aE}时）

KZ中柱柱顶纵向钢筋构造

（中柱柱顶纵向钢筋构造分四种构造做法，施工人员应根据各种做法所要求的条件正确选用）

图 3-23 KZ 中柱柱顶纵向钢筋构造

中柱顶层纵向钢筋计算　　　　　　　　　表 3-6

钢筋构造	构造要点	计算公式
中柱①②型节点	当（梁高－保护层厚度）<l_{aE} 时，采用弯锚形式，当板厚小于 100mm 时，弯钩内弯；当板厚大于等于 100mm 时，弯钩外弯	柱纵筋长度＝顶层层高－顶层非连接区长度－保护层厚度＋12d
中柱③型节点	当（梁高－保护层厚度）≥l_{aE} 时，采用直锚形式，并且为了更加牢固，加装了锚板（锚板的工程量忽略不计）	柱纵筋长度＝顶层层高－顶层非连接区长度＋$\max[$（梁高－保护层厚度），$0.5l_{abE}]$
中柱④型节点	当（梁高－保护层厚度）≥l_{aE} 时，采用直锚形式；构造节点中虚线用于梁宽范围外，柱纵筋伸至柱顶向内弯12d，若柱顶有不小于 100mm 厚的现浇板时可向外弯12d	柱纵筋长度＝顶层层高－顶层非连接区长度＋$\max[$（梁高－保护层厚度），$l_{aE}]$；或者，柱纵筋长度＝顶层层高－顶层非连接区长度＋（梁高－保护层厚度）＋12d

注：顶层非连接区长度均为 $\max(H_n/6, h_c, 500\text{mm})$。

3.3.5　柱箍筋的计算

1. 柱箍筋单根长度计算

无论是非复合箍筋，还是复合箍筋，其中最常用的是矩形箍筋。对于矩形箍筋单根长度的计算，抗震框架的封闭箍筋，末端做 135°弯钩，弯钩平直段长度取 10d 和 75mm 的较大值，如图 3-24 所示。

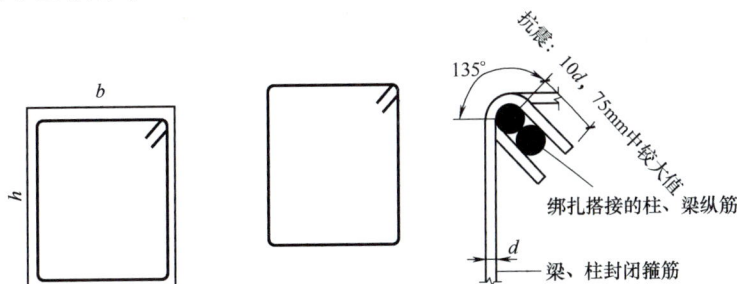

图 3-24　矩形箍筋示意图

（1）算至箍筋外皮

单根长度$=[(b-2c)+(h-2c)]\times 2+2\times[1.9d+\max(10d,75\text{mm})]$

$\qquad =2(b+h)-8c+2\times[1.9d+\max(10d,75\text{mm})]$

（2）算至箍筋中心线

单根长度$=[(b-2c-d/2\times 2)+(h-2c-d/2\times 2)]\times 2+2\times[1.9d+\max(10d,$

$\qquad 75\text{mm})]=2(b+h)-8c-4d+2\times[1.9d+\max(10d,75\text{mm})]$

式中　b、h——柱的截面尺寸；

$\qquad c$——柱的保护层厚度；

$\qquad d$——钢筋直径。

2. 柱箍筋根数的计算

柱箍筋根数的计算要分析加密区和非加密区，箍筋加密区也是柱纵筋的非连接区，箍筋非加密区也是柱纵筋的连接区，如图 3-25 所示。

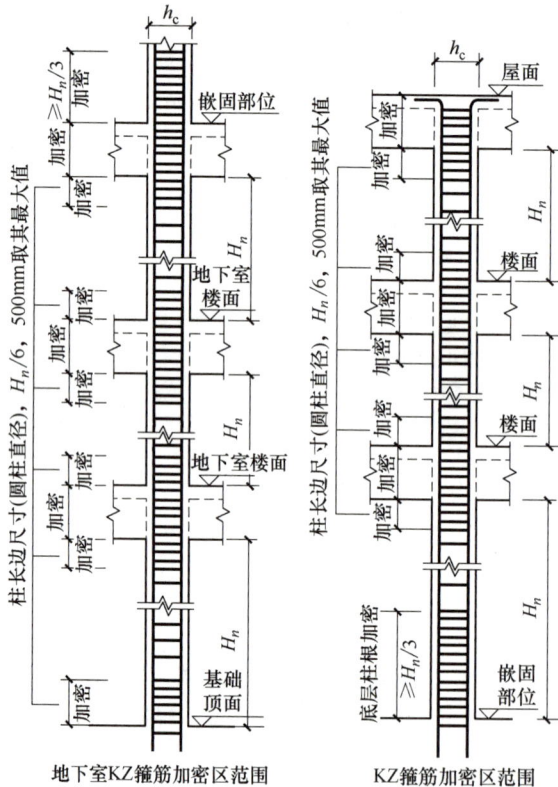

图 3-25　柱箍筋根数示意

（1）基础内的箍筋按基础构造要求计算，一般是非复合箍筋，至少 2 道。

（2）首层的下加密区长度 $H_n/3$，上加密区长度 $[\max(H_n/6,h_c,500\text{mm})+梁高]$。

（3）中间层和顶层的下加密区长度 $\max(H_n/6,h_c,500\text{mm})$，上加密区长度 $[\max(H_n/6,h_c,500\text{mm})+梁高]$。

由以上分析可知：

基础内的箍筋：$\geqslant 2$ 道非复合箍筋，间距$\leqslant 500\text{mm}$。

基础以上各层：

加密区根数＝下加密区根数＋上加密区根数

下加密区根数＝$[H_n/3$ 或 $\max(H_n/6, h_c, 500\text{mm})] \div$ 加密区间距＋1

上加密区根数＝$[\max(H_n/6, h_c, 500\text{mm})+$梁高$] \div$ 加密区间距＋1

非加密区根数＝（层高－下加密区长度－上加密区长度）÷非加密区间距－1

式中 H_n——结构层净高；

    h_c——柱的宽边尺寸。

任务 3.4 柱钢筋计算实例

某工程框架柱（中柱）如图 3-26、图 3-27 所示，该工程结构抗震等级为二级，框架柱的混凝土强度等级为 C30，框架柱、梁混凝土保护层厚度均为 35mm，基础的混凝土保护层厚度为 40mm，$l_{aE}=40d$，顶层梁高 700mm，基础顶面为嵌固部位，柱纵筋采用焊接连接，计算如图 3-28 所示 KZ1 钢筋工程量（Φ20 理论重量：2.466kg/m）。

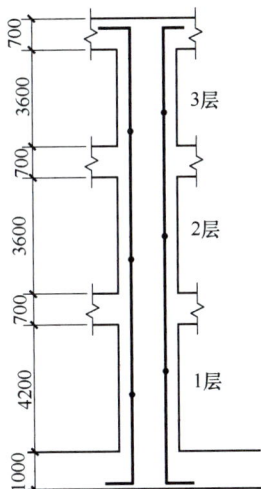

图 3-26 框架柱（中柱）

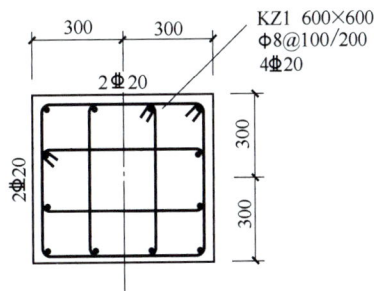

图 3-27 框架柱截面

1. 分析柱钢筋计算内容

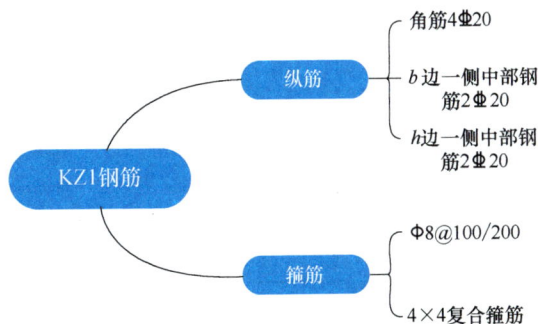

图 3-28 KZ1 钢筋工程量计算内容

2. 计算柱纵筋

柱纵筋在计算时，按照"层层断层层接"的思路计算，柱纵筋的算法有 2 种，即拉通计算和分层计算。拉通计算是在柱纵筋的级别、直径、根数都不发生变化时，可以从基础到柱顶拉通计算；分层计算是在柱纵筋的级别、直径、根数以及柱的截面发生变化时，需要分层计算。

（1）"拉通计算"的方法。具体计算过程见表 3-7。

KZ1 纵筋拉通计算过程　　　　　表 3-7

计算的基础资料	梁、柱保护层为 35mm，梁高＝700mm，$l_{aE}=40d$
基础插筋弯折长度确定	$h_j=1000mm$，$l_{aE}=40d=40×20=800mm$ $h_j>l_{aE}$，故插筋弯折长度取 $\max(6d,150mm)=150mm$
顶层纵筋的锚固确定	$l_{aE}=40d=40×20=800mm$，顶层梁高 700mm 梁高$-c=700-35=665mm<l_{aE}=40d=800mm$ 故顶层锚固长度取：梁高$-c+12d=905mm$
KZ1 纵筋 12Φ20	$L=0.15+(1-0.04)+4.2+0.7+3.6+0.7+3.6+0.905=14.815m$
Φ20	$T=14.815×12×2.466×10^{-3}=0.438t$

（2）"分层计算"的方法，结合案例图及已知条件，柱纵筋计算的流程是：柱插筋计算，首层柱纵筋计算，第二层柱纵筋计算，顶层柱纵筋计算。具体计算过程见表 3-8。

KZ1 纵筋分层计算过程　　　　　表 3-8

计算的基础资料	梁、柱保护层为 35mm，梁高＝700mm，$l_{aE}=40d$
基础插筋 12Φ20	$h_j=1000mm$，$l_{aE}=40d=40×20=800mm$ $h_j>l_{aE}$，故插筋弯折长度取 $\max(6d,150mm)=150mm$ $L=0.15+(1-0.04)+4.2÷3=2.51m$
首层纵筋 12Φ20	根据题目条件，可判断： 首层非连接区长度 $H_n/3=4200÷3=1400mm$ 二层非连接区长度 $\max(H_n/6,h_c,500mm)=\max(3600/6,600,500)=600mm$ $L=4.2-1.4+0.7+0.6=4.1m$
二层纵筋 12Φ20	二层非连接区长度 $\max(H_n/6,h_c,500mm)=\max(3600/6,600,500)=600mm$ 三层非连接区长度 $\max(H_n/6,h_c,500mm)=\max(3600/6,600,500)=600mm$ $L=3.6+0.7-0.6+0.6=4.3m$
三层（顶层）纵筋 12Φ20	$l_{aE}=40d=40×20=800mm$，顶层梁高 700mm 梁高$-c=700-35=665mm<l_{aE}=40d=800mm$ 故顶层锚固长度取：梁高$-c+12d=905mm$ $L=3.6-0.6+0.905=3.905m$
Φ20	$T=(2.51+4.1+4.3+3.905)×12×2.466×10^{-3}=0.438t$

3. 计算柱箍筋

柱箍筋ϕ8@100/200，是复合箍筋 4×4 肢箍，由 1 个大箍和 2 个小箍组成，如图 3-29 所示。因此在计算箍筋单根长度时要计算大箍长度和小箍长度，在计算箍筋根数时要注意分加密区根数和非加密区根数。具体计算过程见表 3-9。

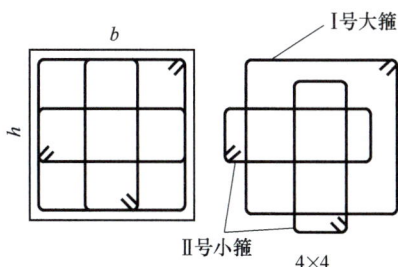

图 3-29　柱 4×4 肢箍

KZ1 箍筋计算过程　　　　　　　　　　　　　　　　　　　　　　　表 3-9

计算基本原理	箍筋长度算至外皮,需要计算基础内非复合箍筋及柱身复合箍筋,如图 3-28 所示,复合箍筋需要计算 I 号大箍和 II 号小箍的单根长度
基础内非复合箍筋(Φ8)	基础内的箍筋:≥2 道非复合箍筋,间距≤500mm $L=2\times(600+600)-8\times35+2\times(1.9\times8+10\times8)=2310.4\text{mm}=2.31\text{m}$ 根数计算: (基础高度－保护层厚度－100)÷500+1=(1000-40-100)÷500+1=3 根
柱身复合箍筋 4×4(Φ8)	I 号大箍 $L=2\times(600+600)-8\times35+2\times(1.9\times8+10\times8)=2310.4\text{mm}=2.31\text{m}$
	II 号小箍 $L=2\times[(600-35\times2-8\times2-20)/3+20+8\times2]+(600-35\times2)\times2+2\times(1.9\times8+10\times8)=1651.73\text{mm}=1.652\text{m}$
	复合箍筋 $L=2.31+1.652\times2=5.614\text{m}$
首层箍筋根数	下加密区根数=(4200÷3-50)÷100+1=15 根 上加密区根数=[max(4200/6,600,500)+700]÷100+1=15 根 非加密区根数=(层高－下加密区长度－上加密区长度)÷非加密区间距－1=[4200+700-4200÷3-max(4200/6,600,500)-700]÷200-1=10 根
二层箍筋根数	下加密区根数=max(3600/6,600,500)÷100+1=7 根 上加密区根数=[max(3600/6,600,500)+700]÷100+1=14 根 非加密区根数=(层高－下加密区长度－上加密区长度)÷非加密区间距－1=[3600+700-2max(3600/6,600,500)-700]÷200-1=11 根
三层(顶层)箍筋根数	下加密区根数=max(3600/6,600,500)÷100+1=7 根 上加密区根数=[max(3600/6,600,500)+700]÷100+1=14 根 非加密区根数=(层高－下加密区长度－上加密区长度)÷非加密区间距－1=[3600+700-2max(3600/6,600,500)-700]÷200-1=11 根
复合箍筋总根数	$N=(15+15+10)+(7+14+11)+(7+14+11)=104$ 根
Φ8	$T=(2.31\times3+5.614\times104)\times0.395\times10^{-3}=0.233\text{t}$

🕮 思维拓展

柱变截面纵向钢筋构造如图 3-30 所示,试列出柱变截面处钢筋的计算要求。

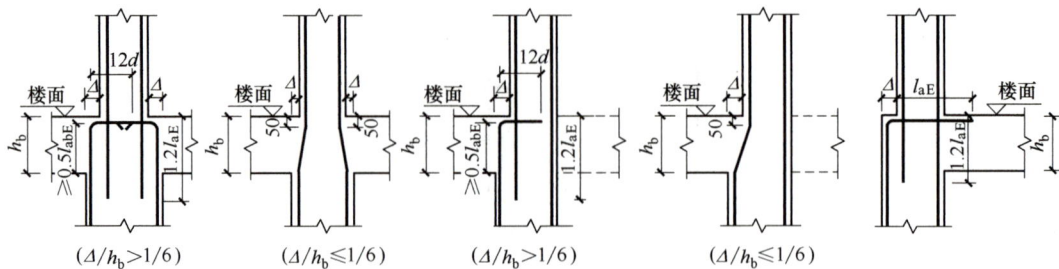

$(\Delta/h_b>1/6)$ $(\Delta/h_b\le1/6)$ $(\Delta/h_b>1/6)$ $(\Delta/h_b\le1/6)$

图 3-30　柱变截面纵向钢筋构造

项目总结

1. 掌握柱结构施工图中列表注写方式与截面注写方式所表达的内容。
2. 熟悉柱标准构造详图中各类钢筋的构造要求。
3. 能够准确识读工程图纸中柱的钢筋信息并进行计算分析。
4. 能够准确计算框架柱中各类钢筋的长度。

思政提升

通过计算原理和计算方法的训练，培养学生解决问题的耐心、恒心以及协作配合，确立"团队意识"，同时贯穿"教中渗入、学中体会、做中践行"的三阶段课程思政，打造学生的职业规划能力和专业素养。

项目习题

一、单项选择题

1. 国家建筑标准设计图集 22G101 平法施工图中，剪力墙上柱的标注代号为（　　）。

A. JLQZ   B. JLQSZ   C. LZ   D. QZ

2. 柱的第一根箍筋距基础顶面的距离是（　　）。

A. 50mm   B. 100mm

C. 箍筋加密区间距   D. 箍筋加密区间距/2

3. 柱纵筋连接构造中，机械连接两批搭接错开的距离为（　　）。

A. $\ge l_{lE}$ B. $\ge35d$ C. $\ge500mm$ D. 0

4. 非连接区长度 $\max(H_n/6,h_c,500mm)$ 中，H_n 表示（　　）。

A. H_n 为所在楼层的层高   B. H_n 为梁高

C. H_n 为所在楼层的柱净高   D. H_n 为上一层楼层的柱净高

5. 柱插筋在基础中，若保护层厚度>5d，基础高度满足直锚，即当 $h_j-c\ge l_{aE}$ 时，插筋伸至基础底弯折（　　）。

A. $15d$ B. $6d$ C. 150mm   D. $\max(6d,150mm)$

6. 请说明图 1 所示下列复合箍筋的复合方式为（　　）。

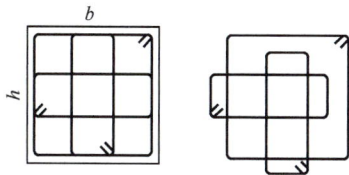

图 1

A. 4×3　　　　　B. 3×3　　　　　C. 4×4　　　　D. 5×6

7. 图 2 表示的是柱变截面位置纵向钢筋构造的哪种情况（　　　）。

A. $\Delta/hb>1/3$　　　　　　　　B. $\Delta/hb\leqslant1/3$

C. $\Delta/hb>1/6$　　　　　　　　D. $\Delta/hb\leqslant1/6$

8. 上柱比下柱多出钢筋，上柱多出的钢筋从楼面往下锚固（　　　）。

A. $0.3l_{lE}$　　　　　　　　　　B. $35d$

C. ≥500mm　　　　　　　　　　D. $1.2l_{aE}$

9. 中柱顶层节点构造，当不能直锚时需要伸到节点端部后弯折，其弯折长度为（　　　）。

A. $15d$　　　　　B. $12d$　　　　　C. 150mm　　　　D. 250mm

10. 下列（　　　）表示柱箍筋加密区为 100mm，非加密区为 200mm。

A. Φ10@100+Φ10@200　　　　　B. Φ10@200+Φ10@100

C. Φ10@100/200　　　　　　　　D. Φ10@200/100

读者可扫描下方二维码获取更多试题资源。

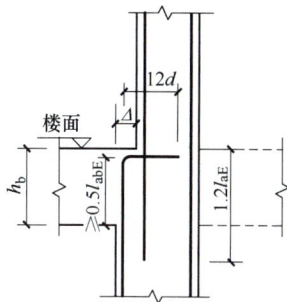

图 2

柱钢筋工程识图

柱钢筋工程计算

二、多项选择题

1. 柱箍筋加密范围包括（　　　）。

A. 节点范围　　　　　　　　　　B. 底层刚性地面上下 500mm

C. 基础顶面嵌固部位向上 $1/3H_n$　　D. 搭接范围

2. 柱在楼面处节点上下非连接区的判断条件是（　　　）。

A. 500mm　　　　　　　　　　B. $H_n/6$

C. h_c（柱截面长边尺寸）　　　　D. $H_n/3$

3. 两个柱编成统一编号必须相同的条件是（　　　）。

A. 柱的总高相同　　　　　　　　B. 分段截面尺寸相同

C. 截面和轴线的位置关系相同　　　D. 配筋相同

4. 平法施工图制图规则中，柱的注写方式有（　　　），梁的注写方式有（　　　），剪力墙的注写方式有（　　　）。

A. 集中标注　　　　B. 原位标注　　　　C. 截面注写　　　　D. 列表注写

5. 钢筋保护层厚度和（　　　）有关。

A. 环境类别 　　　 B. 结构部位 　　 C. 混凝土强度 　 D. 使用年限

三、判断题

1. 柱平法施工图的注写方式有平面注写方式和截面注写方式。　　　　（　　）

2. 柱钢筋的保护层厚度是从柱纵向受力钢筋的中心到柱边的距离。　　（　　）

3. 柱纵筋机械连接时，错开搭接的距离是 $35d$。　　　　　　　　　　（　　）

4. 对于柱纵筋，当受拉钢筋直径＞25mm 及受压钢筋直径＞28mm 时，宜采用绑扎搭接。　　　　　　　　　　　　　　　　　　　　　　　　　　　　　（　　）

5. 柱箍筋在楼面处起步距离为上下各 100mm。　　　　　　　　　　（　　）

四、识图分析题

识读图 3 所示框架柱 KZ1 的标注内容，并分析该柱需要计算的钢筋内容。

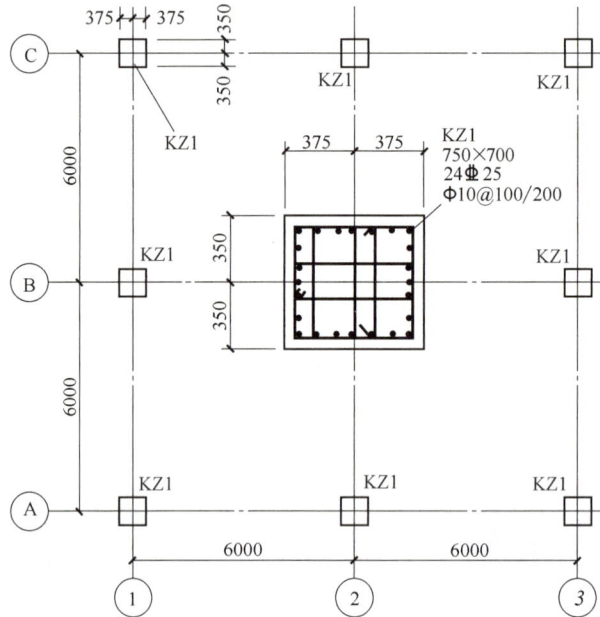

柱平法截面注写方式

图 3

五、计算题

某框架结构中柱平法施工图如图 4、图 5 所示，已知混凝土强度等级为 C30，混凝土的环境类别为二 a，三级抗震，该建筑共 5 层，层高 3.3m，与柱相连的屋面框架梁 KL 截面高 500mm，试计算③轴 KZ1 钢筋工程量。

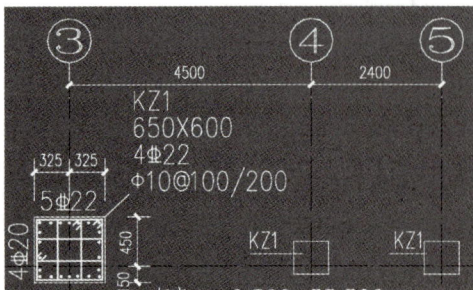

图 4

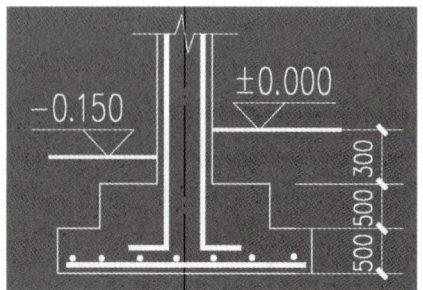

图 5

项目 4　剪力墙钢筋工程

思维导图

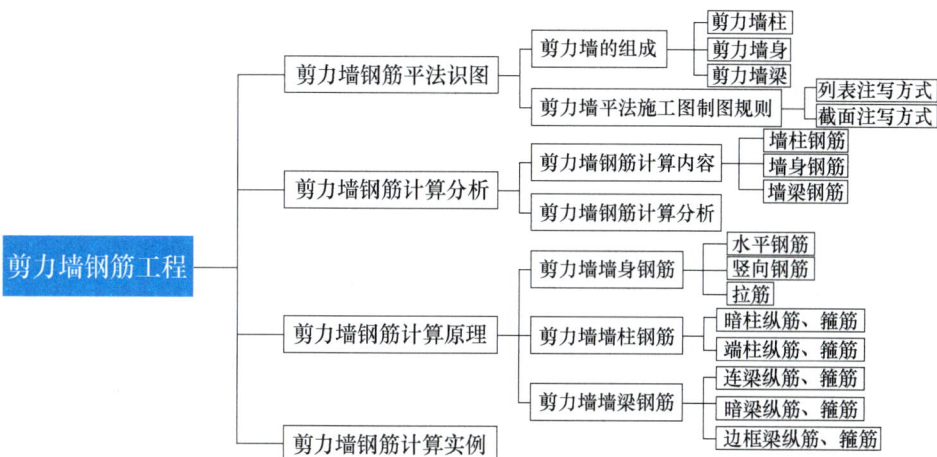

知识要点

通过本章的学习，熟悉 22G101 图集的相关内容；掌握剪力墙施工图中平面注写方式所表达的内容；掌握平法标准构造详图中剪力墙钢筋构造规定；能够准确计算剪力墙的钢筋工程量。

思政要点

以剪力墙钢筋的计算规则作为切入点，引导学生思考"规则"在专业领域的重要性，确立"规则意识"。明确学生在未来岗位上的自我担当，确立"责任意识"。

任务 4.1　剪力墙钢筋平法识图

4.1.1　剪力墙的组成

剪力墙是建筑物中主要承受风荷载或地震作用引起的水平荷载和竖向荷载（重力）的墙体，防止结构剪切破坏。剪力墙一般为钢筋混凝土墙，由剪力墙柱、剪力墙身和剪力墙梁三类构件构成。

1. 剪力墙柱

在 22G101-1 平法图集中剪力墙柱的表达由墙柱类型代号和序号组成，表达形式应符合表 4-1 的规定。在此应当注意，归入剪力墙柱的端柱、暗柱等并不是普通概念的柱，因为这些墙柱不可能脱离整片剪力墙独立存在，也不可能独立变形。之所以称其为墙柱，是其配筋都是由竖向纵筋和水平箍筋构成，绑扎方式与柱相同，但与柱不同的是墙柱与墙身混凝土和钢筋完整结合在一起。因此，墙柱实质上是剪力墙边缘集中配筋的加强部位。

墙柱编号
表 4-1

墙柱类型	代号	序号
约束边缘构件	YBZ	××
构造边缘构件	GBZ	××
非边缘暗柱	AZ	××
扶壁柱	FBZ	××

（1）约束边缘构件（YBZ）

设置在抗震等级为一、二级的剪力墙底部加强部位及其上一层的剪力墙两侧的构件称为约束边缘构件。约束边缘构件包括约束边缘暗柱、约束边缘端柱、约束边缘翼墙、约束边缘转角墙四种。

1）约束边缘暗柱。柱宽和剪力墙墙宽一致，配筋与构造边缘构件有区别，其投影如图 4-1 所示（图中 l_c 为约束边缘构件沿墙肢的长度，在实际工程中注明其具体数值；λ_v 为约束边缘构件的配筋特征值）。

2）约束边缘端柱。柱宽和剪力墙墙宽不一致，配筋与构造边缘构件有区别，其投影如图 4-2 所示。

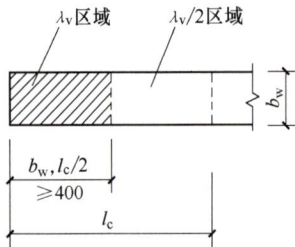

图 4-1 约束边缘暗柱平法示意图

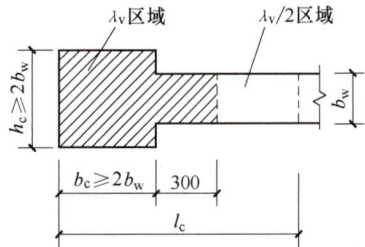

图 4-2 约束边缘端柱平法示意图

3）约束边缘翼墙。设置在剪力墙转角、丁字相交、端部等部位，与墙身等厚，其投影如图 4-3 所示。

4）约束边缘转角墙。位置位于墙角，一般情况下柱宽和剪力墙宽一致，其投影如图 4-4 所示。

（2）构造边缘构件（GBZ）

设置在抗震等级为三、四级的剪力墙两侧的构件称为构造边缘构件。构造边缘构件又包括构造边缘暗柱、构造边缘端柱、构造边缘翼墙、构造边缘转角墙。

1）构造边缘暗柱。柱宽和剪力墙墙宽一致，其投影如图 4-5 所示（图中 A_c 为计算边缘构件纵向构造钢筋的端柱、翼墙、转角墙、暗柱的面积）。

2）构造边缘端柱。柱宽和剪力墙墙宽不一致，其投影如图 4-6 所示。

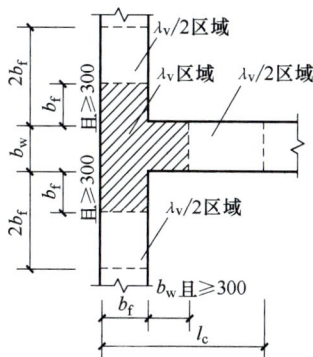

图 4-3　约束边缘翼墙平法示意图

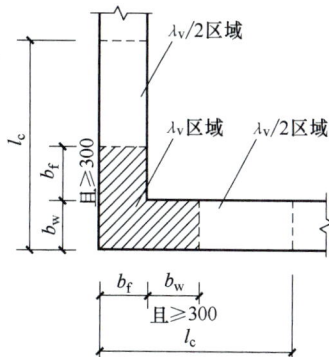

图 4-4　约束边缘转角墙平法示意图

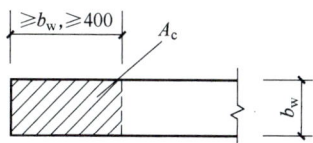

图 4-5　构造边缘暗柱平法示意图

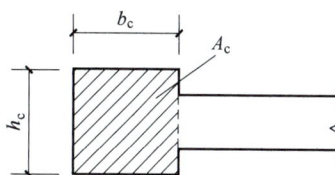

图 4-6　构造边缘端柱平法示意图

3）构造边缘翼墙。位置在墙角，一般情况下柱宽和剪力墙墙宽一致，其投影如图 4-7 所示。

4）构造边缘转角墙。位于 L 形剪力墙拐角处，且柱宽和剪力墙墙宽一致，其投影如图 4-8 所示。

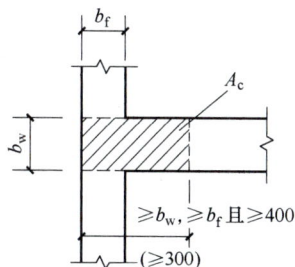

图 4-7　构造边缘翼墙平法示意图
（高层建筑尚需满足括号内数值）

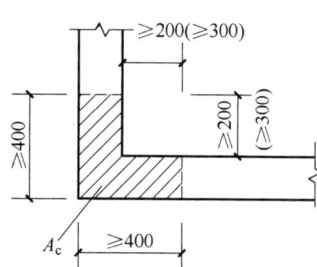

图 4-8　构造边缘转角墙平法示意图
（高层建筑尚需满足括号内数值）

（3）非边缘暗柱（AZ）

当楼面或屋面梁支撑在剪力墙上时可根据具体情况设置，以减小梁端部弯矩对墙的不利影响，且柱宽和剪力墙墙宽一致，其构造图如图 4-9 所示。

（4）扶壁柱（FBZ）

当楼面或屋面梁支撑在剪力墙上时可根据具体情况设置，以减小梁端部弯矩对墙的不利影响，且柱宽和剪力墙墙宽不一致，其构造图如图 4-10 所示。

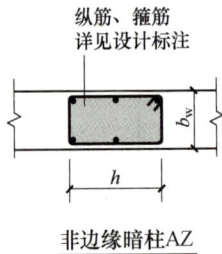

非边缘暗柱AZ

图 4-9　非边缘暗柱示意图

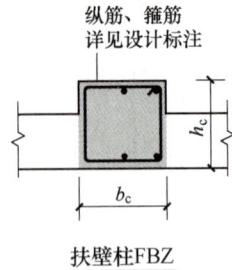

扶壁柱FBZ

图 4-10　扶壁柱示意图

2. 剪力墙身

在 22G101 平法图集中剪力墙身编号由墙身代号、序号以及墙身所配置的水平与竖向分布钢筋的排数组成，其中排数注写在括号内。剪力墙身配筋如图 4-11 所示。

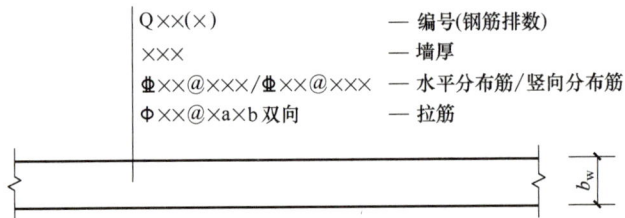

图 4-11　剪力墙身配筋示意图

若干墙身的厚度尺寸和配筋均相同，仅墙厚与轴线的关系不同或墙身长度不同时，可将其编为同一墙身号，但应在图中注明与轴线的几何关系。当墙身所设置的水平与竖向分布钢筋的排数为 2 时可不注写。

对于分布钢筋网的排数规定：当剪力墙厚度不大于 400mm 时，应配置双排；当剪力墙厚度大于 400mm，但不大于 700mm 时，宜配置三排；当剪力墙厚度大于 700mm 时，宜配置四排。各排水平分布钢筋和竖向分布钢筋的直径与间距宜保持一致。

3. 剪力墙梁

在 22G101 平法图集中剪力墙梁编号，是由梁类型代号和序号组成，表达形式应符合表 4-2 的规定。

墙梁编号　　　　　　　　　　　　　　　　　　　　　表 4-2

墙梁类型	代号	序号
连梁	LL	××
连梁(跨高比不小于 5)	LLk	××
连梁(对角暗撑配筋)	LL(JC)	××
连梁(对角斜筋配筋)	LL(JX)	××
连梁(集中对角斜筋配筋)	LL(DX)	××
暗梁	AL	××
边框梁	BKL	××

连梁（LL）是设置在剪力墙门窗洞口上面的梁，宽度与墙厚相同。连梁（跨高比不

小于 5）（LLk）可在一、二级抗震等级墙跨高比不小于 5 的连梁中设置。

连梁（对角暗撑配筋）［LL(JC)］是当连梁截面宽度不小于 400mm 时，可采用对角暗撑配筋。对角暗撑配筋连梁中暗撑箍筋的外缘沿梁截面宽度方向不宜小于梁宽的 1/2，另一方向不宜小于梁宽的 1/5；对角暗撑约束箍筋肢距不应大于 350mm。

连梁（对角斜筋配筋）［LL(JX)］是当洞口连梁截面宽度不小于 250mm 时，可采用交叉斜筋配筋。交叉斜筋配筋连梁的对角斜筋在梁端部应设置拉筋，其水平钢筋及箍筋形成的钢筋网之间应采用拉筋拉结，拉筋直径不宜小于 6mm，间距不宜大于 400mm。

连梁（集中对角斜筋配筋）［LL(DX)］是当连梁截面宽度不小于 400mm 时，可采用集中对角斜筋配筋。

暗梁（AL）设置在剪力墙楼面和屋面位置并嵌入墙身内，暗梁是剪力墙的一部分，暗梁不存在"锚固"问题，只有"收边"问题，暗梁的长度是整个墙肢，暗梁的作用不是抗剪，而是阻止剪力墙开裂。

边框梁（BKL）设置在剪力墙楼面和屋面位置且部分凸出墙身。

4.1.2　剪力墙平法施工图制图规则

剪力墙平法施工图系在剪力墙平面布置图上采用列表注写方式或截面注写方式表达。剪力墙平面布置图可采用适当比例单独绘制，也可与柱或梁平面布置图合并绘制。当剪力墙较复杂或采用截面注写方式时，应按标准层分别绘制剪力墙平面布置图。在剪力墙平法施工图中，应注明各结构层的楼面标高、结构层高及相应的结构层号，尚应注明上部结构嵌固部位位置。对于轴线未居中的剪力墙（包括端柱），应注明其与定位轴线之间的关系。

1. 列表注写方式

列表注写方式，系分别在剪力墙柱表、剪力墙身表、剪力墙梁表中，对应于剪力墙平面布置图上的编号，用绘制截面配筋图并注写几何尺寸与配筋具体数值的方式，来表达剪力墙平法施工图。列表注写方式可在一张图纸上将全部剪力墙一次性表达清楚，也可以按剪力墙标准层逐层表达，如图 4-12、图 4-13 所示。

（1）剪力墙柱表

在剪力墙柱表中表达的内容为：

1）注写墙柱编号并绘制该墙柱的截面配筋图，标注墙柱几何尺寸。

2）注写各段墙柱的起止标高，自墙柱根部往上以变截面位置或截面未变但配筋改变处为界分段注写。这里的"墙柱根部标高"一般指基础顶面标高。

3）注写各段墙柱的纵向钢筋和箍筋，注写值应与在表中绘制的截面配筋图对应一致。纵筋注写总配筋值；墙柱箍筋注写方式与柱箍筋相同。

（2）剪力墙身表

在剪力墙身表中表达的内容为：

1）注写墙身编号（含水平与竖向分布钢筋的排数）。表达形式为：Q××（××排）。

2）注写各段墙身的起止标高，自墙身根部往上以变截面位置或截面未变但配筋改变处为界分段注写。这里"墙身根部标高"一般指基础顶面标高。

剪力墙梁表

编号	所在楼层号	梁顶相对标高高差	梁截面 b×h	上部纵筋	下部纵筋	侧面纵筋	墙梁箍筋
LL1	2~9	0.800	300×2000	4Φ25	4Φ25	同墙体水平分布筋	Φ10@100(2)
	10~16	0.800	250×2000	4Φ22	4Φ22		Φ10@100(2)
	屋面1		250×1200	4Φ20	4Φ20		Φ10@100(2)
LL2	3	−1.200	300×2520	4Φ25	4Φ25	22Φ12	Φ10@150(2)
	4	−0.900	300×2070	4Φ25	4Φ25	18Φ12	Φ10@150(2)
	5~9	−0.900	300×1770	4Φ25	4Φ25	16Φ12	Φ10@150(2)
	10~屋面1	−0.900	250×1770	4Φ22	4Φ22	16Φ12	Φ10@150(2)
LL3	2		300×2070	4Φ25	4Φ25	18Φ12	Φ10@100(2)
	3		300×1770	4Φ25	4Φ25	16Φ12	Φ10@100(2)
	4~9		300×1170	4Φ25	4Φ25	10Φ12	Φ10@100(2)
	10~屋面1		250×1170	4Φ22	4Φ22	10Φ12	Φ10@125(2)
LL4	2		250×2070	4Φ20	4Φ20	18Φ12	Φ10@125(2)
	3		250×1770	4Φ20	4Φ20	16Φ12	Φ10@125(2)
	4~屋面1		250×1170	4Φ20	4Φ20	10Φ12	Φ10@125(2)
AL1	2~9		300×600	3Φ20	3Φ20	同墙体水平分布筋	Φ8@150(2)
	10~16		250×500	3Φ18	3Φ18		Φ8@150(2)
BKL1	屋面1		500×750	4Φ22	4Φ22	4Φ16	Φ10@150(2)

注：当剪力墙厚度发生变化时，连梁LL宽度随墙厚变化。

剪力墙身表

编号	标高	墙厚	水平分布筋	垂直分布筋	拉筋(矩形)
Q1	−0.030~30.270	300	Φ12@200	Φ12@200	Φ6@600@600
	30.270~59.070	250	Φ10@200	Φ10@200	Φ6@600@600
Q2	−0.030~30.270	250	Φ10@200	Φ10@200	Φ6@600@600
	30.270~59.070	200	Φ10@200	Φ10@200	Φ6@600@600

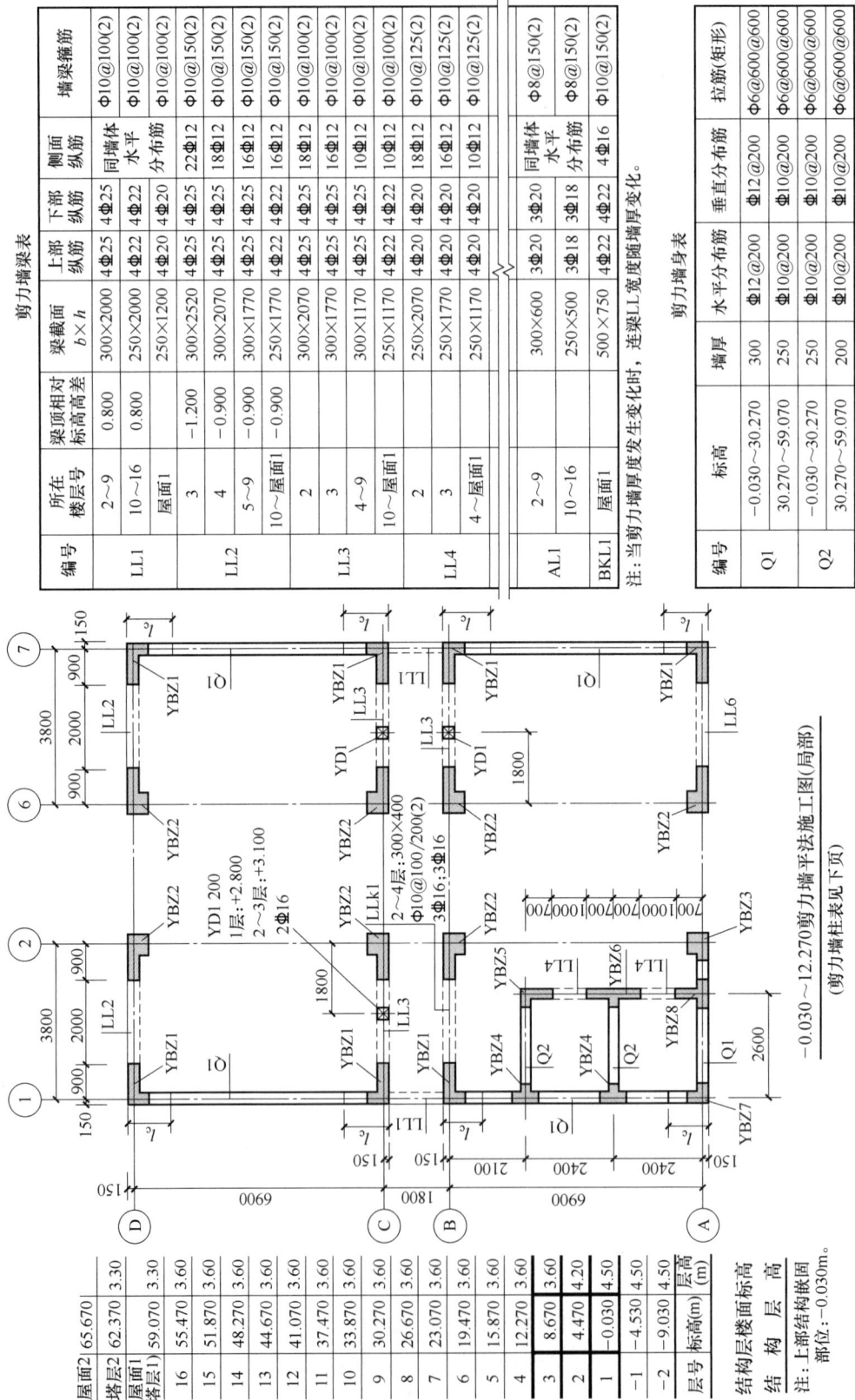

−0.030~12.270剪力墙平法施工图(局部)（剪力墙柱表见下页）

图4-12 剪力墙平法施工图列表注写方式实例（一）

结构层楼面标高 / 结构层高

层号	标高(m)	层高
屋面2	65.670	
塔层2	62.370	3.30
屋面1(塔层1)	59.070	3.30
16	55.470	3.60
15	51.870	3.60
14	48.270	3.60
13	44.670	3.60
12	41.070	3.60
11	37.470	3.60
10	33.870	3.60
9	30.270	3.60
8	26.670	3.60
7	23.070	3.60
6	19.470	3.60
5	15.870	3.60
4	12.270	3.60
3	8.670	3.60
2	4.470	4.20
1	−0.030	4.50
−1	−4.530	4.50
−2	−9.030	4.50

注：上部结构嵌固部位：−0.030m。

剪力墙柱表

截面	YBZ1	YBZ2	YBZ3	YBZ4
编号	YBZ1	YBZ2	YBZ3	YBZ4
标高	-0.030~12.270	-0.030~12.270	-0.030~12.270	-0.030~12.270
纵筋	24Φ20	22Φ20	18Φ22	20Φ20
箍筋	Φ10@100	Φ10@100	Φ10@100	Φ10@100

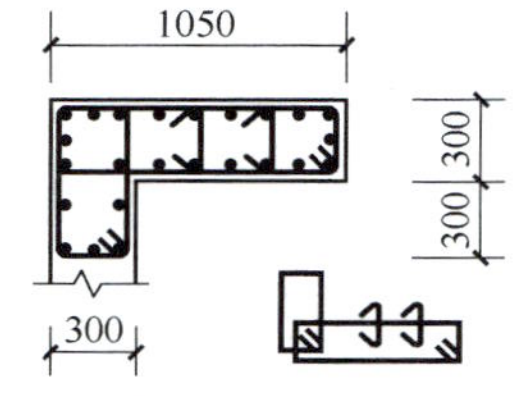

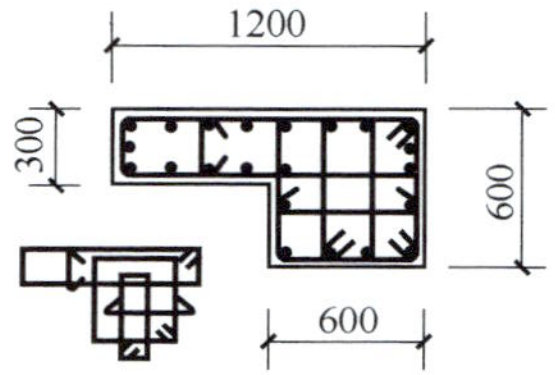

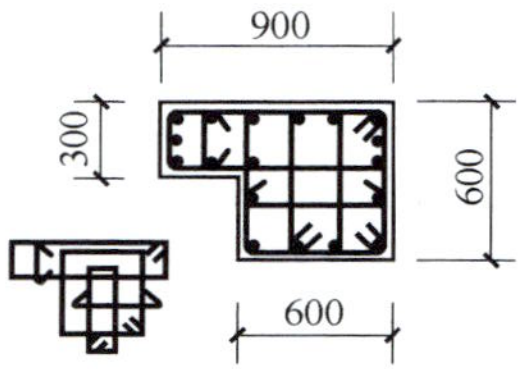

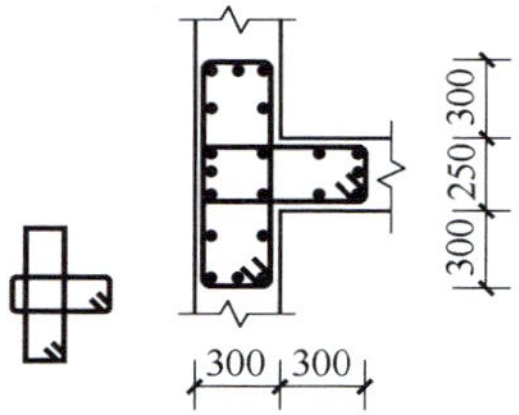

截面	YBZ5	YBZ6	YBZ7
编号	YBZ5	YBZ6	YBZ7
标高	-0.030~12.270	-0.030~12.270	-0.030~12.270
纵筋	20Φ20	28Φ20	16Φ20
箍筋	Φ10@100	Φ10@100	Φ10@100

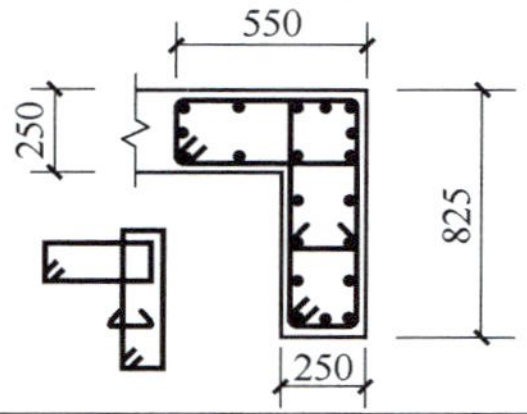

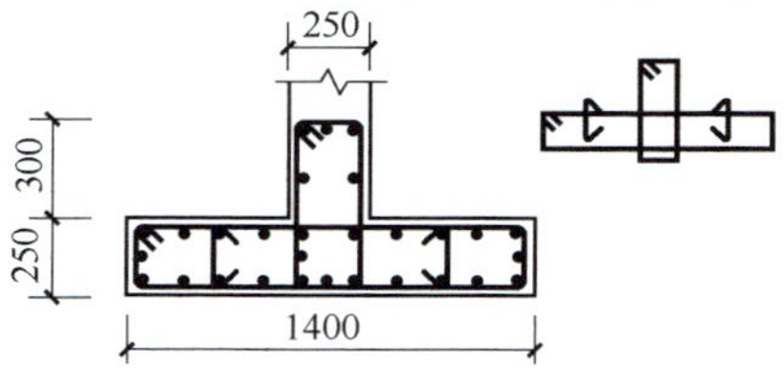

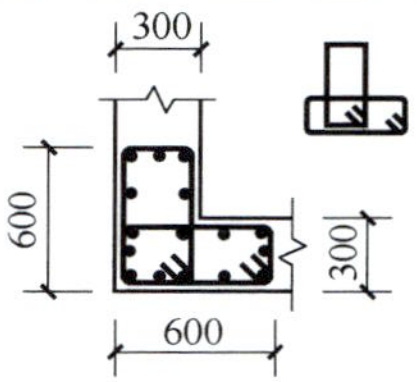

-0.030~12.270剪力墙平法施工图(部分剪力墙柱表)

剪力墙平法施工图列表注写方式实例（二）

图4-13　剪力墙平法施工图列表注写方式实例（二）

层号	标高(m)	层高(m)
屋面2	65.670	
塔层2	62.370	3.30
屋面1(塔层1)	59.070	3.30
16	55.470	3.60
15	51.870	3.60
14	48.270	3.60
13	44.670	3.60
12	41.070	3.60
11	37.470	3.60
10	33.870	3.60
9	30.270	3.60
8	26.670	3.60
7	23.070	3.60
6	19.470	3.60
5	15.870	3.60
4	12.270	3.60
3	8.670	3.60
2	4.470	4.20
1	-0.030	4.50
-1	-4.530	4.50
-2	-9.030	4.50

结构层楼面标高
结构层高
注：上部结构嵌固部位：-0.030m。

剪力墙嵌固位

3）注写水平分布钢筋、竖向分布钢筋和拉结筋的具体数值。注写数值为一排水平分布钢筋和竖向分布钢筋的规格与间距，具体设置几排已经在墙身编号后面表达。当内外排竖向分布钢筋配筋不一致时，应单独注写具体数值。

拉结筋应注明布置方式"矩形"或"梅花"，用于剪力墙分布钢筋的拉结，见图 4-14。

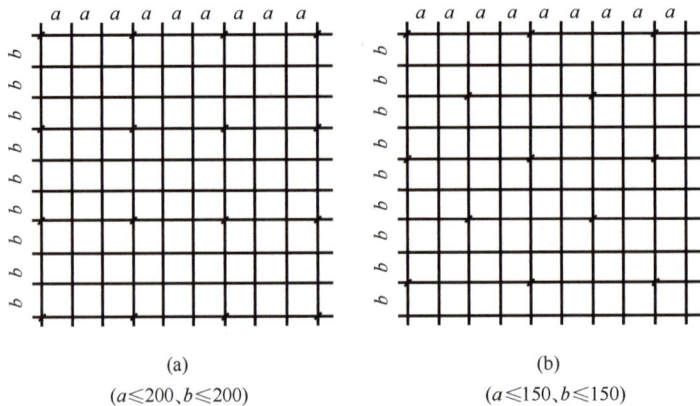

图 4-14　拉结筋示意图（图中 a 为竖向分布筋间距，b 为水平分布筋间距）
（a）拉结筋@$3a$@$3b$ 矩形；（b）拉结筋@$4a$@$4b$ 梅花

当剪力墙配置的分布钢筋多于两排时，剪力墙拉筋两端应同时勾住外排水平纵筋和竖向纵筋，还应与剪力墙内排水平纵筋和竖向纵筋绑扎在一起。

（3）剪力墙梁表

在剪力墙梁表中表达的内容为：

1）注写墙梁编号。

2）注写墙梁所在楼层号。

3）注写墙梁顶面标高高差，系指相对于墙梁所在结构层楼面标高的高差值。高于者为正值，低于者为负值，当无高差时不注。

4）注写墙梁截面尺寸 $b \times h$，上部纵筋、下部纵筋和箍筋的具体数值。

5）墙梁侧面纵筋的配置，当墙身水平分布钢筋满足连梁和暗梁侧面纵向构造钢筋的要求时，该筋配置同墙身水平分布钢筋，表中不注；当墙身水平分布钢筋不满足连梁侧面纵向构造钢筋的要求时，应在表中补充注明梁侧面纵筋的具体数值；梁侧面纵筋以大写字母"N"打头，梁侧面纵向钢筋在支座内锚固要求同连梁中受力钢筋。

2. 截面注写方式

截面注写方式，系在按标准层绘制的剪力墙平面布置图上，以直接在墙柱、墙身、墙梁上注写截面尺寸和配筋具体数值来表达剪力墙平法施工图，如图 4-15 所示。截面注写方式实际上是一种综合方式，其中剪力墙的墙柱需要在原位绘制配筋截面，属于完全截面注写；但墙身则不需要绘制配筋，属于不完全截面注写；而墙梁实际上是平面注写。

（1）剪力墙柱的截面注写（集中标注＋原位标注）

在选定进行标注的墙柱上绘制注写：

1）墙柱类型、编号。

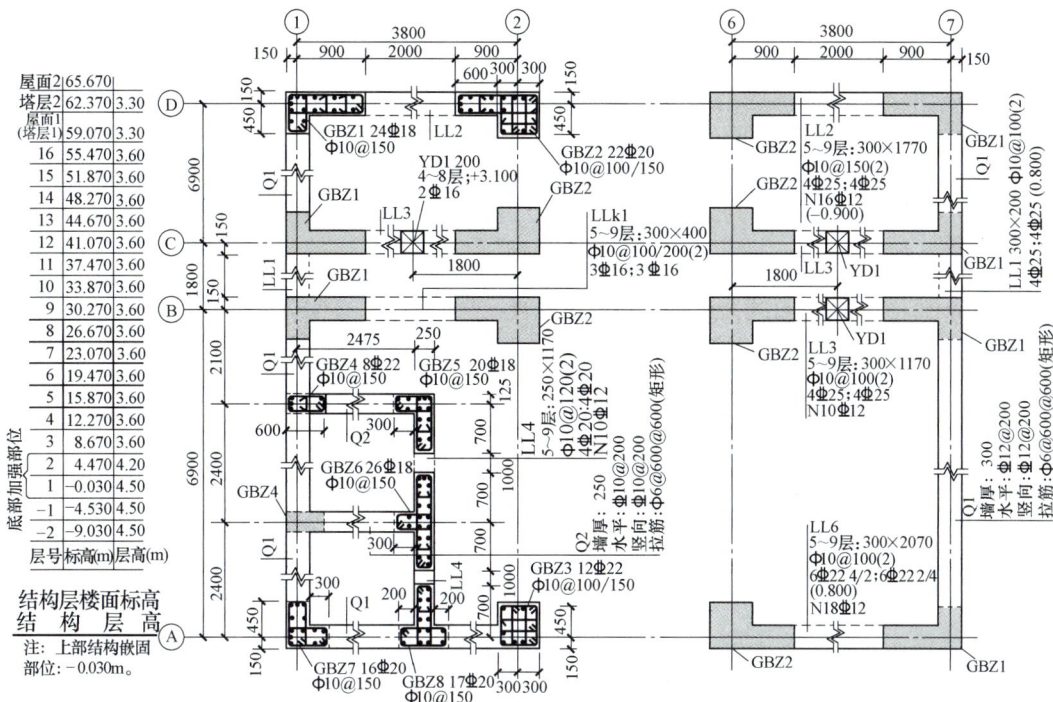

图 4-15　12.270～30.270m 剪力墙平法施工图

2）截面尺寸及偏心尺寸。

3）墙柱竖向纵筋。

4）墙柱箍筋。

如图 4-16 墙柱注写：

集中标注中 GBZ2 22Φ20 表示 2 号构造端柱，端柱竖向纵筋为 22 根直径 20mm 的 HRB400 级钢筋。Φ10@100/150 表示构造端柱的箍筋配置直径 10mm 的 HPB300 级钢筋，加密区间距 100mm，非加密区间距 150mm。

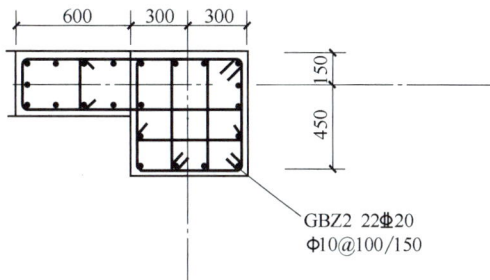

图 4-16　剪力墙墙柱注写

在原位标注中注写了 2 号构造端柱的截面尺寸及偏心尺寸为（600＋300＋300）mm×（450＋150）mm。

（2）剪力墙身的截面注写（集中标注）

在选定进行标注的墙身上集中注写：

1）墙身编号。

2）墙厚。

3）水平分布筋。

4）垂直分布筋。

5）拉筋。

如图 4-17 所示 Q1 墙身注写：

第一行表示 1 号剪力墙，两排钢筋网；

第二行表示墙厚为 300mm；

第三行表示水平方向的钢筋信息为 HRB400 级钢筋，直径为 12mm，间距为 200mm；

第四行表示竖直方向的钢筋信息为 HRB400 级钢筋，直径为 12mm，间距为 200mm；

第五行表示拉筋信息为 HPB300 级钢筋，直径为 6mm，水平方向间距为 600mm，竖直方向间距为 600mm，矩形布置。

（3）剪力墙梁的截面注写（集中标注）

在选定进行标注的墙梁上集中注写：

1）墙梁编号。

2）所在楼层号及梁截面尺寸。

3）箍筋（肢数）。

4）下部纵筋；上部纵筋。

5）梁顶面标高高差注写。

6）梁侧面构造纵筋。

如图 4-17 所示 LL6 注写：

第一行表示 6 号连梁；

第二行表示 5～9 层截面尺寸 300mm×2070mm；

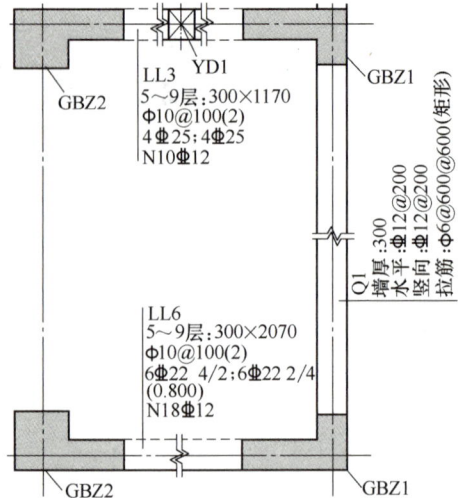

图 4-17　剪力墙墙身、墙梁注写

第三行表示箍筋信息为 HPB300 级钢筋，直径为 10mm，间距为 100mm，双肢箍；

第四行表示下部纵筋及上部纵筋均配置 6 根直径 22mm 的 HRB400 级钢筋；

第五行表示梁顶面标高高差 0.8m；

第六行表示连梁两侧纵筋是 18 根 HRB400 级钢筋，直径 12mm。

3. 剪力墙洞口的表示方法

（1）剪力墙上的洞口均可在剪力墙平面布置图上原位表达。

（2）洞口的具体表示方法：在剪力墙平面布置图上绘制洞口示意，并标注洞口中心的平面定位尺寸。在洞口中心位置引注洞口编号、洞口几何尺寸、洞口所在层及洞口中心相对标高、洞口每边补强钢筋，共四项内容。若为矩形洞口，洞口编号为 JD×× （×× 为序号），矩形洞口几何尺寸为洞宽×洞高（$b×h$）；若为圆形洞口，洞口编号为 YD×× （×× 为序号），圆形洞口几何尺寸为洞口直径 D。洞口所在层及洞口中心相对标高，系相对于本结构层楼（地）面标高的洞口中心高度，应为正值。

【例 4-1】 JD1 400×300 3～6 层：＋1.000 3Φ14，表示 3～6 层设置 1 号矩形洞口，洞宽 400mm、洞高 300mm，洞口中心距结构层楼面 1000mm，洞口每边补强钢筋为 3Φ14。

4. 地下室外墙的表示方法

（1）本节地下室外墙仅适用于起挡土作用的地下室外围护墙。地下室外墙中墙柱、连梁及洞口等的表示方法同地上剪力墙。

（2）地下室外墙编号，由墙身代号、序号组成，表达为 DWQ××。

（3）地下室外墙平面注写方式，包括集中标注墙体编号、厚度、贯通钢筋、拉结筋等和原位标注附加非贯通钢筋等两部分内容。当仅设置贯通钢筋，未设置附加非贯通钢筋时，则仅做集中标注。

（4）地下室外墙的集中标注，规定如下：

1）注写地下室外墙编号，包括代号、序号、墙身长度（注为××～××轴）。

2）注写地下室外墙厚度 $b_w=×××$。

3）注写地下室外墙的外侧、内侧贯通钢筋和拉结筋。

① 以 OS 代表外墙外侧贯通钢筋。其中，外侧水平贯通钢筋以 H 打头注写，外侧竖向贯通钢筋以 V 打头注写。

② 以 IS 代表外墙内侧贯通钢筋。其中，内侧水平贯通钢筋以 H 打头注写，内侧竖向贯通钢筋以 V 打头注写。

③ 以 tb 打头注写拉结筋直径、钢筋种类及间距，并注明"矩形"或"梅花"。

【例 4-2】 DWQ2（①～⑥），$b_w=300$

OS：H Φ18@200，V Φ20@200

IS：H Φ16@200，V Φ18@200

tb Φ6@400@400 矩形

表示 2 号外墙，长度范围为①～⑥轴之间，墙厚为 300mm；外侧水平贯通筋为Φ18@200，竖向贯通筋为Φ20@200；内侧水平贯通筋为Φ16@200，竖向贯通筋为Φ18@200；拉结筋为Φ6，矩形布置，水平间距为 400mm，竖向间距为 400mm。

地下室外墙的原位标注，主要表示在外墙外侧配置的水平非贯通钢筋或竖向非贯通钢筋。当配置水平非贯通钢筋时，可在地下室墙体平面图上原位标注，在地下室外墙外侧绘制粗实线段来表示，在其上注写钢筋编号并以 H 打头注写钢筋种类、直径、分布间距，以及自支座中线向两边跨内的伸出长度值。当自支座中线向两侧对称伸出时，可仅在单侧标注跨内伸出长度，另一侧不注，此种情况下非贯通筋总长度为标注长度的 2 倍。边支座处非贯通钢筋的伸出长度值从支座外边缘算起。如图 4-18 所示为部分地下室剪力墙平法施工图。

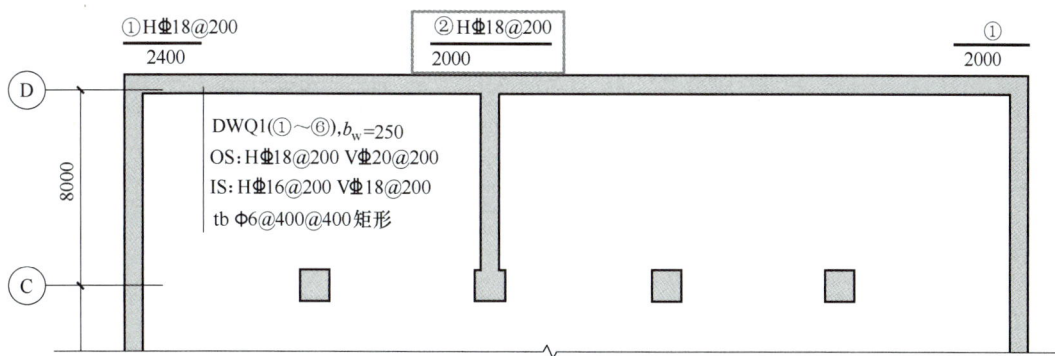

图 4-18 部分地下室外墙平法施工图

图 4-18 中②号地下室外墙中部非贯通钢筋为 HRB400 级钢筋，直径 18mm，间距200mm，自支座中线向两侧对称伸出，伸出长度 2000mm。

任务 4.2 剪力墙钢筋计算分析

4.2.1 剪力墙钢筋计算内容

剪力墙构件钢筋在实际工程中可能出现的各种情况，其构造体系如图 4-19 所示。

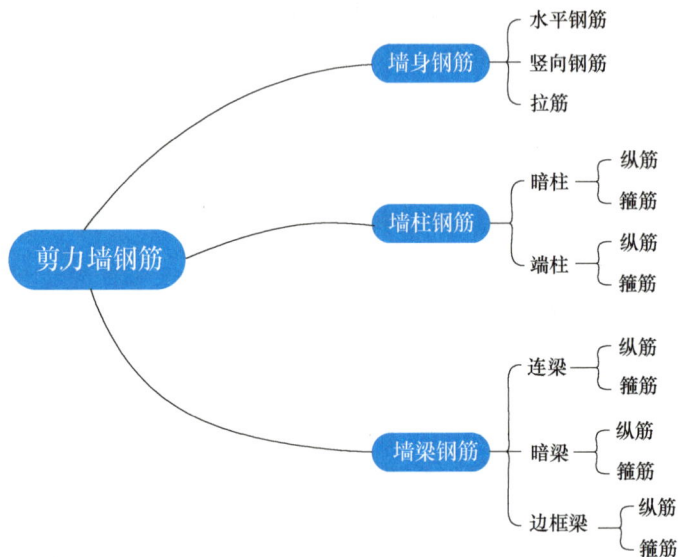

图 4-19 剪力墙钢筋构造体

4.2.2 剪力墙钢筋计算分析

1. 剪力墙柱钢筋计算分析

如图 4-20 所示为剪力墙柱表节选图，试分析 YBZ1 以及 YBZ2 的钢筋计算内容。

截面		
编号	YBZ1	YBZ2
标高(m)	-0.030～12.270	-0.030～12.270
纵筋	24Φ20	22Φ20
箍筋	Φ10@100	Φ10@100

图 4-20 剪力墙柱表节选截图

首先分析暗柱 YBZ1 的钢筋，纵筋是 24 根 HRB400 级钢筋，直径 20mm，箍筋是 HPB300 级钢筋，直径 10mm，箍筋间距 100mm。再看端柱 YBZ2 的柱表截图，纵筋是 22 根 HRB400 级钢筋，直径 20mm，箍筋是 HPB300 级钢筋，直径 10mm，箍筋间距 100mm。钢筋计算分析如图 4-21 所示。

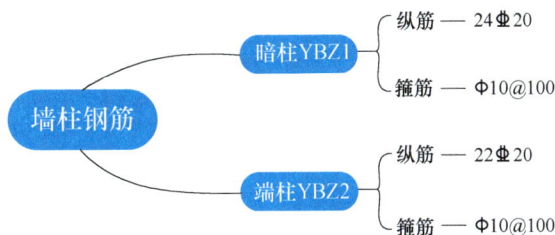

图 4-21　YBZ1、YBZ2 钢筋分析图

2. 剪力墙身钢筋计算分析

如图 4-22 所示为剪力墙身表节选图，试分析 Q1 的钢筋计算内容。

Q1 在墙身竖向有 2 个标高段，这 2 个标高段钢筋设置不同，在 −0.030～30.270m 标高段，墙身水平钢筋是 HRB400 级钢筋，直径 12mm，间距 200mm，墙身竖向钢筋是 HRB400 级钢筋，直径 12mm，间距 200mm，拉筋是 HPB300 级钢筋，直径 6mm，矩形布置，水平间距 600mm，竖向间距 600mm。在 30.270～59.070m 标高段，墙身水平钢筋是 HRB400 级钢筋，直径 10mm，间距 200mm，墙身竖向钢筋是 HRB400 级钢筋，直径 10mm，间距 200mm，拉筋是 HPB300 级钢筋，直径 6mm，矩形布置，水平间距 600mm，竖向间距 600mm。钢筋计算分析如图 4-23 所示。

编号	标高(m)	墙厚(mm)	水平分布筋	垂直分布筋	拉筋(矩形)
Q1	−0.030～30.270	300	Φ12@200	Φ12@200	Φ6@600@600
	30.270～59.070	250	Φ10@200	Φ10@200	Φ6@600@600

图 4-22　剪力墙身表节选图

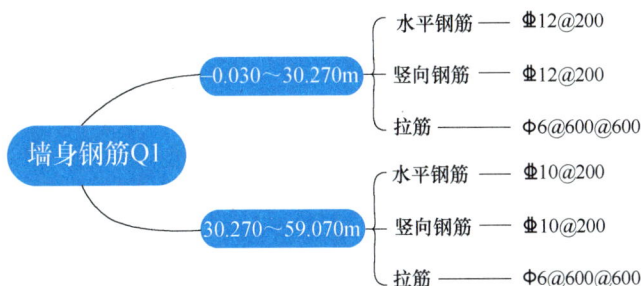

图 4-23　Q1 钢筋分析图

3. 剪力墙梁钢筋计算分析

如图 4-24 所示为剪力墙梁表节选图，试分析 LL1、AL1、BKL1 的钢筋计算内容。

首先分析连梁 LL1 的钢筋，在 2～9 层，连梁的上部纵筋 4 根 HRB400 级钢筋，直径

编号	所在楼层号	梁顶相对标高高差 (m)	梁截面 $b×h$ (mm×mm)	上部纵筋	下部纵筋	侧面纵筋	墙梁箍筋
LL1	2～9	0.800	300×2000	4Φ25	4Φ25	同墙体水平分布筋	Φ10@100(2)
	10～16	0.800	250×2000	4Φ22	4Φ22		Φ10@100(2)
	屋面1		250×1200	4Φ20	4Φ20		Φ10@100(2)
AL1	2～9		300×600	3Φ20	3Φ20	同墙体水平分布筋	Φ8@150(2)
	10～16		250×500	3Φ18	3Φ18		Φ8@150(2)
BKL1	屋面1		500×750	4Φ22	4Φ22	4Φ16	Φ10@150(2)

图 4-24　剪力墙梁表节选图

25mm，下部纵筋 4 根 HRB400 级钢筋，直径 25mm，箍筋是 HPB300 级钢筋，直径 10mm，箍筋间距 100mm，双肢箍。再来分析暗梁 AL1 的钢筋，在 2～9 层，暗梁的上部纵筋 3 根 HRB400 级钢筋，直径 20mm，下部纵筋 3 根 HRB400 级钢筋，直径 20mm，箍筋是 HPB300 级钢筋，直径 8mm，箍筋间距 150mm，双肢箍。边框梁 BKL1 的钢筋，边框梁的上部纵筋 4 根 HRB400 级钢筋，直径 22mm，下部纵筋 4 根 HRB400 级钢筋，直径 22mm，箍筋是 HPB300 级钢筋，直径 10mm，箍筋间距 150mm，双肢箍。钢筋计算分析如图 4-25 所示。

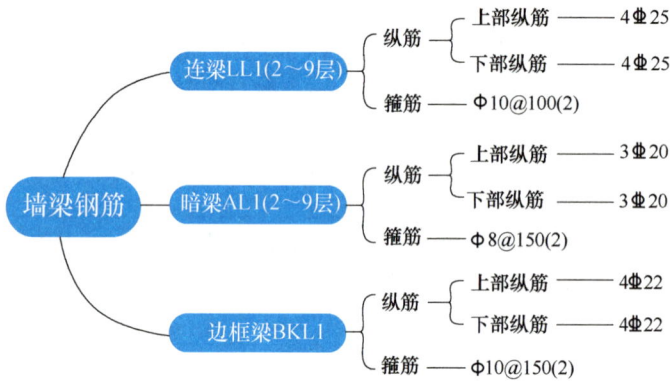

图 4-25　LL1、AL1、BKL1 钢筋分析图

任务 4.3　剪力墙钢筋计算原理

4.3.1　剪力墙墙身钢筋

剪力墙墙身钢筋是由水平钢筋、竖向钢筋、拉筋构成。每一种类型钢筋的计算都需要计算钢筋的长度和根数。

1. 墙身水平钢筋

（1）墙身水平钢筋长度计算

1）端部有暗柱时，墙身水平钢筋长度计算，如表 4-3 所示。

2）端部有 L 形暗柱时，墙身水平钢筋长度计算，如表 4-4 所示。

墙身水平钢筋长度计算（端部有暗柱） 表 4-3

钢筋构造	构造要点	计算公式
水平分布钢筋紧贴角筋内侧弯折 10d 暗柱	1. 端部有暗柱时，墙身水平钢筋伸到暗柱对边弯折 10d； 2. 在端部，水平分布钢筋紧贴角筋内侧弯折	$L=$在墙身内的长度＋暗柱内的锚固长度； 锚固长度＝暗柱长度－保护层厚度＋10d

墙身水平钢筋长度计算（端部有 L 形暗柱） 表 4-4

钢筋构造	构造要点	计算公式
水平分布钢筋紧贴角筋内侧弯折 10d L形暗柱	1. 端部有 L 形暗柱时，墙身水平钢筋伸到暗柱对边弯折 10d； 2. 在端部，水平分布钢筋紧贴角筋内侧弯折	$L=$在墙身内的长度＋暗柱内的锚固长度； 锚固长度＝暗柱长度－保护层厚度＋10d

3）端部有转角墙时，墙身水平钢筋长度计算，如表 4-5 所示。

墙身水平钢筋长度计算（端部有转角墙） 表 4-5

钢筋构造	构造要点	计算公式
转角墙（一）（外侧水平分布钢筋连续通过转弯其中 As1≤As2）	暗柱转角墙（一）（As1≤As2） 1. 内侧水平钢筋伸到暗柱对边弯折 15d； 2. 外侧水平分布钢筋连续通过转角暗柱，上下相邻两层水平分布钢筋在转角配筋量较小一侧交错搭接，搭接长度≥1.2l_{aE}，搭接错开长度≥500mm	1. 内侧水平钢筋在暗柱内的长度＝暗柱长度－保护层厚度＋15d； 2. 外侧水平分布钢筋的长度（第一批搭接）＝（暗柱长度 1－保护层厚度）＋（暗柱长度 2－保护层厚度）＋1.2l_{aE}； 3. 外侧水平分布钢筋的长度（第二批搭接）＝（暗柱长度 1－保护层厚度）＋（暗柱长度 2－保护层厚度）＋1.2l_{aE}＋500mm＋1.2l_{aE}
转角墙（二）（其中 As1=As2）	暗柱转角墙（二）（As1=As2） 1. 内侧水平钢筋伸到暗柱对边弯折 15d； 2. 外侧水平分布钢筋连续通过转角暗柱，上下相邻两层水平分布钢筋在转角两侧交错搭接，搭接长度≥1.2l_{aE}	1. 内侧水平钢筋在暗柱内的长度＝暗柱长度－保护层厚度＋15d； 2. 外侧水平钢筋的长度（第一批搭接）＝（暗柱长度 1－保护层厚度）＋（暗柱长度 2－保护层厚度）＋1.2l_{aE}＋1.2l_{aE}
转角墙（三）（外侧水平分布钢筋在转角处搭接）	暗柱转角墙（三）（外侧水平分布钢筋在转角处搭接） 1. 内侧水平钢筋伸到暗柱对边弯折 15d； 2. 外侧水平钢筋伸至暗柱外侧弯折 0.8l_{aE}	1. 内侧水平钢筋在暗柱内的长度＝暗柱长度－保护层厚度＋15d； 2. 外侧水平钢筋在转角处的长度＝暗柱长度－保护层厚度＋0.8l_{aE}

83

4）端部有端柱时，端柱端部墙水平钢筋长度计算，如表4-6所示。

端柱端部墙水平钢筋长度计算（端部有端柱）　　　　　　　　表4-6

钢筋构造	构造要点	计算公式
端柱端部墙(一)　　端柱端部墙(二)	1. 端柱与墙身一侧平齐，平齐端柱一侧的水平分布筋为外侧水平分布筋，与外侧筋对侧的为内侧水平分布筋； 2. 位于端柱纵向钢筋内侧的墙水平分布钢筋伸入端柱的长度≥l_{aE}时可直锚；不能直锚时，墙身内侧水平分布筋弯锚，伸到端柱对边弯折15d； 3. 墙身外侧水平分布筋弯锚，伸到端柱对边弯折15d	1. 内侧水平分布筋直锚，直锚长度l_{aE}； 2. 水平筋弯锚，水平钢筋伸入端柱长度＝端柱长度－保护层厚度＋15d

5）端部有端柱时，端柱转角墙水平钢筋长度计算，如表4-7所示。

端柱转角墙水平钢筋长度计算（端部有端柱）　　　　　　　　表4-7

钢筋构造	构造要点	计算公式
端柱转角墙(一)　　端柱转角墙(二)　　端柱转角墙(三)	1. 端柱与墙身一侧平齐，平齐端柱一侧的水平分布筋为外侧水平分布筋，与外侧筋对侧的为内侧水平分布筋； 2. 位于端柱纵向钢筋内侧的墙水平分布钢筋伸入端柱的长度≥l_{aE}时可直锚；不能直锚时，墙身内侧水平分布筋弯锚，伸到端柱对边弯折15d； 3. 墙身外侧水平分布筋弯锚，伸到端柱对边弯折15d	1. 内侧水平分布筋直锚，直锚长度l_{aE}； 2. 水平筋弯锚，水平钢筋伸入端柱长度＝端柱长度－保护层厚度＋15d

6）端部有端柱时，端柱翼墙水平钢筋长度计算，如表 4-8 所示。

端柱翼墙水平钢筋长度计算（端部有端柱）　　表 4-8

钢筋构造	构造要点	计算公式
 端柱翼墙(一) 端柱翼墙(二) 端柱翼墙(三)	1. 翼墙墙身内侧水平分布筋，可贯通端柱，或分别直锚于端柱内，直锚长度≥l_{aE}； 2. 翼墙墙身一侧与端柱平齐时，外侧水平分布筋连续通过端柱（如端柱翼墙一）； 3. 另一方向墙体的墙身水平分布钢筋伸入端柱锚固，内侧水平分布筋伸入端柱的长度≥l_{aE} 时可直锚，直锚长度≥l_{aE}；不能直锚时，伸到端柱对边弯折 $15d$； 4. 墙身外侧水平分布筋弯锚，伸到端柱对边弯折 $15d$	1. 水平分布筋直锚，直锚长度 l_{aE}； 2. 水平分布筋弯锚，水平钢筋伸入端柱长度＝端柱长度－保护层厚度＋$15d$

7）端部翼墙墙身水平钢筋长度计算，如表 4-9 所示。

端部翼墙墙身水平钢筋长度计算　　表 4-9

钢筋构造	构造要点	计算公式
 翼墙(一) 翼墙(二) $(b_{w1}>b_{w2})$	1. 不变截面翼墙墙身水平分布筋连续通过； 2. 变截面翼墙墙身水平分布筋：当截面变化值$(b_{w1}-b_{w2})/b_{w3}≥1/6$ 时，大截面墙身水平分布筋断开弯折锚固，锚固长度为伸到变截面端部弯折 $15d$；小截面墙身水平分布筋直锚入大截面，锚固长度 $1.2l_{aE}$；当截面变化值$(b_{w1}-b_{w2})/b_{w3}<1/6$ 时，墙身水平分布筋斜弯通过变截面； 3. 另一方向墙身水平分布筋伸到暗柱对边弯折 $15d$	变截面水平分布筋： 　大截面墙身水平分布筋弯锚长度＝b_{w3}－保护层厚度＋$15d$；小截面墙身水平分布筋直锚长度 $1.2l_{aE}$

钢筋构造	构造要点	计算公式
翼墙(三) $(b_{w1}>b_{w2})$ 斜交翼墙	1. 不变截面翼墙墙身水平分布筋连续通过; 2. 变截面翼墙墙身水平分布筋:当截面变化值 $(b_{w1}-b_{w2})/b_{w3} \geqslant 1/6$ 时,大截面墙身水平分布筋断开弯折锚固,锚固长度为伸到变截面端部弯折 $15d$;小截面墙身水平分布筋直锚入大截面,锚固长度 $1.2l_{aE}$;当截面变化值 $(b_{w1}-b_{w2})/b_{w3} < 1/6$ 时,墙身水平分布筋斜弯通过变截面; 3. 另一方向墙身水平分布筋伸到暗柱对边弯折 $15d$	变截面水平分布筋: 大截面墙身水平分布筋弯锚长度 $= b_{w3} -$ 保护层厚度 $+15d$;小截面墙身水平分布筋直锚长度 $1.2l_{aE}$

（2）墙身水平钢筋根数计算

1）基础层水平钢筋根数计算，如表 4-10 所示。

基础层水平钢筋根数计算　　　　　　　　　　　　表 4-10

钢筋构造	构造要点	计算公式
(a) 保护层厚度>5d (b) 保护层厚度≤5d	当墙外侧插筋保护层厚度 $>5d$ 时, 1. 墙身水平分布筋间距 $\leqslant 500$mm,且不小于两道; 2. 基础顶面起步距离为 50mm,基础内离基础顶面起步间距为 100mm 注:锚固区横向钢筋应满足直径 $\geqslant d/4$（ d 为纵筋最大直径）,间距 $\leqslant 10d$（ d 为纵筋最小直径）且 $\leqslant 100$mm 的要求	基础内根数 $= \max[2,(h_j -100)/500+1]$

2）中间层水平钢筋根数计算，如表 4-11 所示。

中间层水平钢筋根数计算　　　　　　　　　　　　　　　　表 4-11

钢筋构造	构造要点	计算公式
	中间层距楼面起步距离为 50mm	根数＝（层高－100mm）/间距＋1

3）顶层水平钢筋根数计算，如表 4-12 所示。

顶层水平钢筋根数计算　　　　　　　　　　　　　　　　表 4-12

钢筋构造	构造要点	计算公式
	1. 墙身水平筋在屋面板连续布置； 2. 起步距离：水平筋在楼面起步距离为 50mm	根数＝（层高－50mm－板保护层厚度）/间距＋1

2. 墙身竖向钢筋

（1）墙身竖向钢筋长度计算

1）基础内墙身竖向钢筋长度计算，如表 4-13 所示。

基础内墙身竖向钢筋长度计算　　　　　　　　　　　　　　　　表 4-13

钢筋构造	构造要点	计算公式
 (a) 保护层厚度＞5d	墙外侧插筋保护层厚度＞5d 时： 1. $h_j \geq l_{aE}$ 墙身竖向钢筋"隔二下一"伸至基础板底部，支承在底板钢筋网片上，也可支承在筏形基础的中间层钢筋网片上，弯折 6d 且≥150mm；没伸到基础底部的竖向钢筋，伸入基础长度满足直锚即可(1-1) 2. $h_j < l_{aE}$ 墙身竖向钢筋伸到基础底弯折 15d (1a-1a)	1. $h_j \geq l_{aE}$ 伸入基础底板的钢筋长度＝h_j－保护层厚度＋max(6d,150mm) 不伸入基础底板的钢筋长度＝l_{aE} 2. $h_j < l_{aE}$ 基础内钢筋长度＝h_j－保护层厚度＋15d

续表

钢筋构造	构造要点	计算公式
（b）保护层厚度≤5d 锚固区横向钢筋	墙外侧插筋保护层厚度≤5d 时： 1. $h_j \geq l_{aE}$ 墙身竖向钢筋伸至基础板底部，支承在底板钢筋网片上，弯折 6d 且≥150mm（2-2） 2. $h_j < l_{aE}$ 墙身竖向钢筋伸到基础底弯折 15d（2a-2a）	1. $h_j \geq l_{aE}$ 伸入基础底板的钢筋长度=h_j－保护层厚度＋max（6d，150） 2. $h_j < l_{aE}$ 基础内钢筋长度=h_j－保护层厚度＋15d

1-1 基础高度满足直锚

"隔二下一"伸至基础板底部，支承在底板钢筋网片上，也可支承在筏形基础的中间层钢筋网片上

间距≤500mm，用不少于两道水平分布钢筋与拉结筋

6d且≥150

1a-1a 基础高度不满足直锚

间距≤500mm，且不少于两道水平分布钢筋与拉结筋

2-2 基础高度满足直锚

伸至基础板底部，支承在底板钢筋网片上

锚固区横向钢筋

6d且≥150

2a-2a 基础高度不满足直锚

锚固区横向钢筋

伸至基础底板底部支承在底板钢筋网上

≥0.6l_{abE}
≥20d
15d

基础顶面
基础底面

①

2）首层、中间楼层内墙身竖向钢筋长度计算，如表 4-14 所示。

首层、中间楼层内墙身竖向钢筋长度计算　　　　　　　　　　　　　　　表 4-14

钢筋构造	构造要点	计算公式
一、二级抗震等级剪力墙底部加强部位竖向分布钢筋搭接构造 ≥1.2l_{aE} ≥500 ≥1.2l_{aE} ≥0 楼板顶面 基础顶面	1. 墙身竖向钢筋每层一个连接	错开搭接钢筋长度： 1. 绑扎连接 一、二级抗震等级底部加强部位 低位钢筋外露长度=1.2l_{aE} 高位钢筋外露长度=1.2l_{aE}＋500mm

续表

钢筋构造	构造要点	计算公式
一、二级抗震等级剪力墙非底部加强部位或三、四级抗震等级剪力墙竖向分布钢筋可在同一部位搭接 楼板顶面 基础顶面	2. 一、二级抗震等级剪力墙底部加强部位竖向分布筋，下层钢筋伸出本层楼面，与本层竖向钢筋搭接 $1.2l_{aE}$，竖向钢筋错开 500mm 搭接； 3. 一、二级抗震等级剪力墙非底部加强部位或三、四级抗震等级剪力墙竖向分布钢筋可在同一部位搭接，钢筋搭接长度为 $1.2l_{aE}$； 4. 墙身竖向钢筋采用机械连接或焊接，下层钢筋伸出本层楼面≥500mm，相邻两钢筋错开高度，机械连接时≥35d，焊接时≥35d 且≥500mm	2. 机械连接 低位钢筋外露长度=500mm 高位钢筋外露长度=500mm+35d 3. 焊接连接 低位钢筋外露长度=500mm 高位钢筋外露长度=500mm+max(35d,500mm)
相邻钢筋交错机械连接 各级抗震等级剪力墙竖向分布钢筋机械连接构造 楼板顶面 基础顶面		
相邻钢筋交错焊接 各级抗震等级剪力墙竖向分布钢筋焊接构造 楼板顶面 基础顶面		

3）楼层中变截面处竖向钢筋长度计算，如表 4-15 所示。

楼层中变截面处竖向钢筋长度计算
表 4-15

钢筋构造	构造要点	计算公式
楼板 ≥12d $1.2l_{aE}$ 墙水平分布钢筋 墙身或边缘构件	当截面变化 Δ＞30mm 时，下层墙体竖向钢筋伸至板顶弯折 12d，上层墙体竖向钢筋锚入下层墙体，锚入长度自楼板面起 $1.2l_{aE}$	1. 下层墙体竖向钢筋在板内的锚固长度=板厚-保护层厚度+12d； 2. 上层墙体竖向钢筋锚入下层墙体长度=$1.2l_{aE}$
楼板 Δ　Δ ≥6d　Δ≤30 墙水平分布钢筋 墙身或边缘构件	当截面变化 Δ≤30mm 时，钢筋斜弯通过	

4) 顶层墙身竖向钢筋长度计算，如表 4-16 所示。

顶层墙身竖向钢筋长度计算   表 4-16

钢筋构造	构造要点	计算公式
	墙顶为屋面板或楼板，墙体竖向钢筋伸至板顶，弯折 12d	顶层锚固长度＝板厚－保护层厚度＋12d
	墙顶为边框梁，墙身竖向钢筋锚入边框梁： 1. 梁高满足直锚要求时，可以直锚，锚固长度为 l_{aE}； 2. 梁高不满足直锚要求时，墙身竖向钢筋弯锚，伸至板顶弯折 12d	1. 直锚长度＝l_{aE}； 2. 弯锚长度＝梁高－保护层厚度＋12d

（2）墙身竖向钢筋根数计算，如表 4-17 所示。

墙身竖向钢筋根数计算   表 4-17

钢筋构造	构造要点	计算公式
	墙端部为构造性柱时，墙身竖向钢筋在墙净长范围内布置，起步间距为一个钢筋间距	根数＝（墙净长－2×保护层厚度）/竖向钢筋间距＋1

续表

钢筋构造	构造要点	计算公式
纵筋、箍筋详见设计标注 b_w, $l_c/2$ 且 ≥400　l_c	墙端部为约束性柱时,约束性柱的扩展部位配置墙身钢筋;扩展部位以外,正常布置墙身竖向钢筋	

3. 墙身拉筋（表 4-18）

墙身拉筋长度及根数计算　　　　　　　　　　　　　表 4-18

钢筋构造	构造要点	计算公式
 (a) 拉结筋@3a@3b矩形 （a≤200、b≤200） (b) 拉结筋@4a@4b梅花 （a≤150、b≤150）	1. 墙身拉筋有梅花形和矩形布置两种构造,如设计未注明,一般采用梅花形布置; 2. 墙身拉筋布置: 在层高范围内:从楼面以上第二排墙身水平筋,至顶板底(梁底)往下第一排墙身水平筋; 在墙身宽度范围内:从端部的墙柱边第一排墙身竖向筋开始布置; 连梁范围内的墙身水平筋,需布置拉筋; 3. 一般情况下,墙拉筋间距是墙水平钢筋或竖向钢筋间距的2倍	拉筋单根长度=墙厚－保护层厚度＋弯钩长度; 拉筋总根数=水平方向根数×竖向根数

4.3.2　剪力墙墙柱钢筋

剪力墙墙柱钢筋,计算纵筋和箍筋,如表 4-19 所示。

剪力墙墙柱纵筋和箍筋计算　　　　　　　　　　　表 4-19

墙柱类型	构造要点	说明
端柱	1. 端柱外观一般凸出墙身; 2. 端柱的竖向钢筋和箍筋构造,同框架柱钢筋构造。计算参见框架柱钢筋计算	 端柱

续表

墙柱类型	构造要点	说明
暗柱	1. 暗柱外观一般同墙身相平; 2. 暗柱中的钢筋计算基本同墙身竖向钢筋,在基础内的插筋略有不同; 3. 顶层无边框梁,钢筋伸至板顶,弯折12d;外侧竖向钢筋与屋面板上部钢筋搭接传力时,弯折15d; 4. 柱顶层为边框梁,竖向钢筋锚入边框梁,直锚长度为l_{aE},弯锚长度为到梁顶弯折12d	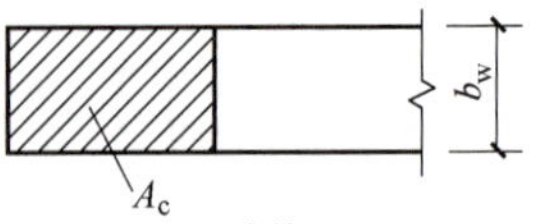 暗柱

4.3.3 剪力墙墙梁钢筋

1. 连梁钢筋(表4-20)

连梁钢筋计筋 表4-20

钢筋构造	构造要点	计算公式
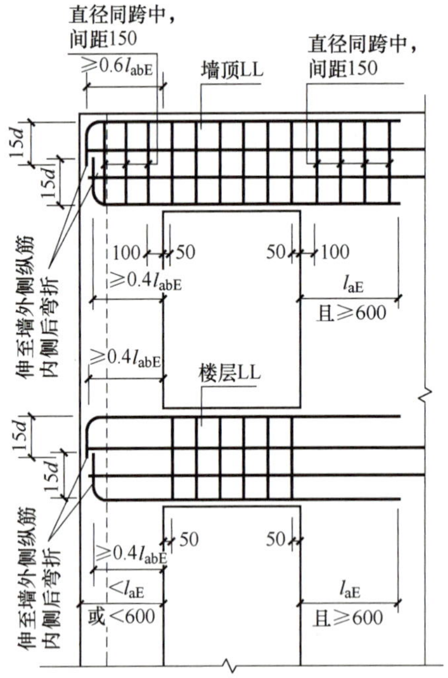 小墙垛处洞口连梁(端部墙肢较短)	洞口连梁端部构造: 1. 当端部支座直锚长度≥l_{aE} 且≥600mm 时,可不上下弯折; 2. 端部墙肢较短,其长度<l_{aE} 且<600mm 时,连梁纵筋伸至墙外侧后弯折 15d	锚固长度: 1. 直锚长度=max(l_{aE},600mm); 2. 弯锚长度=支座宽-保护层厚度+15d

钢筋构造	构造要点	计算公式
直径同跨中，间距150　墙顶LL　直径同跨中，间距150 100　50　50　100 l_{aE}且≥600　l_{aE}且≥600 楼层LL 50　50 l_{aE}且≥600　l_{aE}且≥600 单洞口连梁(单跨)	单洞口连梁构造： 在洞口两端支座直锚	锚固长度： 直锚长度＝max$(l_{aE},600mm)$
直径同跨中，间距150　墙顶LL　直径同跨中，间距150 100　50　50　50　50　100 l_{aE}且≥600　　l_{aE}且≥600 楼层LL 50　50　50　50 l_{aE}且≥600　　l_{aE}且≥600 双洞口连梁(双跨)	双洞口连梁构造： 纵筋跨过中间支座，在洞口两端支座锚固	锚固长度： 直锚长度＝max$(l_{aE},600mm)$

箍筋：

1. 中间层连梁，箍筋在洞口范围内布置，起步距离为50mm；
2. 顶层连梁，箍筋在连梁纵筋水平长度范围内布置，在支座范围内箍筋间距为150mm，直径同跨中，跨中起步距离为50mm，支座内起步距离为100mm

2. 边框梁钢筋（表 4-21）

边框梁钢筋计算 表 4-21

钢筋构造	构造要点
	边框梁或暗梁与连梁重叠时： 1. 边框梁或暗梁纵筋与连梁纵筋位置与规格相同时，纵筋贯通；规格不同时则相互搭接；端部构造同框架结构； 2. 边框梁或暗梁箍筋在梁净长范围内布置，起步距离 50mm；顶层连梁箍筋沿连梁全长布置，中间层连梁箍筋在洞口范围内布置，起步距离 50mm；暗梁与连梁重叠处箍筋由连梁箍筋代替；边框梁箍筋与连梁箍筋插空布置

3. 连梁、暗梁、边框梁侧面纵筋和拉筋（表 4-22）

侧面纵筋和拉筋计算（连梁、暗梁、边框梁）　　　　　　表 4-22

钢筋构造	
	连梁、暗梁和边框梁侧面纵筋和拉筋构造
构造要点	1. 连梁、暗梁及边框梁拉筋直径：当梁宽≤350mm 时，拉筋直径为 6mm；当梁宽>350mm 时，拉筋直径为 8mm； 2. 连梁、暗梁及边框梁拉筋间距：为箍筋间距的 2 倍，竖向沿侧面水平钢筋隔一拉一

任务 4.4　剪力墙钢筋计算实例

背景资料：如图 4-26 所示为剪力墙平面图（局部），剪力墙身表见表 4-23。已知框架剪力墙结构，抗震等级二级，剪力墙混凝土强度等级 C35，剪力墙身钢筋连接采用绑扎连接。请计算 8.90～11.80m 标高段，Ⓑ轴与④～⑤轴之间的 Q2 的墙身钢筋工程量。

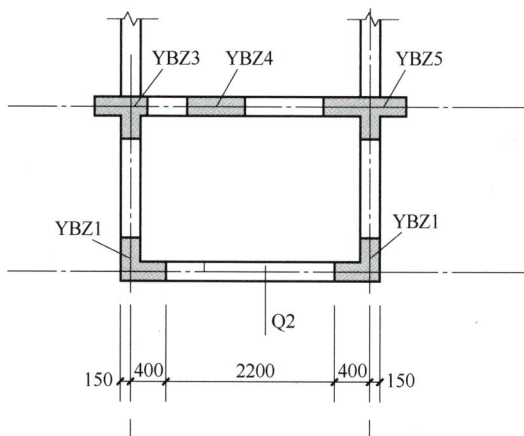

图 4-26　剪力墙 Q2 示意图

剪力墙身表

表 4-23

编号	标高(m)	墙厚(mm)	排数	水平分布筋	垂直分布筋	拉筋
Q1	8.900～11.800	300	双排	Φ12@150	Φ12@150	Φ8@300
Q2	8.900～11.800	250	双排	Φ10@150	Φ10@150	Φ8@300
Q3	8.900～11.800	200	双排	Φ10@200	Φ10@200	Φ8@400
剪力墙连梁腰筋为剪力墙水平筋						

解： 计算结果如表 4-24 所示：

表 4-24

计算构件	钢筋种类	位置	计算过程	备注说明
墙身钢筋 ⑧轴与④～⑤轴之间的 Q2 8.90～11.80m	Q2 水平钢筋 Φ10@150	外侧水平筋	长度计算： 单根长度＝墙净长＋左侧 YBZ1 内长度＋右侧 YBZ1 内长度＝2200＋[(400＋150－15)＋0.8l_{aE}]＋[(400＋150－15)＋0.8l_{aE}]＝2200＋(400＋150－15)×2＋0.8×32×10×2＝3782mm 根数计算： 8.90～11.80m 之间，为中间层 (层高－2 个起步间距)/间距＋1＝(11800－8900－50×2)/150＋1＝20 根 总长度＝3782×20＝75640mm＝75.64m 总重量＝75.64×0.617＝46.67kg	参考转角墙(二)、转角墙(三)构造节点计算 连接区域在暗柱范围外 15d ≥1.2l_{aE} 墙体配筋量As1 暗柱范围 连接区域在暗柱范围内 1.2l_{aE} 15d 墙体配筋量As2 上下相邻两层水平分布钢筋在转角两侧交错搭接 转角墙(二) (其中As1=As2) 15d 0.8l_{aE} 15d 0.8l_{aE} 暗柱范围 转角墙(三) (外侧水平分布钢筋在转角处搭接) 起步间距50mm，根数按向上取整计算
		内侧水平筋	长度计算： 单根长度＝墙净长＋左侧 YBZ1 内长度＋右侧 YBZ1 内长度＝2200＋[(400＋150－15)＋15d]＋[(400＋150－15)＋15d]＝2200＋(400＋150－15)×2＋15×10×2＝3570mm 根数计算： 8.90～11.80m 之间，为中间层 (层高－2 个起步间距)/间距＋1＝(11800－8900－50×2)/150＋1＝20 根 总长度＝3570×20＝71400mm＝71.4m 总重量＝71.4×0.617＝44.05kg	

续表

计算构件	钢筋种类	位置	计算过程	备注说明
墙身钢筋Ⓑ轴与④~⑤轴之间的 Q2 8.90~11.80m	Q2 竖向钢筋 Φ10@150	双侧竖向钢筋	长度计算： 单根长度＝层高－1.2l_{aE}＋1.2l_{aE}＋2l_{lE}＝(11800－8900)＋2×38×10＝3660mm 根数计算： 8.90~11.80m 之间，为中间层 (墙净长－起步间距)/间距＋1＝(2200－150×2)/150＋1＝14 根 总长度＝3660×14×2＝102480mm＝102.48m 总重量＝102.48×0.617＝63.23kg	中间层每层一个搭接连接，搭接长度 l_{lE}，竖向钢筋的起步间距 150mm
	拉筋 Φ8@300		长度计算： 单根长度＝墙厚－保护层厚度＋弯钩长度＝250－2×15＋2×11.9×8＝410.4mm 根数计算： 墙身水平筋根数为 20 根 拉筋根数 20÷2＝10 根 墙身竖向筋根数为 14 根 拉筋根数 14÷2＝7 根 拉筋根数＝10×7＝70 根 总长度＝410.4×70＝28728mm＝28.73m 总重量＝28.73×0.395＝11.35kg	拉筋按梅花形布置，拉筋间距是墙身钢筋间距的 2 倍。拉筋总根数＝水平方向根数×竖向根数

📚 项目总结

1. 掌握剪力墙结构施工图中平面注写方式所表达的内容。
2. 熟悉剪力墙标准构造详图中各类钢筋的构造要求。
3. 能够准确识读工程图纸中剪力墙的钢筋信息并进行计算分析。
4. 能够准确计算剪力墙中各类钢筋的长度。

🌱 思政提升

通过计算原理和计算方法的训练，培养学生解决问题的耐心、恒心以及协作配合，确立"团队意识"，同时贯穿"教中渗入、学中体会、做中践行"的三阶段课程思政，打造学生的职业规划能力和专业素养。

📚 项目习题

一、单项选择题

1. 地下室外墙编号，由墙身代号、序号组成，表达为（　　　）。

A. WQ×× B. DWQ×× C. Q×× D. DXWQ××

2. 端柱竖向钢筋和箍筋的构造与（　　）相同。

A. 框架柱 B. 暗柱 C. 墙身竖向钢筋 D. 框架梁

3. 位于端柱纵向钢筋内侧的墙水平分布钢筋伸入端柱的长度（　　）时，可直锚。

A. $\geqslant 15d$ B. $\geqslant l_{lE}$ C. $\geqslant l_a$ D. $\geqslant l_{aE}$

4. 一般情况下，墙拉筋间距是墙水平钢筋或竖向钢筋间距的（　　）倍。

A. 3 B. 1.5 C. 2 D. 2.5

5. FBZ 代表（　　）。

A. 扶墙柱 B. 扶壁柱 C. 构造边缘柱 D. 非边柱

6. 计算剪力墙墙身水平筋时，端部有暗柱时，墙身水平筋伸到对边弯折（　　）。

A. 15d B. 6d C. 150mm D. 10d

7. 墙身水平筋在楼板、屋面板连续布置时，水平筋在楼面起步距离为（　　）。

A. 100mm B. 50mm C. 150mm D. 80mm

8. 当边框梁梁宽＞350mm 时，其拉筋直径为 8mm，拉筋间距为（　　）倍箍筋间距。

A. 3 B. 2 C. 4 D. 1.5

9. 剪力墙竖向钢筋在边框梁顶部构造若是弯锚，则锚固长度为（　　）。

A. 12d B. 15d C. 150mm D. 10d

10. 剪力墙竖向分布筋锚入屋面板内的构造长度为（　　）。

A. 12d B. 15d C. 150mm D. 10d

读者可扫描下方二维码获取更多试题资源。

剪力墙钢筋工程识图

剪力墙钢筋工程计算

二、多项选择题

1. 剪力墙的组成包括（　　）。

A. 剪力墙柱 B. 框架柱 C. 剪力墙身 D. 剪力墙梁

2. 剪力墙身表中应注写（　　）。

A. 墙身编号 B. 墙身起止标高
C. 水平、竖向分布钢筋 D. 拉结筋

3. 剪力墙梁表中表达的内容有（　　）。

A. 墙梁编号 B. 墙梁所在的楼层号 C. 墙梁顶面标高高差
D. 梁截面尺寸 E. 上、下部纵筋和箍筋

4. 剪力墙洞口需要在洞口中心引注（　　）。

A. 洞口编号 B. 洞口几何尺寸
C. 洞口中心相对标高 D. 洞口每边补强钢筋

5. 地下室外墙的集中标注包括（　　）。

A. 地下室外墙编号　　　　　　　　　　　B. 地下室外墙厚度

C. 地下室外墙外侧、内侧贯通筋　　　　　D. 拉筋

三、识读分析题

识读图 1 所示剪力墙柱的标注内容，分析该剪力墙柱 YBZ2 的钢筋计算内容。

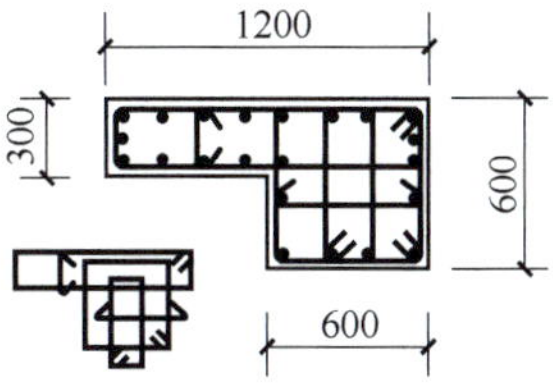

YBZ2

$-0.030 \sim 12.270$

22Φ20

Φ10@100

图 1

四、计算题

如图 2 所示，某工程剪力墙 Q2 的配筋图，该工程抗震等级为二级，柱、剪力墙的混凝土强度等级 C30，墙身钢筋采用绑扎连接。混凝土的保护层厚度：柱 30mm，剪力墙 15mm，基础底保护层 40mm。基础底标高为 -1.8m，墙顶标高 3.9m。$l_{aE} = 35d$，$l_{lE} = 42d$。水平钢筋分布的起步间距均为 50mm。请计算 Q2 的墙身水平钢筋、竖向钢筋、拉筋的工程量。

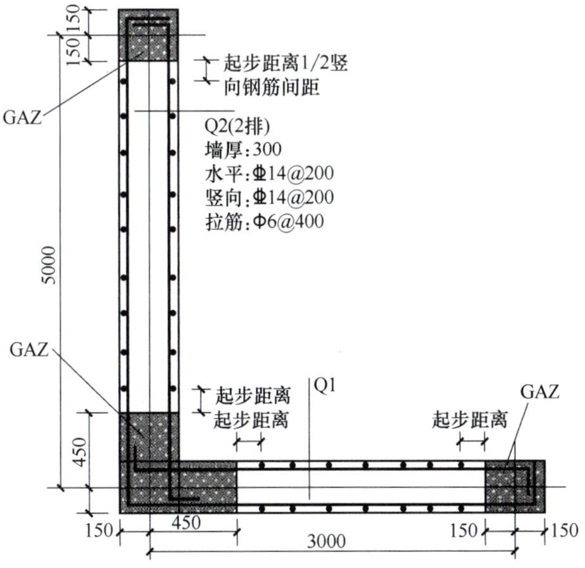

图 2

项目 5 梁钢筋工程

思维导图

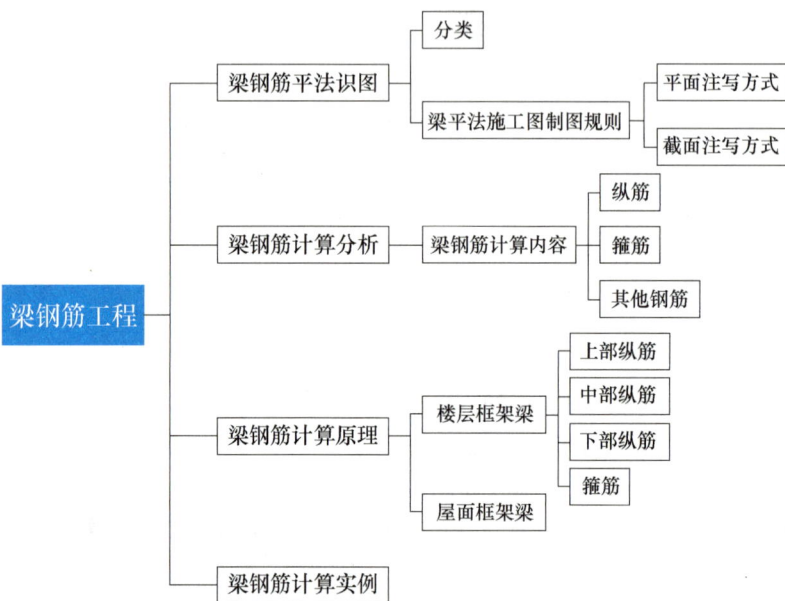

知识要点

通过本章的学习，熟悉 22G101 图集的相关内容；掌握梁平法施工图制图规则中平面注写方式与截面注写方式所表达的内容；掌握梁标准构造详图中各类钢筋的构造要求；能够准确计算各种类型梁钢筋的长度。

思政要点

通过梁钢筋平法施工图识读，引导学生思考"规则"在专业领域的重要性，确立"规则意识"。以梁钢筋的计算组成作为切入点，明确学生在未来岗位上的自我担当，确立"责任意识"。

任务 5.1　梁钢筋平法识图

5.1.1　梁的分类

梁，是指在建筑工程中，一般承受的外力以横向力为主，且杆件变形以弯曲为主要变形的杆件。在工程中有楼层框架梁、屋面框架梁、框支梁、非框架梁、悬挑梁、井字梁等。

1. 楼层框架梁（KL）

楼层框架梁是指两端与框架柱相连的梁，或者两端与剪力墙相连但跨高比不小于 5 的梁，如图 5-1 所示。

2. 屋面框架梁（WKL）

屋面框架梁是指位于整个结构的顶面，主要承受屋架的自重和屋面活荷载的梁，其上所受的力包括楼面恒荷载和活荷载，如图 5-1 所示。

3. 非框架梁（L）

在框架结构中，框架梁之间将楼板的质量先传递给框架梁的其他梁，即非框架梁。或者说，框架结构中的次梁就是非框架梁，如图 5-1 所示。

4. 悬挑梁（XL）

悬挑梁是指一端埋在或浇筑在支撑物上，另一端挑出支撑物的梁，如图 5-1 所示。

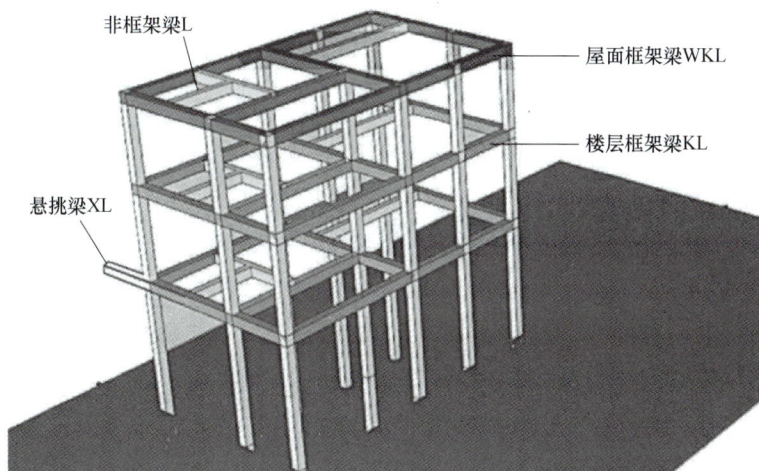

图 5-1　楼层框架梁、屋面框架梁、非框架梁、悬挑梁

5. 井字梁（JZL）

井字梁是不分主次、高度相当的梁，同位相交，呈井字形。这种梁一般用在楼板是正方形或者长宽比小于 1.5 的矩形楼板，大厅比较多见，梁间距 3m 左右，又称交叉梁或格形梁，如图 5-2 所示。

图 5-2　井字梁

5.1.2 梁平法施工图制图规则

1. 梁平法施工图的表示方法

（1）梁平法施工图系在梁平面布置图上采用平面注写方式或截面注写方式表达。

（2）梁平面布置图，应分别按梁的不同结构层（标准层），将全部梁和与其相关联的柱、墙、板一起采用适当比例绘制。

（3）在梁平法施工图中，应注明各结构层的顶面标高及相应的结构层号。

（4）对于轴线未居中的梁，应标注其与定位轴线的尺寸（贴柱边的梁可不注）。

2. 平面注写方式

平面注写方式是在梁平面布置图上，分别在不同编号的梁中各选一根梁，在其上注写截面尺寸和配筋具体数值的方式来表达梁施工图，如图 5-3 所示。

平面注写包括集中标注和原位标注，集中标注表达梁的通用数值，原位标注表达梁的特殊数值。当集中标注中的某项数值不适用于梁的某部位时，则将该项数值原位标注，施工时，原位标注取值优先。

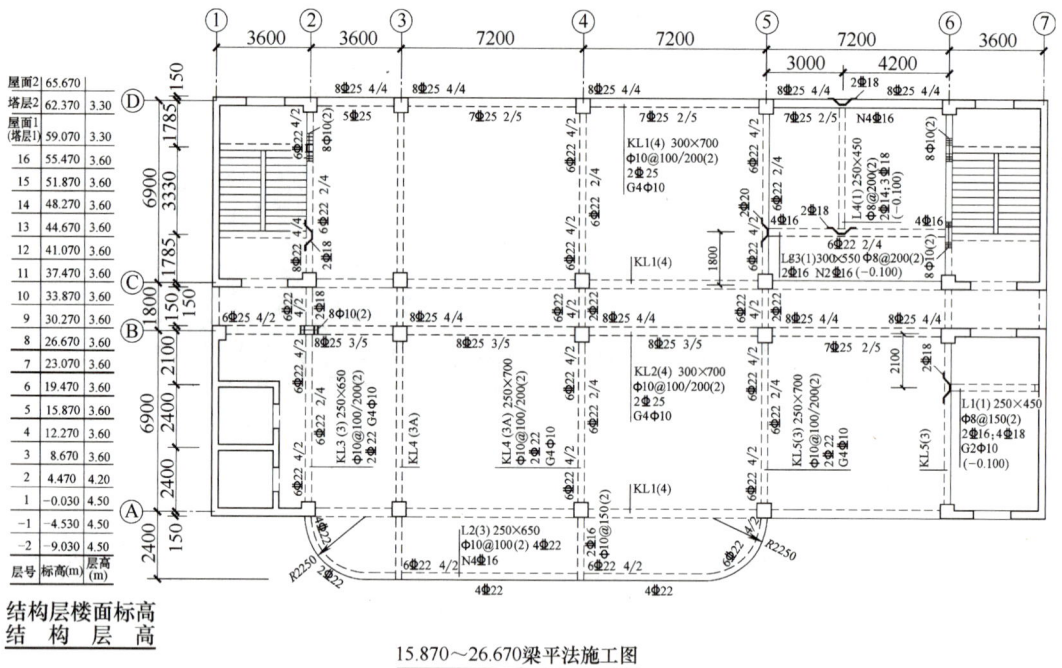

15.870～26.670梁平法施工图

图 5-3　平面注写方式

（1）集中标注

梁集中标注的内容，有五项必注值及一项选注值（集中标注可以从梁的任意一跨引出），规定如下：

1）梁编号：此项为必注值，见表 5-1。

2）梁截面尺寸：此项为必注值。

当为等截面梁时，用 $b \times h$ 表示，其中 b 为梁宽，h 为梁高。

梁集中标注第一行的注写内容包括梁编号、跨数、截面尺寸等信息，如下所示：

梁的分类及梁编号　　　　　　　　　　　　　表 5-1

梁类型	代号	序号	跨数及是否带有悬挑
楼层框架梁	KL	××	(××)、(××A)或(××B)
楼层框架扁梁	KBL	××	(××)、(××A)或(××B)
屋面框架梁	WKL	××	(××)、(××A)或(××B)
框支梁	KZL	××	(××)、(××A)或(××B)
托柱转换梁	TZL	××	(××)、(××A)或(××B)
非框架梁	L	××	(××)、(××A)或(××B)
悬挑梁	XL	××	(××)、(××A)或(××B)
井字梁	JZL	××	(××)、(××A)或(××B)

注：1.（××A）为一端有悬挑，（××B）为两端有悬挑，悬挑不计入跨数。

2. 楼层框架扁梁节点核心区代号为 KBH。

3. 非框架梁 L、井字梁 JZL 表示端支座为铰接；当非框架梁 L、井字梁 JZL 端支座上部纵筋为充分利用钢筋的抗拉强度时，在梁代号后加"g"。

4. 当非框架梁 L 按受扭设计时，在梁代号后加"N"。

① 框架梁第一行的表示方法，如图 5-4 所示的 KL2（3）300×650 表示 2 号框架梁，3 跨；梁截面尺寸 300mm×650mm，其中梁宽 300mm，梁高 650mm。

KL2(3)　300×650

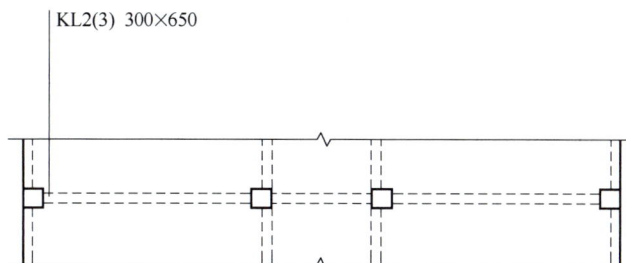

图 5-4　框架梁编号、截面尺寸

② 一端悬挑梁第一行的表示方法，如图 5-5 所示的 KL2（2A）300×700 表示 2 号框架梁，两跨一端悬挑；梁截面尺寸 300mm×700mm，其中梁宽 300mm，梁高 700mm。

KL2(2A)　300×700

（悬挑梁）

KL4　KL4

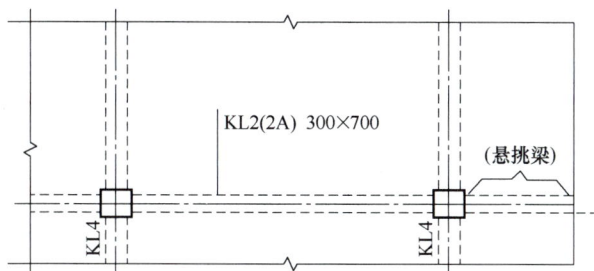

图 5-5　一端悬挑梁编号、截面尺寸

③ 两端悬挑梁第一行的表示方法，如图 5-6 所示的 KL2（2B）300×700 表示 2 号框架梁，两跨两端悬挑；梁截面尺寸 300mm×700mm，其中梁宽 300mm，梁高 700mm。

④ 非框架梁第一行的表示方法，如图 5-7 所示的 L2（1）250×500 表示 2 号非框架梁，1 跨；梁截面尺寸 250mm×500mm，其中梁宽 250mm，梁高 500mm。

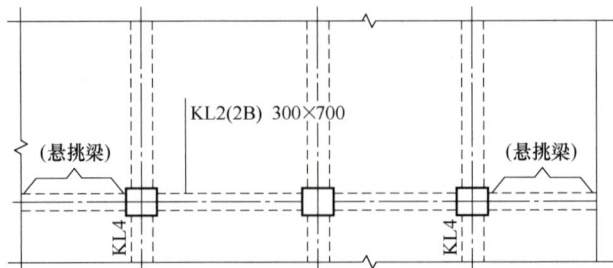

图 5-6 两端悬挑梁编号、截面尺寸

3）梁箍筋：此项为必注值。

包括钢筋种类、直径、加密区和非加密区间距及肢数。该项一般注写在梁集中标注的第二行。

箍筋的加密区和非加密区的不同间距及肢数需要用"/"分隔；当梁箍筋为同一种间距及肢数时，则不需要斜线；当加密区和非加密区的箍筋肢数相同时，肢数注写一次，箍筋肢数写在括号内。如图 5-8 所示的 Φ8@100/200（2）表示箍筋是 HPB300 的钢筋，直径为 8mm，加密区间距为 100mm，非加密区间距为 200mm，双肢箍。

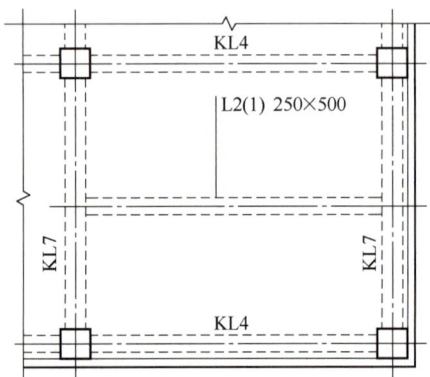

图 5-7 非框架梁编号、截面尺寸

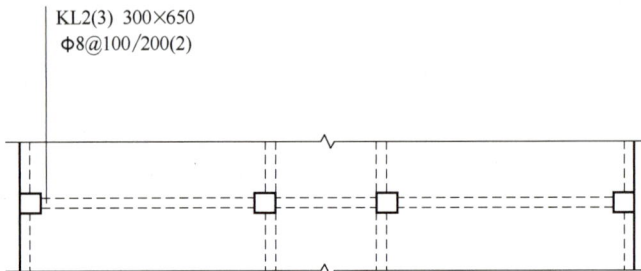

图 5-8 框架梁箍筋

非框架梁、悬挑梁、井字梁采用不同的箍筋间距及肢数时，也用斜线"/"将其分隔开来。注写时，先注写梁支座端部的箍筋（包括箍筋的箍数、钢筋级别、直径、间距及肢数），在斜线后注写梁跨中部分的箍筋间距及肢数。

4）梁上部通长筋或架立筋的配置：此项为必注值。

包括钢筋种类、数量以及直径大小。所注规格与根数应根据结构受力要求及箍筋肢数等构造要求而定。该项一般注写在梁集中标注的第三行。

如图 5-9 所示的 2Φ25 表示梁上部 2 根直径为 25mm 的螺纹钢（具体钢筋种类以设计说明为主）。

① 当同排纵筋中既有通长筋又有架立筋时，应用加号"+"将通长筋和架立筋相联。注写时需将角部纵筋写在加号前面，架立筋写在加号后面的括号内，以示不同直径及与通长筋的区别。当全部采用架立筋时，则将其写入括号内。如图 5-10 所示，2Φ25＋（4Φ12）

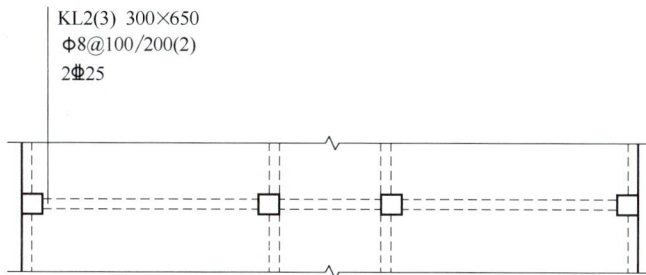

图 5-9　框架梁上部通长筋

表示梁上部 2 根直径 25mm 的通长筋以及 4 根直径为 12mm 的架立筋。

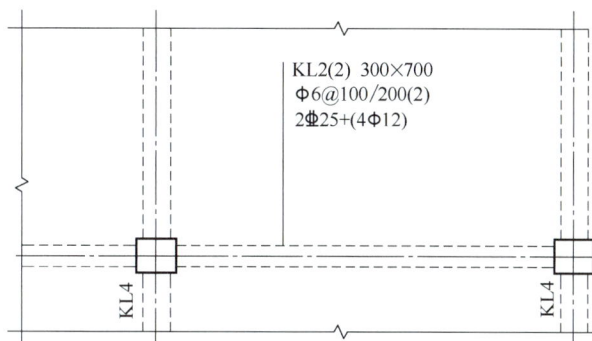

图 5-10　框架梁上部通长筋及架立筋

② 当梁的上部纵筋和下部纵筋为全跨相同，且多数跨配筋相同时，可加注下部纵筋的配筋值，用分号 ";" 将上部与下部纵筋的配筋值分隔开来，少数跨不同者，按《混凝土结构施工图平面整体表示方法制图规则和构造详图（现浇混凝土框架、剪力墙、梁、板)》22G101-1 规定处理。如图 5-11 所示，2 ⏀ 25；4 ⏀ 25 表示梁上部配置 2 根直径为 25mm 的通长筋，梁下部配置 4 根直径为 25mm 的通长筋。

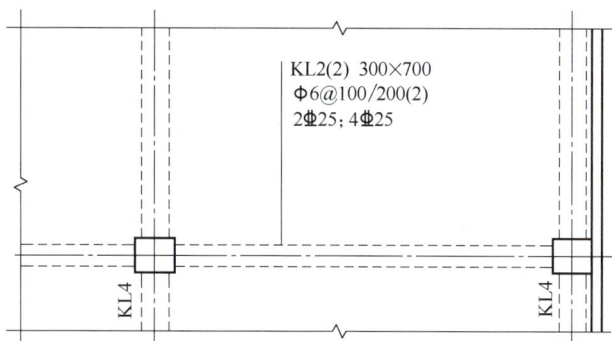

图 5-11　框架梁上、下部通长筋

5）梁侧面纵向构造钢筋或受扭钢筋配置：此项为必注值。

当梁腹板高度 $h_w \geqslant 450$mm 时，需要配置纵向构造钢筋，所注写规格与根数应符合规范规定。此项注写值以大写字母 G 打头，接续注写设置在梁两个侧面的总配筋值，且对称配置。

当梁侧面需配置受扭纵向钢筋时，此项注写值以大写字母 N 打头，接续注写设置在梁两个侧面的总配筋值，且对称配置。受扭纵向钢筋应满足梁侧面纵向构造钢筋的间距要求，且不再重复配置纵向构造钢筋。如图 5-12 所示，G4Φ12 表示梁的两个侧面共配置 4 根直径为 12mm 的纵向构造钢筋，每侧各配置 2 根。该项一般注写在梁集中标注的第四行。

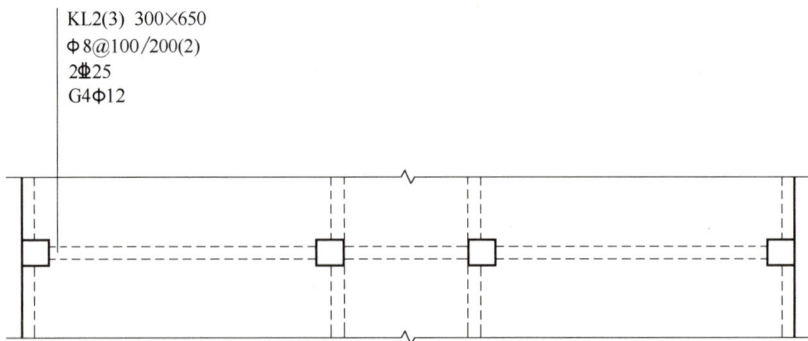

图 5-12　框架梁侧面纵向构造钢筋

6）梁顶面标高高差：该项为选注值。

梁顶面标高高差，系指相对于结构层楼面标高的高差值，对于位于结构夹层的梁，则指相对于结构夹层楼面标高的高差。有高差时，需将其写入括号内，无高差时不注。当梁顶面高于所在结构层的楼面标高时，其标高高差为正值，反之为负值。如图 5-13 所示，（+0.100）表示这根梁顶面比结构标准层楼面标高高出 100mm。

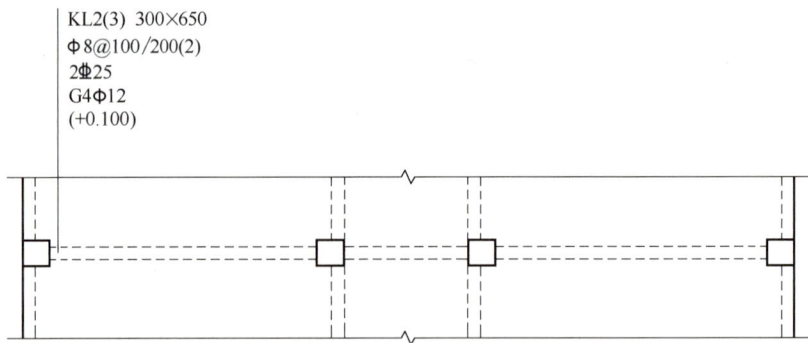

图 5-13　框架梁顶面标高高差

（2）原位标注

1）梁支座上部纵筋（该部位含通长筋在内的所有纵筋）

① 当梁上部纵筋多于一排时，用斜线"/"将各排纵筋自上而下分开。如图 5-14 所示，6Φ25 4/2 表示梁支座处共有 6 根直径为 25mm 的纵筋，分两排布置，上一排是 4 根，下一排是 2 根。

② 当同排纵筋有两种直径时，用加号"+"将两种直径的纵筋相连，注写时将角部纵筋写在前面。如图 5-15 所示，2Φ25+2Φ20 表示梁支座上部有 4 根纵筋，2 根直径为 25mm 的纵筋放在角部，2 根直径为 20mm 的纵筋放在中部。

KL2(3)　300×650
Φ8@100/200(2)　2Φ25
G4Φ12
(+0.100)

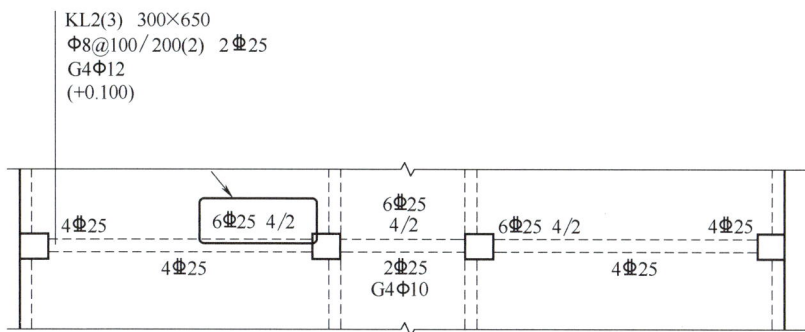

图 5-14　梁支座上部纵筋分两排布置

KL2(2)300×500
Φ8@100/200(2)
2Φ25；2Φ20

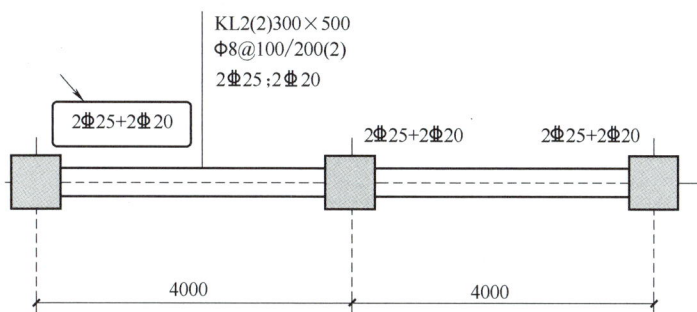

图 5-15　梁支座上部纵筋有两种直径

③ 当梁中间支座两边的上部纵筋不同时，须在支座两边分别标注；当梁中间支座两边的上部纵筋相同时，可仅在支座的一边标注配筋值，另一边省去不注，如图 5-16 所示。

KL2(2A) 300×650
Φ8@100/200(2) 2Φ25
G4Φ10
(−0.100)

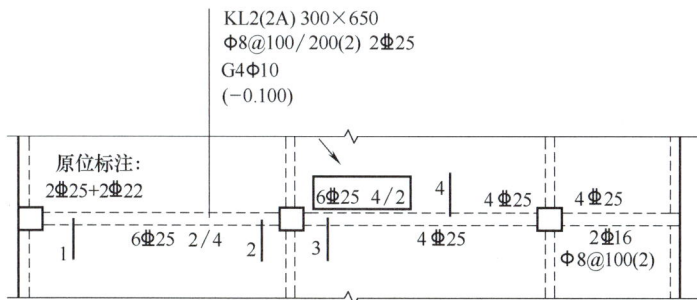

图 5-16　梁中间支座上部纵筋

④ 对于端部带悬挑的梁，其上部纵筋注写在悬挑梁根部支座部位。当支座两边上部纵筋相同时，可仅在支座一边标注配筋值。

2）梁下部纵筋

① 当梁下部纵筋多于一排时，用斜线"/"将各排纵筋自上而下分开。如图 5-17 所示，6 Φ 25 2/4 表示第一跨梁下部共有 6 根直径为 25mm 的纵筋，分两排布置，上一排 2 根，下一排 4 根（梁底布置）。

② 当同排纵筋有两种直径时，用加号"＋"将两种直径的纵筋相联。注写时角筋写

107

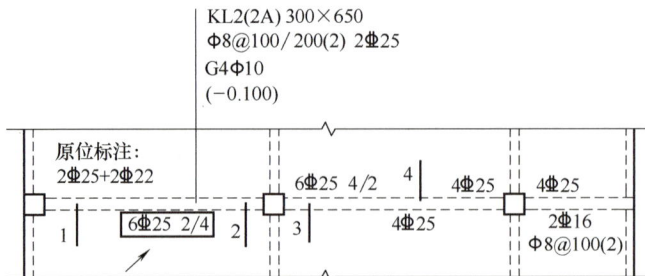

图 5-17　梁下部纵筋多于一排

在前面。如图 5-18 所示，2 Φ 25 ＋ 2 Φ 20 表示第二跨梁下部共有 4 根纵筋，2 根直径 25mm 的角筋，2 根直径 20mm 的中部钢筋。

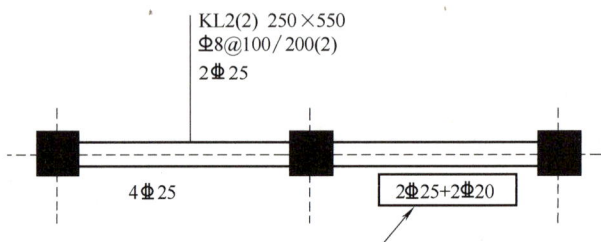

图 5-18　梁下部纵筋有两种直径

③ 当梁下部纵筋不全部伸入支座时，将不伸入梁支座的下部纵筋数量写在括号内。如图 5-19 所示，6 Φ 25 （－2)/4 表示第一跨梁下部有 6 根直径 25mm 的纵筋，其中上一排 2 根不伸入支座，下一排 4 根全部伸入支座。

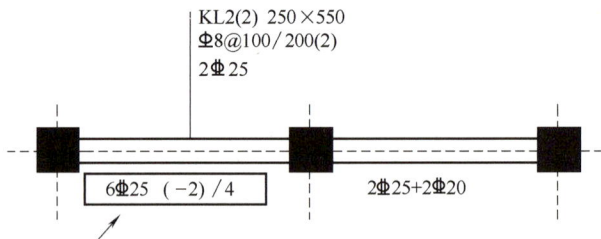

图 5-19　梁下部纵筋不伸入支座

④ 当梁的集中标注中已经按照《混凝土结构施工图平面整体表示方法制图规则和构造详图（现浇混凝土框架、剪力墙、梁、板）》22G101-1 的规定分别注写了梁上部和下部均为通长的纵筋值时，则不需在梁下部重复做原位标注。

3）特殊数值

当在梁上集中标注的内容（即梁截面尺寸、箍筋、上部通长筋或架立筋，梁侧面纵向构造钢筋或受扭纵向钢筋及梁顶面标高高差中的某一项或几项数值）不适用于某跨或某悬挑部分时，则将其不同数值原位标注在该跨或该悬挑部位，施工时应按原位标注数值取用。

4）附加箍筋或吊筋

附加箍筋或吊筋直接画在平面布置图中的主梁上，用线引注总配筋值。对于附加箍筋，设计尚应注明附加箍筋的肢数，箍筋肢数注在括号内，如图 5-20 所示。当多数附加箍筋或吊筋相同时，可在梁平法施工图上统一注明，少数与统一注明值不同时，再原位引注。

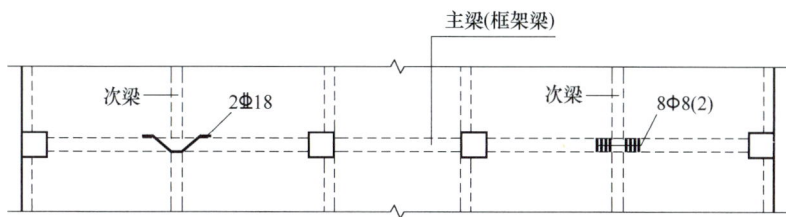

图 5-20　附加箍筋和吊筋

5）非框架梁 L

代号为 L 的非框架梁，当其与梁相连的支座上部纵筋为充分利用钢筋的抗拉强度时，在梁平面布置图上原位标注，以符号"g"表示，如图 5-21 所示。

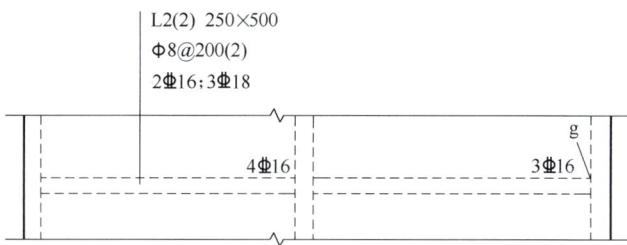

图 5-21　非框梁 L 一端采用充分利用钢筋的抗拉强度方式

注："g"表示右端支座按照非框架梁 Lg 配筋构造

【例 5-1】　识读如图 5-22 所示梁的标注内容，说明这根梁的具体内容。

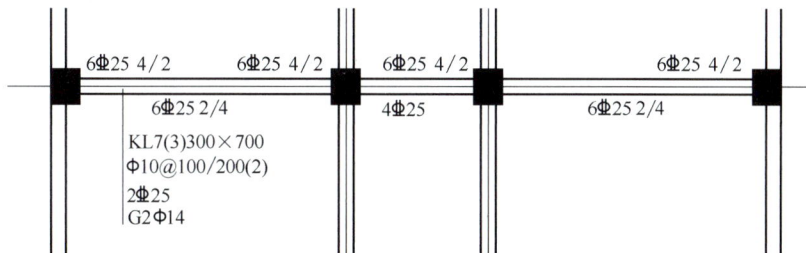

图 5-22　某框架梁平面注写

解： KL7（3）300×700 表示 7 号框架梁，3 跨，梁宽 300mm，梁高 700mm；

Φ10@100/200（2）表示箍筋直径 10mm，加密区间距 100mm，非加密区间距 200mm，双肢箍；

2Φ25 表示梁上部 2 根通长筋的直径为 25mm；

G2Φ14 表示梁中部有 2 根直径 14mm 的构造钢筋；

梁上部支座处均标注为 6Φ25 4/2 表示支座处均设置 6 根直径 25mm 的纵筋，分两排布置，上一排 4 根，下一排 2 根；

第一跨及第三跨梁下部钢筋标注为 6Φ25 2/4 表示该跨梁下部配置 6 根直径 25mm 的

纵筋，上一排2根，下一排4根，均伸入支座；第二跨梁下部钢筋标注为4Φ25表示该跨梁下部配置4根直径25mm的纵筋，均伸入支座。

3. 截面注写方式

截面注写方式是在分标准层绘制的梁平面布置图上，分别在不同编号的梁中各选择一根梁用剖面号引出配筋图，分别在其上注写截面尺寸和配筋具体数值的方式来表达梁平法施工图，如图5-23所示。

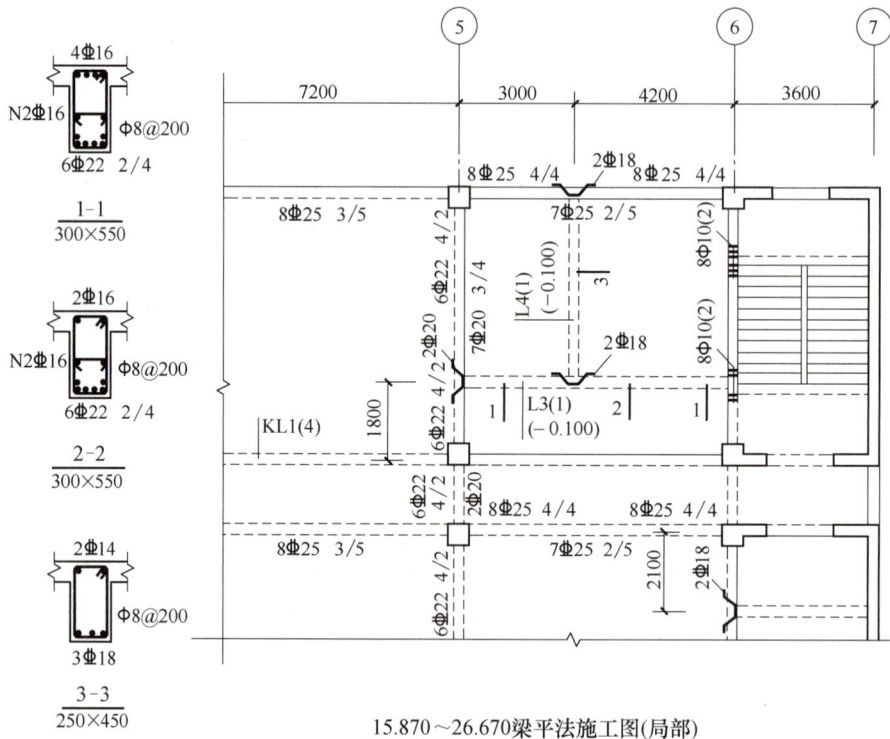

图5-23 梁截面注写方式示例

（1）对所有梁按照表5-1进行编号，从相同编号的梁中选择一根梁，用剖面号引出截面位置，再将截面配筋详图画在本图或其他图上。当某梁的顶面标高与结构层的楼面标高不同时，尚应继其梁编号后注写梁顶面标高高差（注写规定与平面注写方式相同）。

（2）在截面配筋详图上注写截面尺寸 $b \times h$、上部筋、下部筋、侧面构造筋或受扭筋以及箍筋的具体数值时，其表达形式与平面注写方式相同。

（3）截面注写方式既可以单独使用，也可与平面注写方式结合使用。

任务5.2 梁钢筋计算分析

5.2.1 梁钢筋计算内容

梁钢筋的计算内容如图5-24所示。

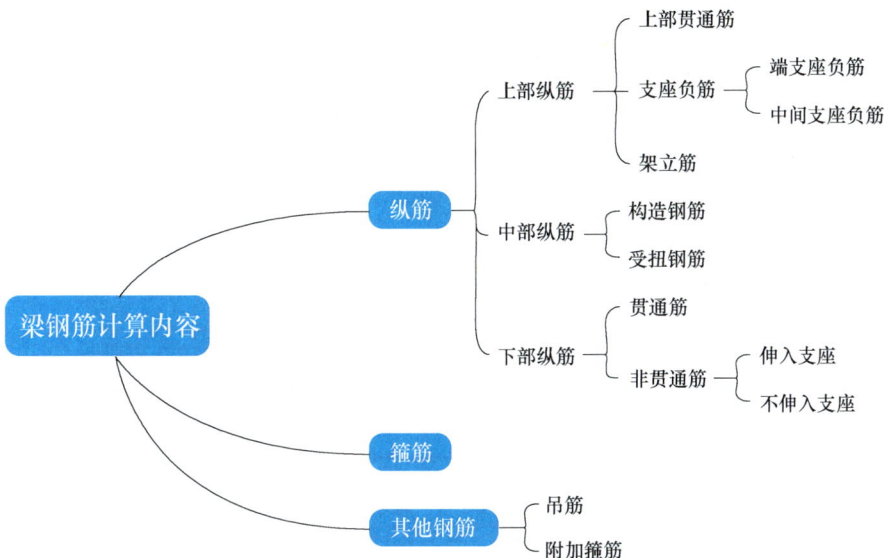

图 5-24　梁钢筋计算内容

5.2.2　梁钢筋计算分析（以楼层框架梁为例）

以图 5-25 所示楼层框架梁为例，按照梁平法施工图制图规则要求以及梁内需要计算的钢筋内容，分析该梁可知，2 号框架梁，2 跨，梁宽300mm，梁高 650mm，该梁需要计算的钢筋内容如图 5-26所示。

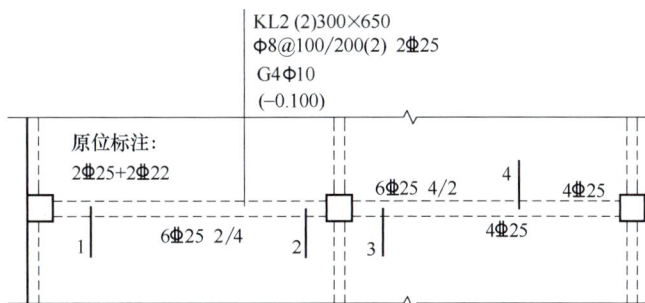

图 5-25　楼层框架梁示例

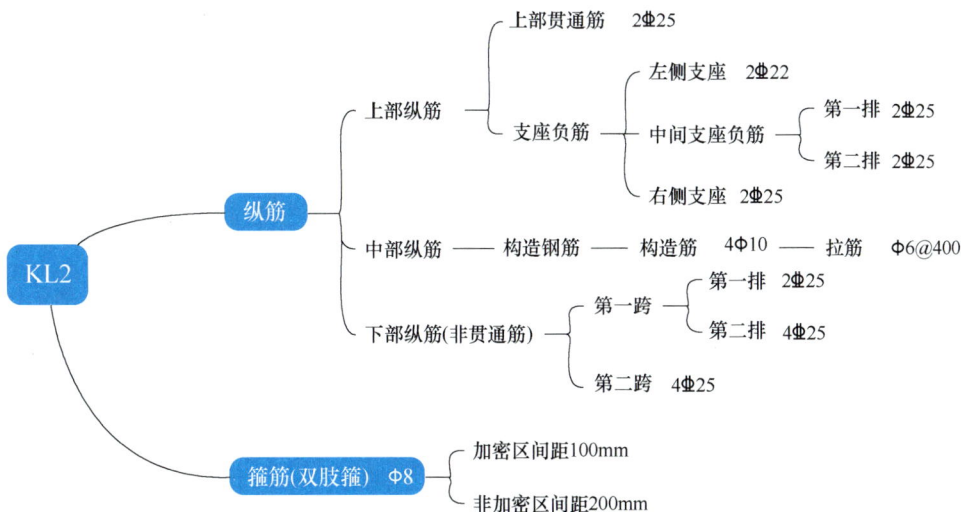

图 5-26　KL2 钢筋计算分析

任务 5.3　梁钢筋计算原理

5.3.1　楼层框架梁计算原理

1. 梁上部纵筋的计算

楼层框架梁 KL 纵向钢筋构造如图 5-27 所示。

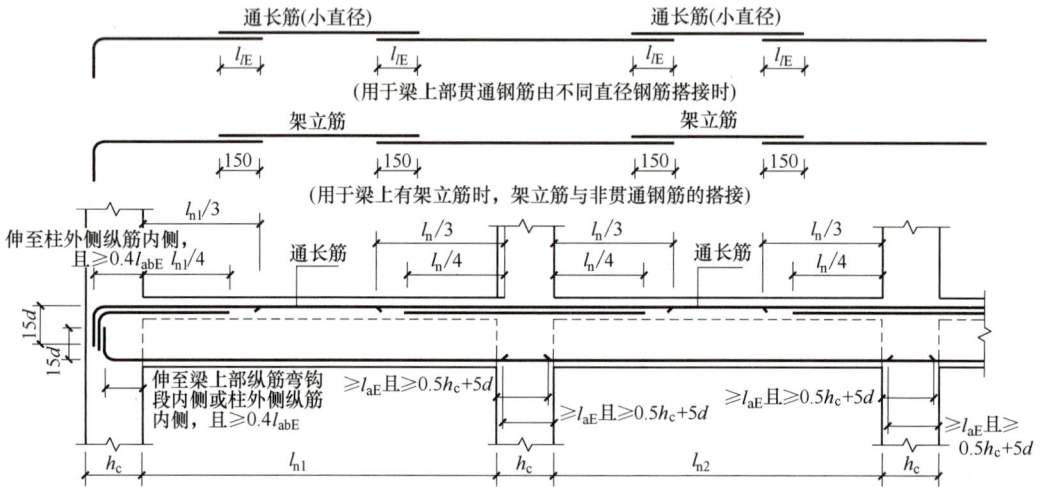

图 5-27　楼层框架梁 KL 纵向钢筋构造

（1）梁上部贯通筋计算

1）计算公式

$$L＝通跨净长＋左支座锚固＋右支座锚固$$

2）左、右支座锚固长度

端支座直锚如图 5-28 所示，端支座弯锚如图 5-29 所示。

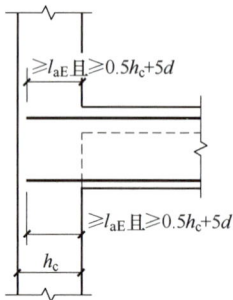

图 5-28　端支座直锚

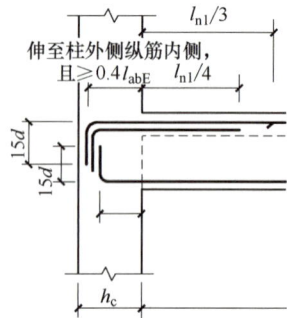

图 5-29　端支座弯锚

左、右支座锚固长度取值判断：

当柱宽（h_c）－保护层厚度（c）$\geqslant l_{aE}$ 时，直锚，

直锚长度：$\max(l_{aE}, 0.5h_c＋5d)$；

当柱宽 (h_c) −保护层厚度 (c)$<l_{aE}$ 时，弯锚，

弯锚长度：$\geqslant 0.4l_{abE}+15d$。

3）计算实例

【例 5-2】 如图 5-30 所示，框梁 KL4，三级抗震，采用 HRB400 级的钢筋，混凝土强度等级为 C30，梁、柱的保护层厚度均为 30mm，试求上部通长筋的长度及重量（Ф25 理论重量：3.85kg/m）。

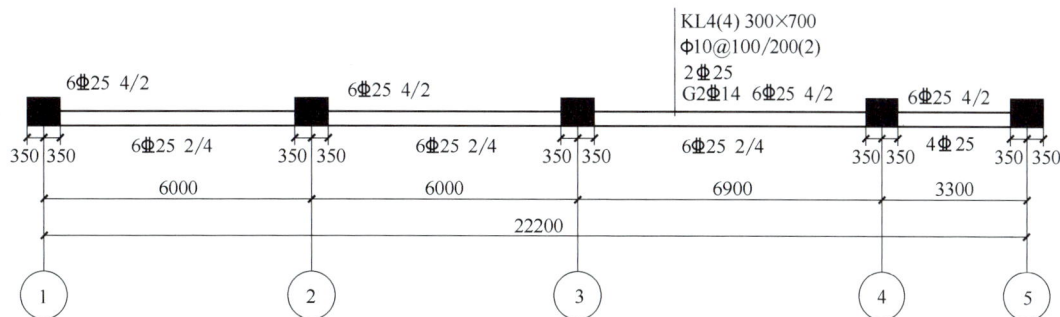

图 5-30 KL4

解： KL4 上部贯通筋计算过程见表 5-2。

KL4 上部贯通筋计算过程   表 5-2

计算的基础资料	上部通长钢筋 2 Ф25，梁、柱保护层为 30mm，查表得 $l_{aE}=37d=925$mm
通跨净长	$22.2-0.35\times2=21.5$m
判断锚固长度 （左、右支座相同）	$h_c-c=700-30=670$mm$<l_{aE}=925$mm，弯锚 $l_{aE}=37d=925$mm $0.4l_{abE}+5d=0.4\times37\times25+5\times25=495$mm $h_c-c+15d=700-30+15\times25=1045$mm 弯锚长度$=1.045$m
上部贯通筋单根长度	$L=21.5+2\times1.045=23.59$m
上部贯通筋重量	$T=23.59\times2\times3.85\times10^{-3}=0.182$t

（2）梁支座负筋计算

支座负筋可分为端支座负筋和中间支座负筋两类。

1）计算公式

如图 5-27 所示，支座负筋的计算公式如下：

端支座负筋第一排：$L=$左或右端支座锚固+净跨长/3

端支座负筋第二排：$L=$左或右端支座锚固+净跨长/4

左或右支座的支座锚固长度取值判断同上部通长筋计算要求。

中间支座负筋第一排：$L=2\times$max（左跨、右跨）净跨长/3+支座宽

中间支座负筋第一排：$L=2\times$max（左跨、右跨）净跨长/4+支座宽

2）计算实例

【例 5-3】 如图 5-30 所示，框梁 KL4，三级抗震，采用 HRB400 级的钢筋，混凝土强度等级为 C30，梁、柱的保护层厚度均为 30mm，试求①、②、④轴支座负筋的长度及

重量（$\Phi 25$ 理论重量：3.85kg/m）。

解： KL4 支座负筋计算过程见表 5-3。

KL4 支座负筋计算过程 表 5-3

计算的基础资料	梁、柱保护层为 30mm，$h_c = 700\text{mm}$， 查表得 $l_{aE} = 37d = 925\text{mm}$
①轴支座负筋单根长度 （端支座）	经判断端支座锚固长度为 1.045m 第一排 2Φ25：$1.045 + (6 - 0.35 \times 2) \div 3 = 2.812\text{m}$ 第二排 2Φ25：$1.045 + (6 - 0.35 \times 2) \div 4 = 2.37\text{m}$
②轴支座负筋单根长度 （中间支座）	max(左跨、右跨)净跨长 $= 6 - 0.35 \times 2 = 5.3\text{m}$ 第一排 2Φ25：$2 \times 5.3 \div 3 + 0.7 = 4.233\text{m}$ 第二排 2Φ25：$2 \times 5.3 \div 4 + 0.7 = 3.35\text{m}$
④轴支座负筋单根长度 （中间支座）	max(左跨、右跨)净跨长 $= 6.9 - 0.35 \times 2 = 6.2\text{m}$ 第一排 2Φ25：$2 \times 6.2 \div 3 + 0.7 = 4.833\text{m}$ 第二排 2Φ25：$2 \times 6.2 \div 4 + 0.7 = 3.8\text{m}$
支座负筋重量	$T = (2.812 \times 2 + 2.37 \times 2 + 4.233 \times 2 + 3.35 \times 2 + 4.833 \times 2 + 3.8 \times 2) \times 3.85 \times 10^{-3} = 0.165\text{t}$

（3）架立筋计算

架立筋是辅助箍筋架立纵向钢筋，其主要作用是把受力钢筋固定在正确的位置上，并与受力钢筋连成钢筋骨架，从而充分发挥各自的力学性能。

如图 5-27 所示，架立筋长度计算公式为：

架立筋长度 = 净跨长 − 左支座负筋跨内净长 − 右支座负筋跨内净长 + 150mm × 2

2. 梁中部纵筋的计算（梁侧面钢筋的计算）

梁的侧面钢筋可分为构造钢筋和抗扭钢筋。

当 $h_w \geqslant 450\text{mm}$ 时，在梁的两个侧面应沿高度配置纵向构造钢筋；纵向构造钢筋间距 $a \leqslant 200\text{mm}$。

当梁侧面配有直径不小于构造纵筋的受扭纵筋时，受扭纵筋可以代替构造钢筋。

（1）计算公式

如图 5-31 所示，梁侧面钢筋计算公式如下：

构造钢筋 G：$L =$ 净跨长 $+ 2 \times 15d$

受扭钢筋 N：$L =$ 净跨长 $+ 2 \times$ 锚固长度

受扭钢筋的锚固长度为 l_a 或 l_{aE}，其锚固方式同框架梁下部纵筋。

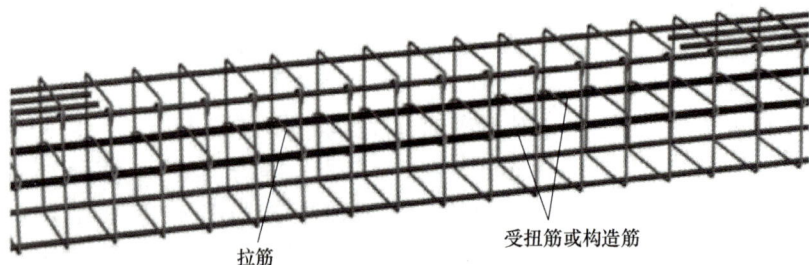

拉筋　　　　　　受扭筋或构造筋

(a)

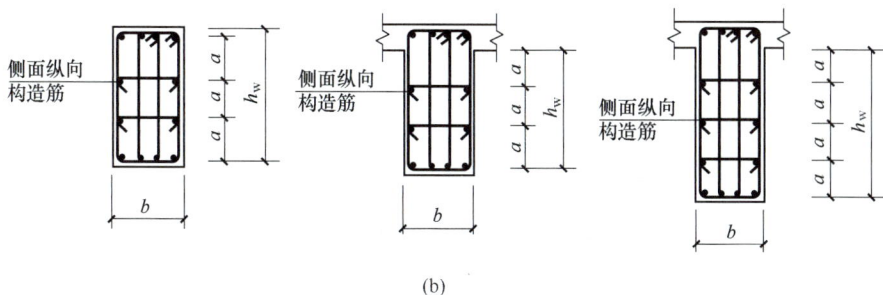

(b)

图 5-31 梁侧面纵向钢筋立体图及断面图

（a）立体示意图；（b）断面示意图

注：1. 当梁宽≤350mm 时，拉筋直径为 6mm；

2. 当梁宽＞350mm 时，拉筋直径为 8mm；

3. 拉筋间距为非加密区箍筋间距的 2 倍；

4. 当设有多排拉筋时，上下两排拉筋竖向错开设置。

（2）计算实例

【例 5-4】 如图 5-30 所示，框梁 KL4，三级抗震，楼板厚 100mm，采用 HRB400 级的钢筋，混凝土强度等级为 C30，梁、柱的保护层厚度均为 30mm，试求梁侧面钢筋的长度及重量（Φ14 理论重量：1.21kg/m，Φ6 理论重量：0.22kg/m）。

解：KL4 梁下部钢筋计算过程见下表 5-4。

KL4 梁下部钢筋的计算过程　　　　　　　　　　表 5-4

计算的基础资料	梁、柱保护层为 30mm，h_c=700mm， 梁腹板高度 h_w=700－100=600mm＞450mm， 梁宽 300mm，拉筋直径为 6mm，间距 400mm， 拉筋既拉纵筋又拉箍筋
梁侧面构造钢筋 G 2Φ14 单根长度	L=22.2－0.35×2+2×15×0.014=21.92m
拉筋Φ6@400	拉筋长度： L=0.3－0.03×2+2×0.006+2×(0.075+1.9×0.006) 　=0.425m 拉筋根数： 第一跨：N_1=(6－0.35×2－0.05×2)÷0.4+1=14 根 第二跨：N_2=N_1=14 根 第三跨：N_3=(6.9－0.35×2－0.05×2)÷0.4+1=17 根 第四跨：N_4=(3.3－0.35×2－0.05×2)÷0.4+1=8 根
梁侧面构造钢筋重量	T=21.92×2×1.21×10^{-3}=0.053t
拉筋重量	T=0.425×(14×2+17+8)×0.222×10^{-3}=0.005t

3. 梁下部纵筋的计算

楼层框架梁下部钢筋有贯通筋和非贯通筋两种情况。

（1）梁下部贯通筋计算

1）计算公式

$L=$通跨净长＋左支座锚固＋右支座锚固

2）左、右支座锚固长度

支座锚固长度的计算与上部贯通钢筋要求一致。

（2）梁下部非贯通筋计算

楼层框架梁下部非贯通筋又分为伸入支座和不伸入支座两种情况。

1）计算公式

梁下部非贯通筋伸入支座的锚固构造如图 5-27 所示。

伸入支座的非贯通筋计算要求：

边跨：$L=$端支座锚固长度＋净跨长＋中间支座锚固长度

中间跨：$L=$中间支座锚固长度＋净跨长＋中间支座锚固长度

端支座锚固长度与上部贯通筋支座锚固长度要求一致。

中间支座锚固长度如图 5-32 所示，中间支座锚固长度$=\max(0.5h_c+5d, l_{aE})$。

梁下部非贯通筋不伸入支座的构造如图 5-33 所示。

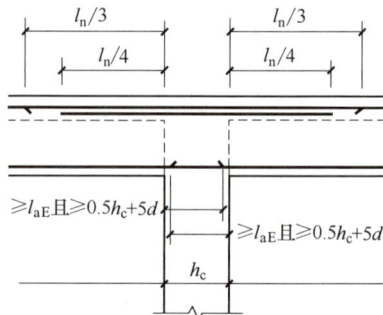

图 5-32　梁下部非贯通筋中间支座锚固构造

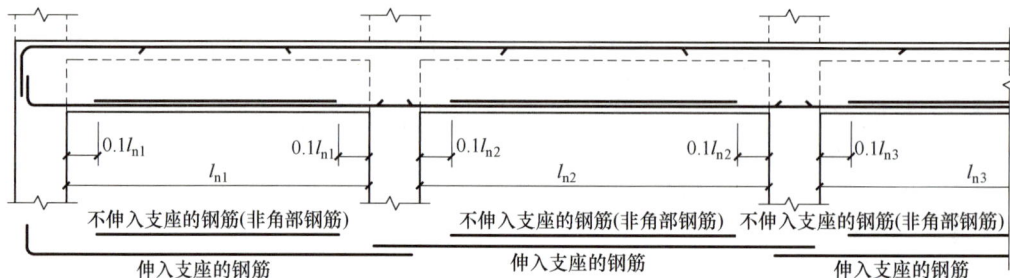

图 5-33　梁下部非贯通筋不伸入支座构造

不伸入支座的非贯通筋计算要求：

$L=$净跨长$-2\times0.1\times$净跨长

2）计算实例

【例 5-5】　如图 5-30 所示，框梁 KL4，三级抗震，采用 HRB400 级的钢筋，混凝土强度等级为 C30，梁、柱的保护层厚度均为 30mm，试求梁下部钢筋的长度及重量（Φ25 理论重量：3.85kg/m）。

解： KL4 梁侧面钢筋计算过程见表 5-5。

4. 梁箍筋的计算

梁箍筋间距一般分为加密区和非加密区，如图 5-34 所示，在计算箍筋根数时，要先计算出加密区和非加密区的长度。梁的加密区一般在每一跨的两侧，中间为非加密区，支座内不设箍筋，第一根箍筋的位置距离支座边 50mm。

KL4 梁侧面钢筋的计算过程　　　　　表 5-5

计算的基础资料	梁、柱保护层为 30mm，h_c＝700mm， 查表得 l_{aE}＝37d＝925mm
判断锚固长度	端支座同上部贯通筋，弯锚，弯锚长度＝1.045m 中间支座锚固长度：max(0.5h_c＋5d，l_{aE}) 　　　　　　　＝max(0.5×700＋5×25，925) 　　　　　　　＝925mm
第一跨(边跨)6 ⊕ 25 单根长度	L＝1.045＋6－0.35×2＋0.925＝7.27m
第二跨(中间跨)6 ⊕ 25 单根长度	L＝0.925＋6－0.35×2＋0.925＝7.15m
第三跨(中间跨)6 ⊕ 25 单根长度	L＝0.925＋6.9－0.35×2＋0.925＝8.05m
第四跨(边跨)4 ⊕ 25 单根长度	L＝0.925＋3.3－0.35×2＋1.045＝4.57m
下部钢筋重量	T＝(7.27×6＋7.15×6＋8.05×6＋4.57×4)×3.85×10^{-3}＝0.589t

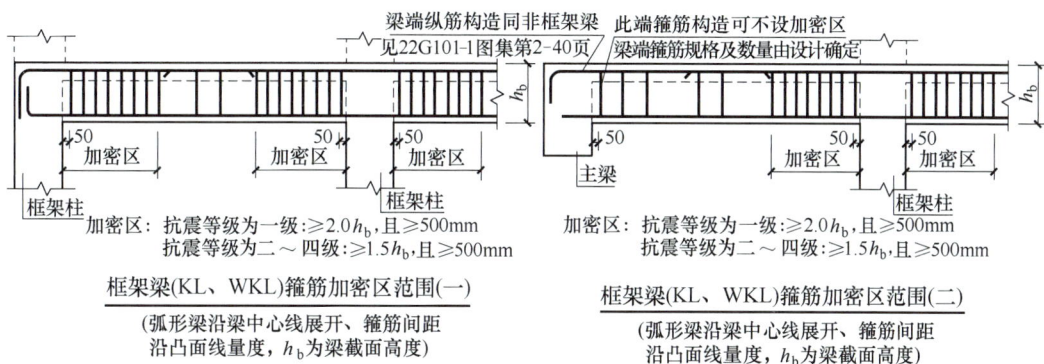

图 5-34　框架梁箍筋加密区范围

（1）计算公式

1）箍筋单根长度计算公式（图 5-35）：

按外皮计算：

箍筋长度 L＝[(b－2c)＋(h－2c)]×2＋2max(10d，75mm)＋1.9d×2

按中心线计算：

箍筋长度 L＝[(b－2c－d)＋(h－2c－d)]×2＋2max(10d，75mm)＋1.9d×2

式中　b、h——梁的截面尺寸；

　　　c——梁的保护层厚度；

　　　d——钢筋直径。

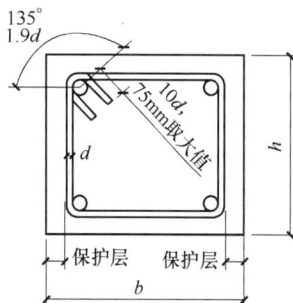

图 5-35　梁箍筋

2）箍筋根数计算

如图 5-35 所示，楼层框架梁箍筋布筋范围包括加密区和非加密区。

根数计算公式：

加密区根数 N＝(加密区长度－50mm)/加密区间距＋1

非加密区根数 N＝非加密区长度/加密区间距－1

（2）计算实例

【例 5-6】 如图 5-30 所示，框梁 KL4，三级抗震，混凝土强度等级为 C30，梁、柱的保护层厚度均为 30mm，试求箍筋的单根长度及重量（箍筋长度算至箍筋中心线）（$\Phi 10$ 理论重量：0.617kg/m）。

解： KL4 箍筋计算过程见表 5-6。

KL4 箍筋的计算过程 表 5-6

计算的基础资料	梁、柱保护层为 30mm，$h_c=700$mm
箍筋单根长度	$L=[(0.3-0.03\times2-0.01)+(0.7-0.03\times2-0.01)]\times2+2\times11.9\times0.01=1.958$m
加密区根数	$N_1=(1.5\times0.7-0.05)/0.1+1=11$ 根 $N=11\times8=88$ 根
非加密区根数	第一跨： $N_1=(6-0.35\times2-2\times1.5\times0.7)/0.2-1=15$ 根 第二跨： $N_2=N_1=15$ 根 第三跨： $N_3=(6.9-0.35\times2-2\times1.5\times0.7)/0.2-1=20$ 根 第四跨： $N_4=(3.3-0.35\times2-2\times1.5\times0.7)/0.2-1=2$ 根 $N=15\times2+20+2=52$ 根
下部钢筋重量	$T=1.958\times(88+52)\times0.617\times10^{-3}=0.179$t

5. 其他钢筋计算

在主次梁交界处，为了防止主梁在较大集中力作用下发生剪切破坏，通常在主梁内设置附加箍筋或吊筋来抵抗较大集中力。附加箍筋和吊筋的配筋值可以在梁平面布置图上一一标注，也可以统一说明。

（1）吊筋

吊筋是提高梁承受集中荷载抗剪能力的一种钢筋，形状如元宝，又称为元宝筋，如图 5-36 所示。

吊筋长度：

吊筋长度＝次梁宽＋2×50mm＋2×（梁高−2×保护层厚度）/sin45°(60°)＋2×20d

（2）附加箍筋

附加箍筋在次梁两侧对称布置，且附加箍筋范围内主梁箍筋照常设置，如图 5-37 所示。

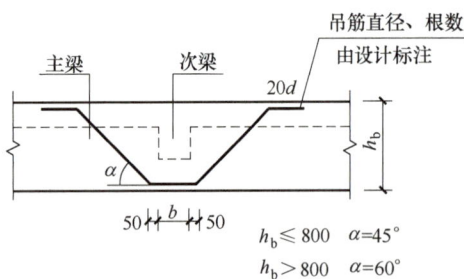

图 5-36　梁吊筋

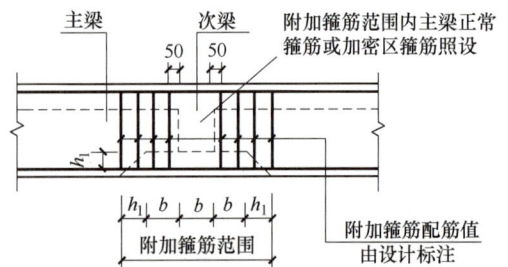

图 5-37　附加箍筋

5.3.2　屋面框架梁计算原理

1. 屋面框架梁概述

屋面框架梁（WKL）位于整个结构顶面，主要作用是承受屋架的自重和屋面活荷载。屋面框架梁 WKL 纵向钢筋构造如图 5-38 所示。

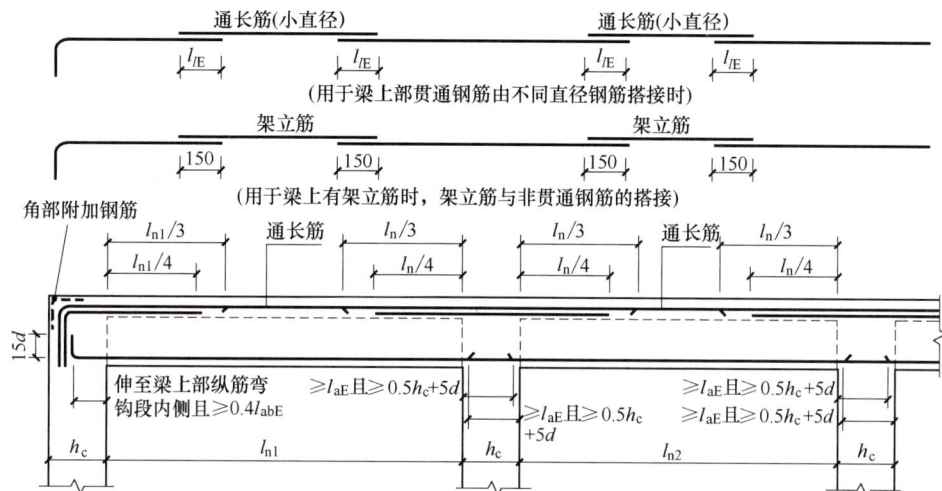

图 5-38　屋面框架梁 WKL 纵向钢筋构造

2. 楼层框架梁与屋面框架梁的区别（表 5-7）

楼层框架梁与屋面框架梁的区别　　　　　　　　　　　　表 5-7

项目	楼层框架梁	屋面框架梁
上下部纵筋的锚固方式不同	端支座有直锚和弯锚两种方式	上部纵筋在端支座只有弯锚没有直锚； 下部纵筋在端支座有直锚和弯锚两种方式
	上部纵筋和下部纵筋在端支座的锚固要求相同	上部钢筋和下部钢筋在端支座的锚固要求不同
上下部纵筋的具体锚固长度不同	直锚长度： $\max(l_{aE}, 0.5h_c + 5d)$ 弯锚长度： $\geq 0.4l_{abE} + 15d$	上部纵筋锚固： 弯锚长度： 柱宽 $-c_{柱}$ ＋梁高 $-c_{梁}$ 下部纵筋锚固： 直锚长度： $\max(l_{aE}, 0.5h_c + 5d)$ 弯锚长度： $\geq 0.4l_{abE} + 15d$

3. 屋面框架梁钢筋计算原理

屋面框架梁只有上部钢筋在端支座的锚固区别于楼层框架梁，其余钢筋计算要求均与楼层框架梁保持一致。

（1）上部通长筋计算公式

$L =$ 通跨净长＋左支座锚固＋右支座锚固

左、右支座锚固长度：

$$弯锚＝柱宽－c_{柱}＋梁高－c_{梁}$$

式中　$c_{柱}$、$c_{梁}$——柱、梁的保护层厚度。

（2）端支座负筋

端支座负筋第一排：$L＝$左或右端支座锚固＋净跨长/3

端支座负筋第二排：$L＝$左或右端支座锚固＋净跨长/4

左或右支座的支座锚固长度取值判断同上部通长筋计算要求。

任务 5.4　梁钢筋计算实例

5.4.1　楼层框架梁计算实例

【例 5-7】　如图 5-39 所示，楼层框架梁 KL9，三级抗震，采用 HRB400 级的钢筋，混凝土强度等级为 C30，梁、柱的保护层厚度均为 30mm，试计算 KL9 的梁钢筋工程量（箍筋长度算至箍筋中心线）（Φ25 理论重量：3.85kg/m，Φ22 理论重量：2.98kg/m，Φ14 理论重量：1.21kg/m，Φ6 理论重量：0.222kg/m，Φ10 理论重量：0.617kg/m）。

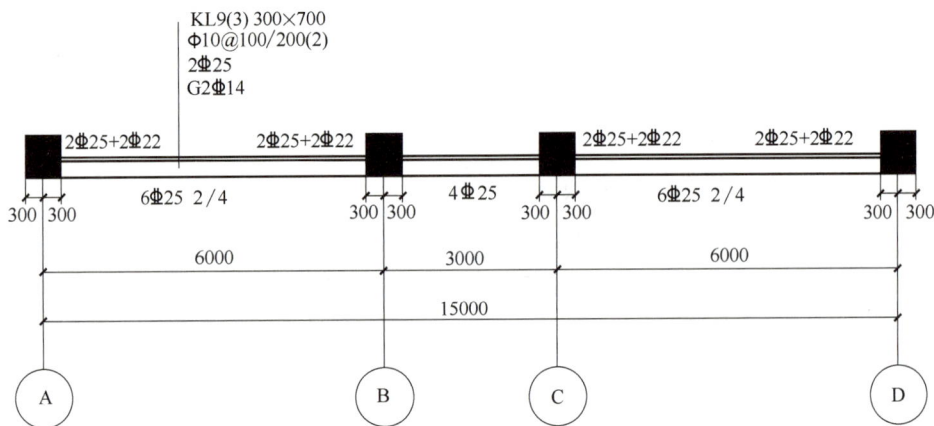

图 5-39　KL9

解：KL9 钢筋工程量计算过程见下表 5-8。

KL9 梁钢筋工程量的计算过程　　　　　　　　　　表 5-8

计算的基础资料	梁、柱保护层为 30mm，$h_c＝600mm$， 查表得 $l_{aE}＝37d$
梁上部通长筋 （2Φ25）	判断锚固： $h_c－c＝600－30＝570mm＜l_{aE}＝925mm$，弯锚 $l_{aE}＝37d＝925mm$ $0.4l_{abE}＋15d＝0.4×37×25＋15×25＝745mm$ $h_c－c＋15d＝600－30＋15×25＝945mm$ 弯锚长度＝0.945m $L＝15－0.3×2＋2×0.945＝16.29m$

续表

端支座负筋 A、D 支座 (2 Φ 22)	锚固判断同上部通长筋,弯锚长度 $=h_c-c+15d=900$ mm $L=0.9+(6-0.3\times2)\div3=2.7$ m
中间支座负筋 B、C 支座 (2 Φ 22)	max(左跨,右跨)净跨长 $=6-0.3\times2=5.4$ m $L=2\times5.4\div3+0.6=4.2$ m
构造钢筋 (G2 Φ 14)	$L=15-0.3\times2+2\times15\times0.014=14.82$ m 拉筋: Φ 6@400(既拉箍筋又拉纵筋) $L=0.3-0.03\times2+2\times0.006+2\times(0.075+1.9\times0.006)$ $\quad=0.425$ m 拉筋根数: 第一跨: $N_1=(6-0.3\times2-0.05\times2)\div0.4+1=15$ 根 第二跨: $N_2=(3-0.3\times2-0.05\times2)\div0.4+1=7$ 根 第三跨: $N_3=N_1=15$ 根
梁下部非贯通筋 第一跨(6 Φ 25)	锚固判断同上部通长筋,弯锚长度 $=0.945$ m 中间支座锚固长度: $\max(0.5h_c+5d,l_{aE})$ $=\max(0.5\times600+5\times25,925)=925$ mm $L=0.945+(6-0.3\times2)+0.925=7.27$ m
梁下部非贯通筋 第二跨(4 Φ 25)	$L=0.925+(3-0.3\times2)+0.925=4.25$ m
梁下部非贯通筋 第三跨(6 Φ 25)	同第一跨 $L=7.27$ m
箍筋 Φ 10@100/200(2)	箍筋长度: $L=[(0.3-0.03\times2-0.01)+(0.7-0.03\times2-0.01)]\times2+2\times11.9\times0.01=1.958$ m 加密区根数: $N_1=(1.5\times0.7-0.05)/0.1+1=11$ 根 $N=11\times6=66$ 根 非加密区根数: 第一跨: $N_1=(6-0.3\times2-2\times1.5\times0.7)/0.2-1=16$ 根 第二跨: $N_2=(3-0.3\times2-2\times1.5\times0.7)/0.2-1=1$ 根 第三跨: $N_3=N_1=16$ 根 $N=16\times2+1=33$ 根
Φ 25	$T=(2\times16.29+7.27\times6\times2+4.25\times4)\times3.85\times10^{-3}=0.527$ t
Φ 22	$T=(2\times2.7\times2+4.2\times2\times2)\times2.98\times10^{-3}=0.082$ t
Φ 14	$T=14.82\times2\times1.21\times10^{-3}=0.036$ t
Φ 6	$T=0.425\times(15\times2+7)\times0.222\times10^{-3}=0.003$ t
Φ 10	$T=1.958\times(66+33)\times0.617\times10^{-3}=0.120$ t

5.4.2　屋面框架梁计算实例

【例 5-8】　如图 5-40 所示,屋面框架梁 WKL1,三级抗震,采用 HRB400 级的钢筋,混凝土强度等级为 C30,梁、柱的保护层厚度均为 30mm,试计算 WKL1 的梁钢筋工程量（箍筋长度算至箍筋中心线）（$\Phi 25$ 理论重量：3.85kg/m，$\Phi 22$ 理论重量：2.98kg/m，$\Phi 14$ 理论重量：1.21kg/m，$\Phi 10$ 理论重量：0.617kg/m）。

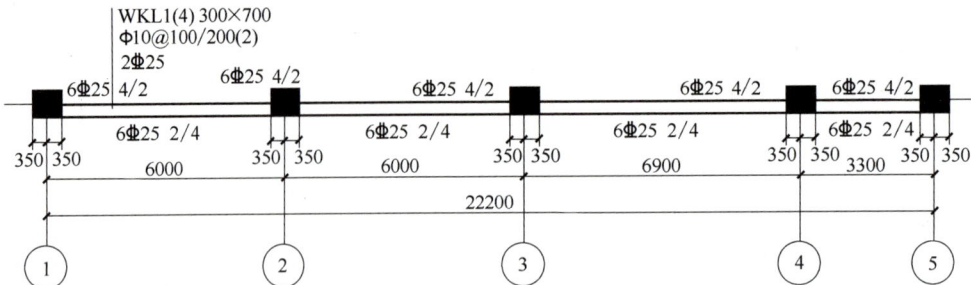

图 5-40　WKL1

解：WKL1 钢筋工程量计算过程见下表 5-9。

WKL1 梁钢筋工程量的计算过程　　　　　　　　　　　　表 5-9

计算的基础资料	梁、柱保护层为 30mm，h_c＝700mm，查表得 l_{aE}＝37d
梁上部通长筋 （2$\Phi 25$）	锚固长度： 弯锚＝700－30＋700－30＝1.34m L＝22.2－0.35×2＋2×1.34＝24.18m
支座负筋	锚固判断同上部通长筋,弯锚长度＝1.34m ①轴端支座负筋： 第一排 2$\Phi 25$：1.34＋(6－0.35×2)÷3＝3.107m 第二排 2$\Phi 25$：1.34＋(6－0.35×2)÷4＝2.665m ②轴中间支座负筋： max(左跨、右跨)净跨长＝6－0.35×2＝5.3m 第一排 2$\Phi 25$：2×5.3÷3＋0.7＝4.233m 第二排 2$\Phi 25$：2×5.3÷4＋0.7＝3.35m ③轴中间支座负筋： max(左跨、右跨)净跨长＝6.9－0.35×2＝6.2m 第一排 2$\Phi 25$：2×6.2÷3＋0.7＝4.833m 第二排 2$\Phi 25$：2×6.2÷4＋0.7＝3.8m ④轴中间支座负筋： max(左跨、右跨)净跨长＝6.9－0.35×2＝6.2m 第一排 2$\Phi 25$：2×6.2÷3＋0.7＝4.833m 第二排 2$\Phi 25$：2×6.2÷4＋0.7＝3.8m ⑤轴端支座负筋： 第一排 2$\Phi 25$：1.34＋(3.3－0.35×2)÷3＝2.207m 第二排 2$\Phi 25$：1.34＋(3.3－0.35×2)÷4＝1.99m
梁下部非贯通筋 第一跨(6$\Phi 25$)	判断锚固： 端支座锚固： $h_c－c$＝700－30＝670mm＜l_{aE}＝925mm，弯锚 l_{aE}＝37d＝925mm 0.4l_{abE}＋5d＝0.4×37×25＋15×25＝745mm $h_c－c$＋15d＝700－30＋15×25＝1045mm 弯锚长度＝1.045m 中间支座锚固长度： max(0.5h_c＋5d，l_{aE}) ＝max(0.5×700＋5×25，925)＝925mm L＝1.045＋6－0.35×2＋0.925＝7.27m

续表

梁下部非贯通筋 第二跨(6⌀25)	$L=0.925+6-0.35\times2+0.925=7.15\text{m}$
梁下部非贯通筋 第三跨(6⌀25)	$L=0.925+6.9-0.35\times2+0.925=8.05\text{m}$
梁下部非贯通筋 第四跨(6⌀25)	$L=0.925+3.3-0.35\times2+1.045=4.57\text{m}$
箍筋 Φ10@100/200(2)	箍筋长度： $L=[(0.3-0.03\times2-0.01)+(0.7-0.03\times2-0.01)]\times2+2\times11.9\times0.01=1.958\text{m}$ 加密区根数： $N_1=(1.5\times0.7-0.05)/0.1+1=11$ 根 $N=11\times8=88$ 根 非加密区根数： 第一跨： $N_1=(6-0.35\times2-2\times1.5\times0.7)/0.2-1=15$ 根 第二跨： $N_2=N_1=15$ 根 第三跨： $N_3=(6.9-0.35\times2-2\times1.5\times0.7)/0.2-1=20$ 根 第四跨： $N_4=(3.3-0.35\times2-2\times1.5\times0.7)/0.2-1=2$ 根 $N=15\times2+20+2=52$ 根
⌀25	$T=(2\times24.18+3.107\times2+2.665\times2+4.223\times2+3.35\times2+4.833\times4+3.8\times4+2.207\times2+1.99\times2+7.27\times6+7.15\times6+8.05\times6+4.57\times6)\times3.85\times10^{-3}=1.079\text{t}$
Φ10	$T=1.958\times(88+52)\times0.617\times10^{-3}=0.179\text{t}$

项目拓展

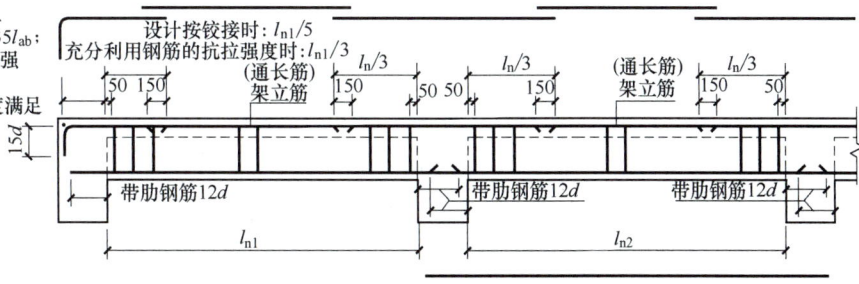

1. 非框架梁配筋构造如图 5-41 所示，试列出非框架梁的钢筋计算要求。

图 5-41   非框架梁配筋构造

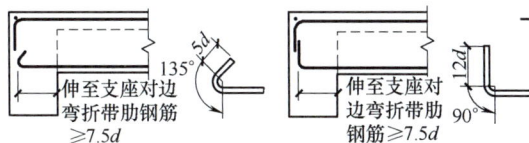

2. 纯悬挑梁及各类梁的悬挑端的配筋构造如图 5-42 所示，试列出悬挑梁的钢筋计算要求。

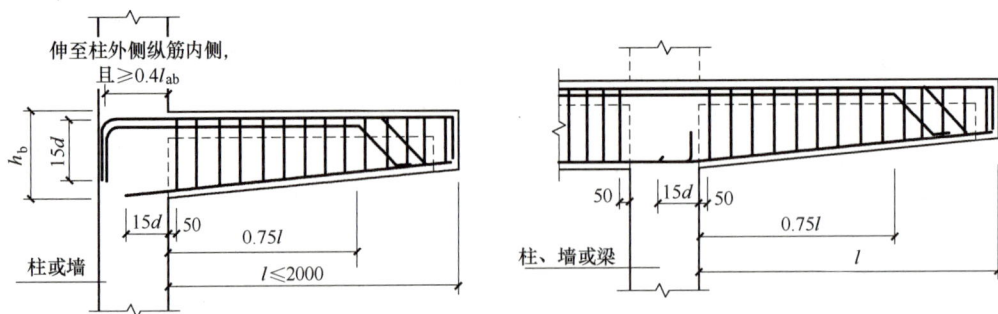

图 5-42 悬挑端配筋构造

项目总结

1. 掌握梁结构施工图中平面注写方式与截面注写方式所表达的内容。
2. 熟悉梁标准构造详图中各类钢筋的构造要求。
3. 能够准确识读工程图纸中梁的钢筋信息并进行计算分析。
4. 能够准确计算楼层框架梁及屋面框架梁中各类钢筋的长度。

思政提升

通过计算原理和计算方法的训练，培养学生解决问题的耐心、恒心以及协作配合，确立"团队意识"，同时贯穿"教中渗入、学中体会、做中践行"的三阶段课程思政，打造学生的职业规划能力和专业素养。

项目习题

一、单项选择题

1. 楼层框架梁的代号是（　　　）。

A. KL　　　　　　　B. WKL　　　　　　C. XL　　　　　　D. JZL

2. 梁平法施工图的平面表达方式包括（　　）方式和截面注写方式。

A. 列表注写　　　B. 集中标注　　　C. 原位标注　　　D. 平面注写

3. 梁上、下部纵筋全跨相同时，可在集中标注加注下部纵筋的配筋值，用（　　　）将上下部纵筋的配筋值分隔开来。

A. ＋　　　　　　　B. ；　　　　　　　C. ／　　　　　　D. ：

4. 梁中同排纵筋直径有两种时，用（　　　）将两种纵筋相连，标注时将角部纵筋写在前面。

A. ＊　　　　　　　B. ／　　　　　　　C. ＋　　　　　　D. ；

5. 当梁上部纵筋多余一排时，用（　　　）将各排钢筋自上而下分开。

A. ／　　　　　　　B. ；　　　　　　　C. ＊　　　　　　D. ＋

6. 梁高≤800mm 时，吊筋弯起角度为（　　　）。

A. 60°　　　　　　　B. 30°　　　　　　C. 45°　　　　　　D. 90°

7. 架立钢筋同支座负筋的搭接长度为（　　　）。

A. $15d$　　　　　B. $12d$　　　　　C. 150mm　　　　　D. 250mm

8. 一级抗震框架梁箍筋加密区判断条件是（　　　）。

A. $\max(1.5H_b, 500\text{mm})$　　　　　　B. $\max(2H_b, 500\text{mm})$

C. 1200mm　　　　　　　　　　　　　D. 1500mm

9. 梁有侧面钢筋时需要设置拉筋，当设计没有给出拉筋直径时，以下选项正确的是（　　　）。

A. 当梁高≤350mm 时为 6mm，梁高＞350mm 时为 8mm

B. 当梁高≤450mm 时为 6mm，梁高＞450mm 时为 8mm

C. 当梁宽≤350mm 时为 6mm，梁宽＞350mm 时为 8mm

D. 当梁宽≤450mm 时为 6mm，梁宽＞450mm 时为 8mm

10. 梁腹板高度大于等于（　　　）时，梁需要设置侧面纵向钢筋。

A. 600mm　　　　　B. 400mm　　　　　C. 450mm　　　　　D. 500mm

读者可扫描下方二维码获取更多试题资源。

梁钢筋工程识图

梁钢筋工程计算

二、判断题

1. 非框架梁的代号是 KZL。　　　　　　　　　　　　　　　　　　　　（　　　）

2. 梁平面注写方式中集中标注优先原则。　　　　　　　　　　　　　　（　　　）

3. 梁的原位标注包括梁支座上部纵筋、梁下部纵筋、附加箍筋或吊筋。　（　　　）

4. 当同排纵筋中既有通长筋又有架立筋时，应用"＋"将通长筋和架立筋相连，架立筋写在加号前面。　　　　　　　　　　　　　　　　　　　　　　　　（　　　）

5. 当梁下部纵筋注写为 6⌀25（－2）/4 表示梁下部纵筋分两排布置，上一排 2 根不伸入支座，下一排 4 根均伸入支座。　　　　　　　　　　　　　　　　　（　　　）

三、识图分析题

1. 识读图 1 所示楼层框架梁的标注内容，分析该梁需要计算的钢筋内容。

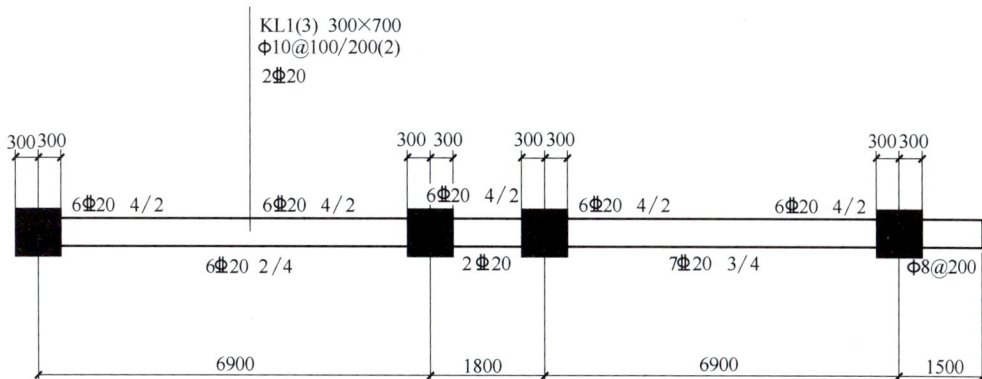

图 1

2. 识读图 2 所示楼层框架梁的标注内容，分析该梁需要计算的钢筋内容。

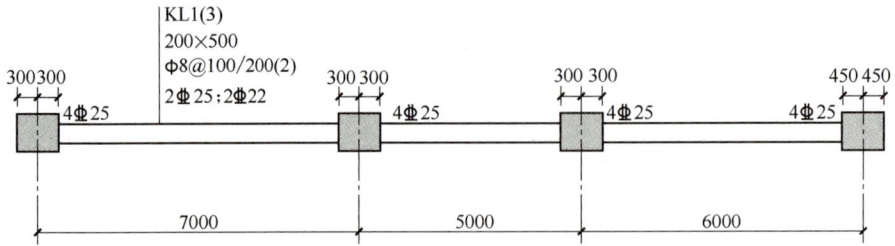

KL1(3)
200×500
Φ8@100/200(2)
2Φ25;2Φ22

300 300   4Φ25   300 300   4Φ25   300 300   4Φ25   450 450   4Φ25

7000   5000   6000

图 2

四、计算题

1. 如图 1 所示，已知工程抗震等级为二级，混凝土强度等级为 C30，梁柱的保护层厚度均为 30mm，箍筋算至外皮。计算该楼层框架梁的钢筋工程量。

2. 如图 3 所示，屋面框架梁，三级抗震，采用 HRB400 级钢筋，混凝土强度等级为 C30，梁、柱的保护层厚度均为 30mm，试计算该屋面框架梁的钢筋工程量（箍筋长度算至箍筋外皮）。

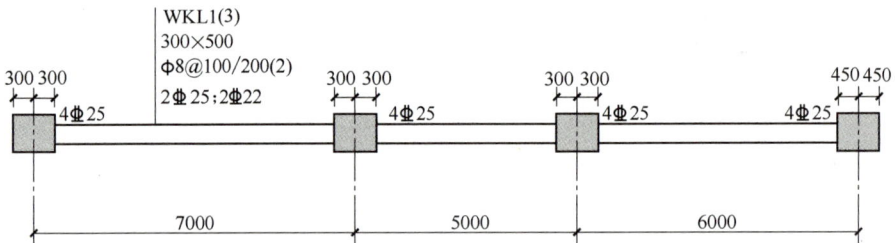

WKL1(3)
300×500
Φ8@100/200(2)
2Φ25;2Φ22

300 300   4Φ25   300 300   4Φ25   300 300   4Φ25   450 450   4Φ25

7000   5000   6000

图 3

项目6 板钢筋工程

思维导图

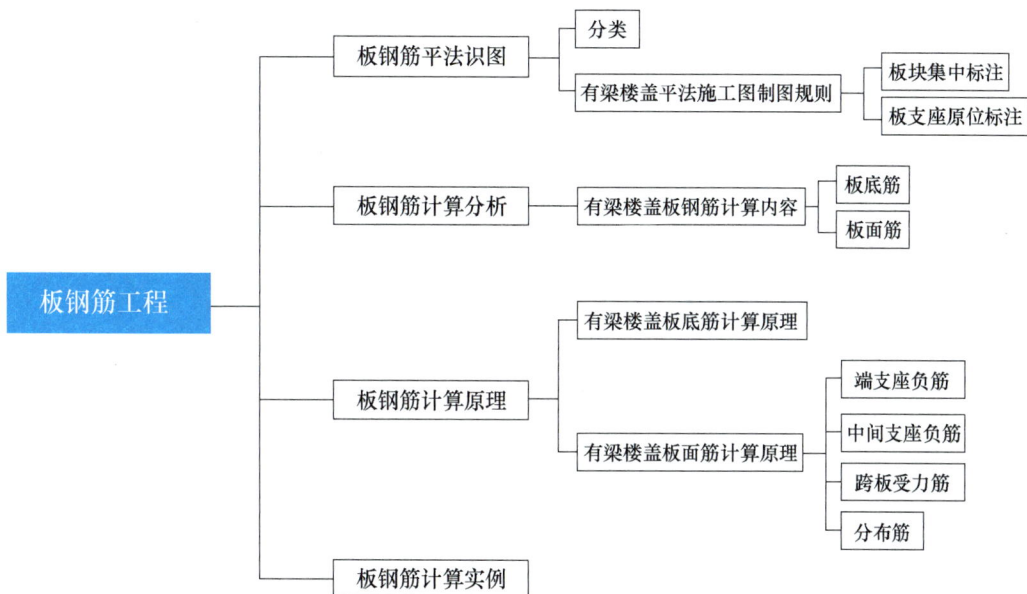

知识要点

通过本章的学习，熟悉 22G101 图集的相关内容；掌握板平法施工图制图规则中平面注写方式所表达的内容；掌握有梁楼盖标准构造详图中各类钢筋的构造要求；能够准确计算各种类型板钢筋的长度。

思政要点

通过板钢筋平法施工图识读，引导学生思考"规则"在专业领域的重要性，确立"规则意识"。以板钢筋的计算组成作为切入点，明确学生在未来岗位上的自我担当，确立"责任意识"。

任务 6.1 板钢筋平法识图

6.1.1 板的分类

板（用钢筋混凝土材料制成的板）是房屋建筑和各种工程结构中的基本结构构件，常用作屋盖、楼盖、平台、墙、挡土墙、基础、地坪、路面、水池等，应用范围极广。在工程中板可以按照施工方法不同分成现浇板和预制板，也可以按照板的力学特性分为悬挑板和楼板。

1. 按施工方法不同划分

按照施工方法不同，板可以分为现浇板和预制板。

（1）现浇板（XB）

现浇板能增强房屋的整体性及抗震性，具有较大的承载力，同时在隔热、隔声、防水等方面也具有一定的优势。现浇板又可以分为有梁楼盖和无梁楼盖两大类，如图 6-1 所示。

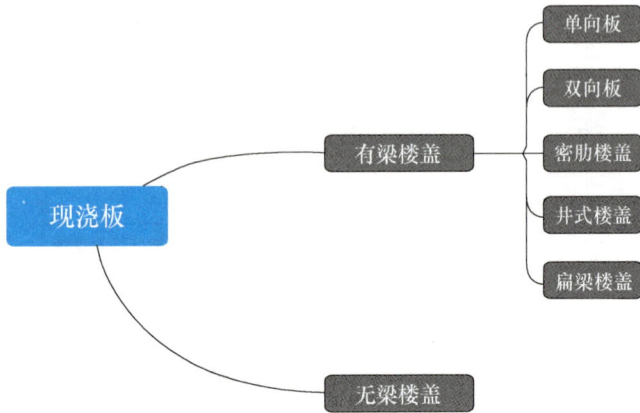

图 6-1　现浇板的分类

1）有梁楼盖

① 单向板，如图 6-2 所示，单向板是在一个方向上布置受力钢筋，在另一个方向上布置分布筋的板，并且板的长边与短边长度之比大于或等于 3 时，沿短边方向布置受力钢筋。

② 双向板，如图 6-3 所示，双向板是在两个方向均布置受力钢筋，且板的长边与短边长度之比小于 3。

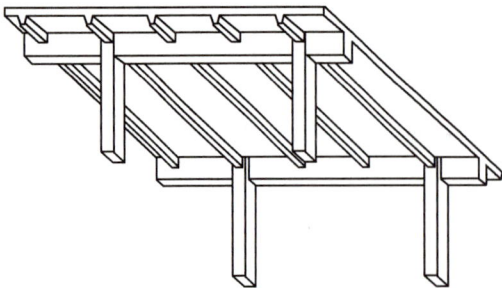

图 6-2　单向板

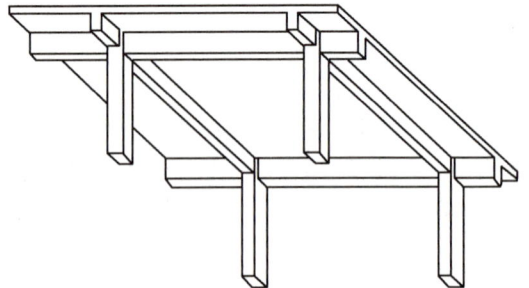

图 6-3　双向板

③ 密肋楼盖，如图 6-4 所示，密肋楼盖是由薄板和间距较小的肋梁组成。

④ 井式楼盖，如图 6-5 所示，井式楼盖两个方向梁的高度相等，而且同位相交。梁布置成井字形，两个方向的梁不分主梁和次梁，共同直接承受板传来的荷载，板为双向板。

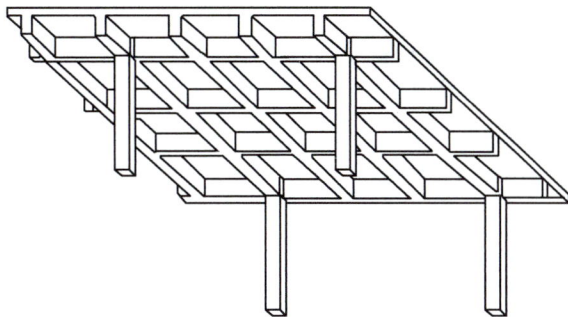

图 6-4　密肋楼盖

⑤ 扁梁楼盖，如图 6-6 所示。

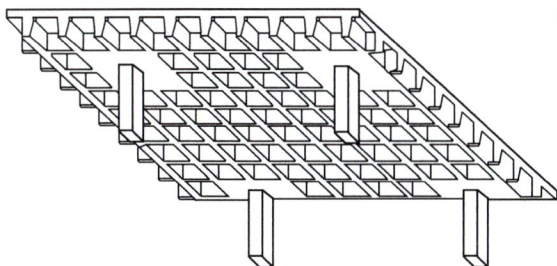

图 6-5　井式楼盖

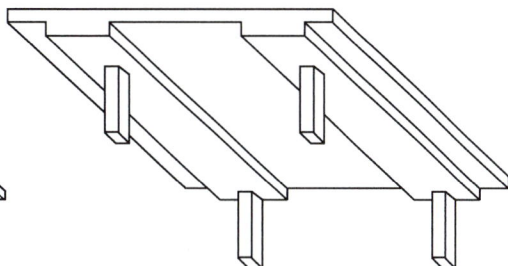

图 6-6　扁梁楼盖

2）无梁楼盖

如图 6-7 所示，无梁楼盖是一种不设梁、楼板直接支承在柱上、楼面荷载直接通过柱子传至基础的板柱结构体系。无梁楼盖通常用于多层的工业与民用建筑中，如商场、冷藏库、仓库等。

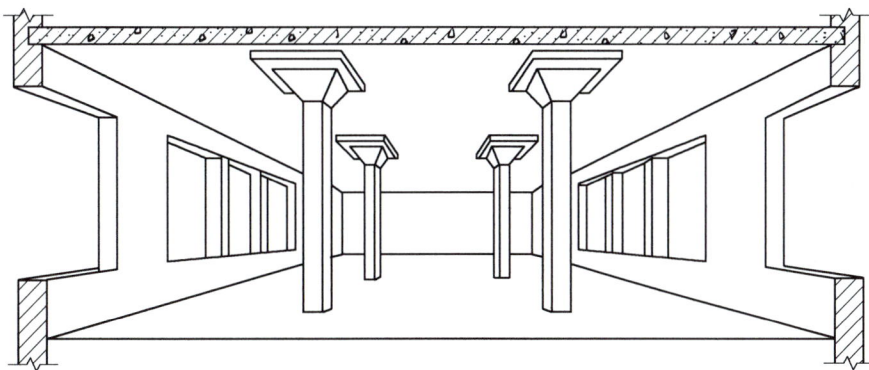

图 6-7　无梁楼盖板

（2）预制板（YB）

预制板是在工厂加工成型后直接运到施工现场进行安装的板。预制板又可分为平板、空心板和槽形板三大类，如图 6-8 所示。

1）平板，如图 6-9 所示。

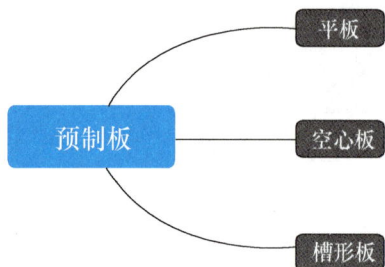

图 6-8 预制板的分类

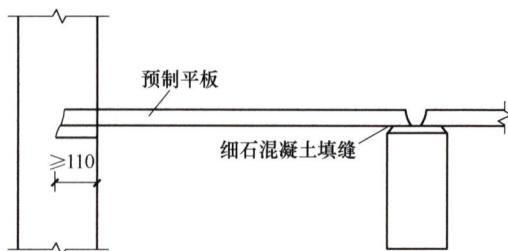

图 6-9 平板

2）空心板，如图 6-10 所示，将板的横截面做成空心的称为空心板。空心板较同跨径的实心板重量轻，运输安装方便，建筑高度又较同跨径的 T 梁小，因此小跨径桥梁中使用较多。

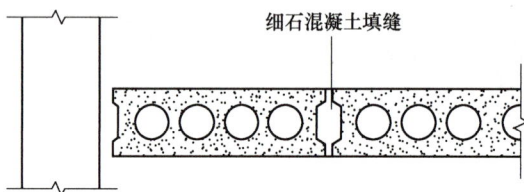

图 6-10 空心板

3）槽形板，如图 6-11 所示。

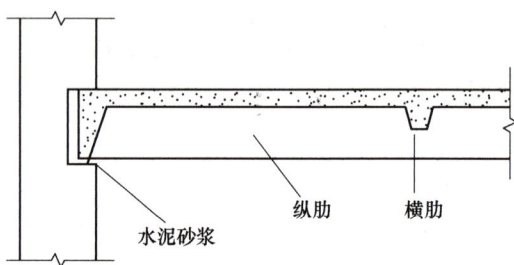

图 6-11 槽形板

2. 按板的力学特性分类

按板的受力情况分类，可以分为悬挑板和楼板两大类，如图 6-12 所示。

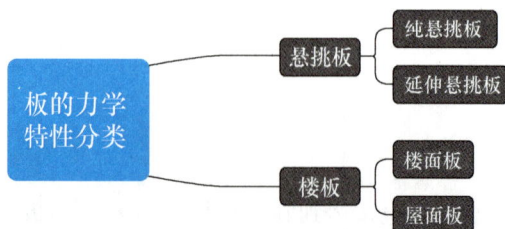

图 6-12 板的力学特性分类

（1）悬挑板（XB）

悬挑板是由一面支承的板。根据受力点不同，又可分为纯悬挑板和延伸悬挑板两种。

1）纯悬挑板。纯悬挑板是单独的一块悬挑板，即从梁挑出的板。如雨篷的悬挑板，如图 6-13 所示。

2）延伸悬挑板。延伸悬挑板通常是和室内楼板连在一起的，梁仅是一个支点而已，如阳台的悬挑板，如图 6-14 所示。

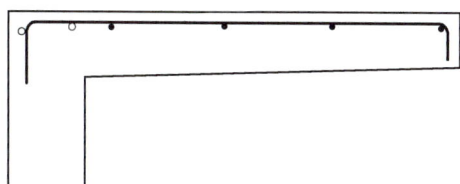

（仅上部配筋）

图 6-13　纯悬挑板

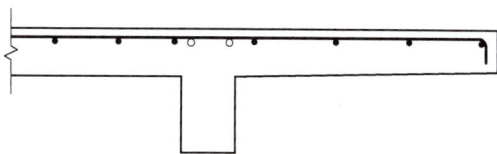

（仅上部配筋）

图 6-14　延伸悬挑板

（2）楼板（LB）

楼板是由两面或四面支承的板。根据楼板所处的位置不同，又可分为楼面板和屋面板两种，如图 6-15 所示。

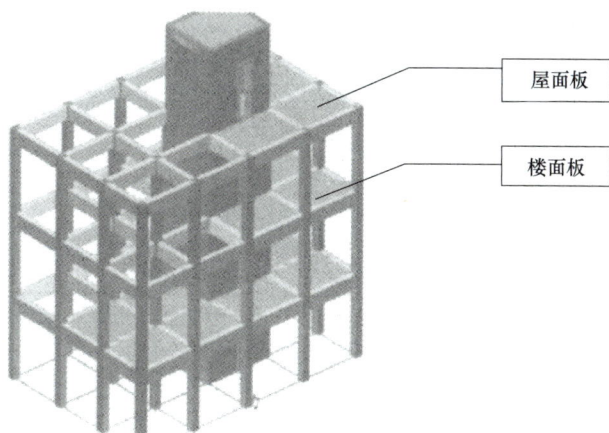

屋面板

楼面板

图 6-15　楼面板和屋面板

1）楼面板。楼面板是一种分隔承重构件。楼板层中的承重部分将房屋垂直方向分隔为若干层。

2）屋面板。屋面板是指建筑物顶部位置的板，直接承受屋面荷载。

6.1.2　有梁楼盖平法施工图制图规则

1. 有梁楼盖平法施工图的表示方法

有梁楼盖的制图规则适用于以梁（墙）为支座的楼面与屋面板平法施工图设计。

有梁楼盖平法施工图，是指在楼面板和屋面板布置图上，采用平面注写的表达方式。板平面注写主要包括板块集中标注和板支座原位标注，如图 6-16 所示。

为方便设计表达和施工识图，规定结构平面的坐标方向为：

（1）当两向轴网正交布置时，图面从左至右为 x 向，从下至上为 y 向。

（2）当轴网转折时，局部坐标方向顺轴网转折角度做相应转折。

（3）当轴网向心布置时，切向为 x 向，径向为 y 向。

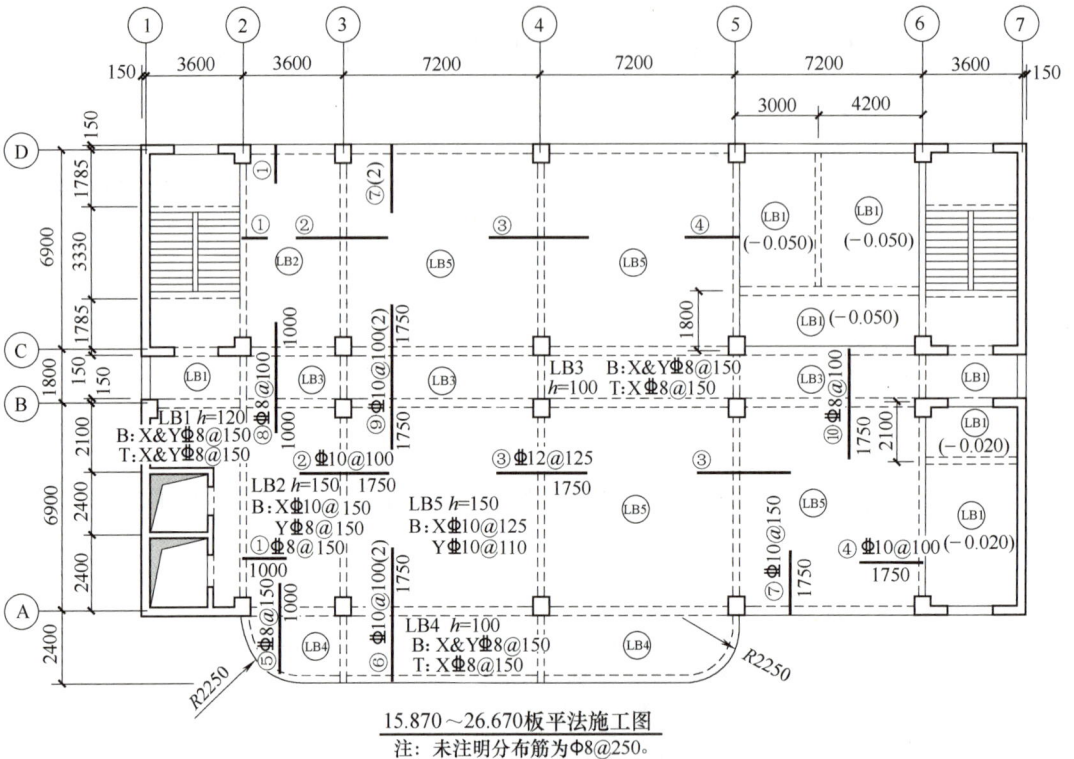

15.870～26.670板平法施工图
注：未注明分布筋为Φ8@250。

图 6-16　板平法施工图

2. 板块集中标注

板块集中标注的内容为：板块编号、板厚、上部贯通纵筋、下部纵筋，以及当板面标高不同时的标高高差。

（1）板块编号按表 6-1 的规定。

板块编号　　　　　　　表 6-1

板类型	代号	序号
楼面板	LB	××
屋面板	WB	××
悬挑板	XB	××

（2）板厚注写为 $h=×××$（为垂直于板面的厚度）；当悬挑板的端部改变截面厚度时，用斜线分隔根部与端部的高度值，注写为 $h=×××/×××$；当设计已在图注中统一注明板厚时，此项可不注。

（3）纵筋按板块的下部纵筋和上部贯通纵筋分别注写（当板块上部不设贯通纵筋时则不注），并以 B 代表下部纵筋，以 T 代表上部贯通纵筋，B&T 代表下部与上部；x 向纵筋以 X 打头，y 向纵筋以 Y 打头，两向纵筋配置相同时则以 X&Y 打头。

当为单向板时，分布筋可不必注写，而在图中统一注明。

当纵筋采用两种规格钢筋"隔一布一"方式时，表达为，xx/yy@×××，表示直径为 xx 的钢筋和直径为 yy 的钢筋间距相同，两者组合后的实际间距为×××。直径 xx 的钢筋的间距为×××的 2 倍，直径 yy 的钢筋的间距为×××的 2 倍。

B：XΦ10/12@100；YΦ10@110，表示板下部配置的纵筋 x 向为Φ10、Φ12 隔一布一，Φ10 与Φ12 之间的间距为 100mm；y 方向为Φ10 间距是 110mm。

（4）板面标高高差，系指相对于结构层楼面标高的高差，应将其注写在括号内，且有高差则注，无高差不注。

【例 6-1】　识读如图 6-17 所示板的集中标注内容，说明这块板的具体内容。

解： 5 号楼面板，板厚为 110mm；

板下部 x 方向的贯通筋为Φ12@120，直径 12mm，间距 120mm；

板下部 y 方向的贯通筋为Φ10@100，直径 10mm，间距 100mm。

3. 板支座原位标注

板支座原位标注的内容：板支座上部非贯通纵筋和悬挑板上部受力钢筋。板支座原位标注的钢筋，应在配置相同跨的第一跨表达（当在悬挑部位单独配置时则在原位表达）。在配置相同跨第一跨（或梁悬挑部位），垂直于板支座（梁或墙）绘制一段适宜长度的中粗实线，以该线段代表支座上部非贯通纵筋，并在线段上方注写钢筋编号、配筋值、横向连续布置的跨数（注写在括号内，当为一跨时可不注），以及是否横向布置到梁的悬挑端，具体内容见表 6-2。

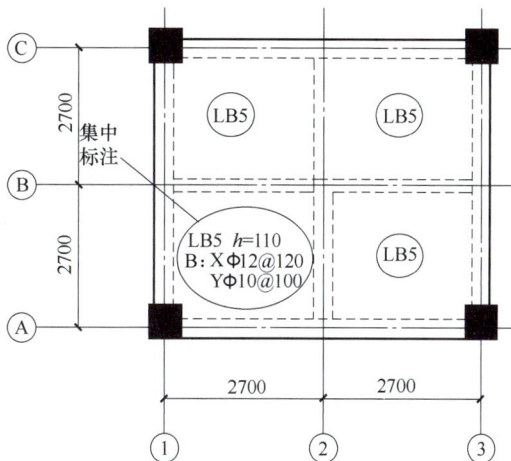

图 6-17　楼面板的集中标注示意图

表 6-2 板支座原位标注

支座原位标注	说明	图示
板支座上部非贯通纵筋单侧布置	板支座上部非贯通筋自支座边向跨内的伸出长度，注写在线段的下方位置 ①号的上部非贯通纵筋，规格和间距为Φ8@150，从梁中线向跨内的延伸长度为 1000mm	

续表

支座原位标注	说明	图示
板支座上部非贯通筋双侧布置（向支座两侧对称延伸）	当中间支座上部非贯通纵筋向支座两侧对称伸出时，可仅在支座一侧线段下方标注伸出长度，另一侧不注 ②号的上部非贯通纵筋，规格和间距为Φ12@120，从梁边向左侧跨内的延伸长度为1800mm；因为两侧上部非贯通筋纵筋的右侧没有尺寸标注，即自梁边向右侧跨内的延伸长度也是1800mm	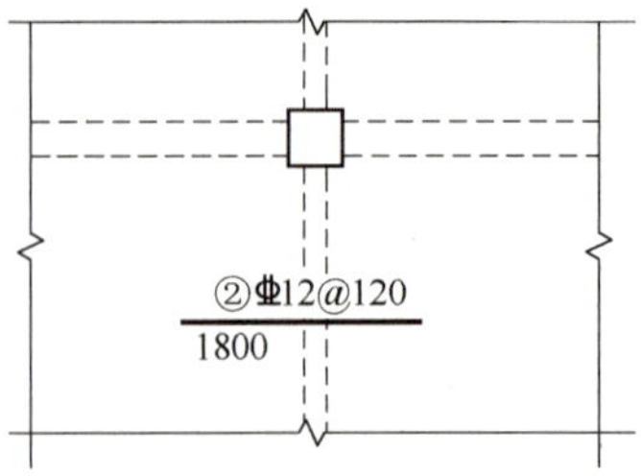 ②Φ12@120 1800
板支座上部非贯通筋双侧布置（向支座两侧对称延伸）	当中间支座上部非贯通纵筋向支座两侧非对称伸出时，应分别在支座两侧线段下方注写伸出长度 ③号的上部非贯通纵筋，规格和间距为Φ12@120，从梁边向左侧跨内的延伸长度为1800mm；从梁边向右侧跨内的延伸长度为1400mm	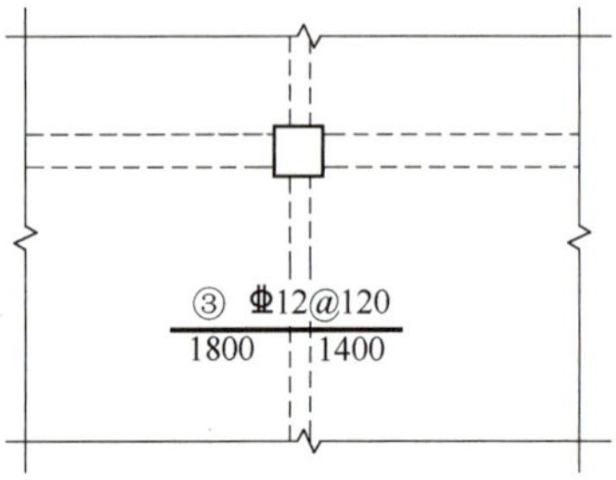 ③ Φ12@120 1800 1400
板支座上部非贯通筋贯通全悬挑	对线段画至对边贯通全悬挑长度的上部通长纵筋，伸出至全悬挑一侧的长度值不注，只注明非贯通筋另一侧的伸出长度值 ⑤号的上部非贯通纵筋，规格和间距为Φ10@100，⑤号钢筋水平长度＝跨内延伸长度2000mm＋梁宽＋悬挑板的挑出长度－保护层厚度	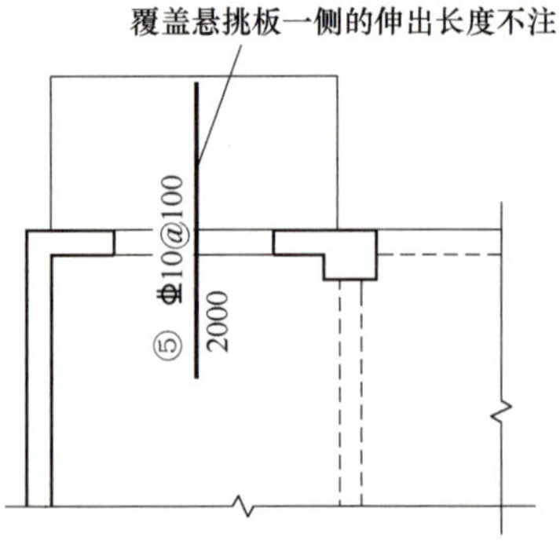 覆盖悬挑板一侧的伸出长度不注 ⑤ Φ10@100 2000
板支座上部非贯通筋贯通全跨	对线段画至对边贯通全跨的上部通长纵筋，贯通全跨一侧的长度值不注，只注明非贯通筋另一侧的伸出长度值 ③号的上部非贯通纵筋，规格和间距为Φ10@100，③号钢筋水平长度＝跨内延伸长度1950mm＋梁宽＋贯通跨净跨长	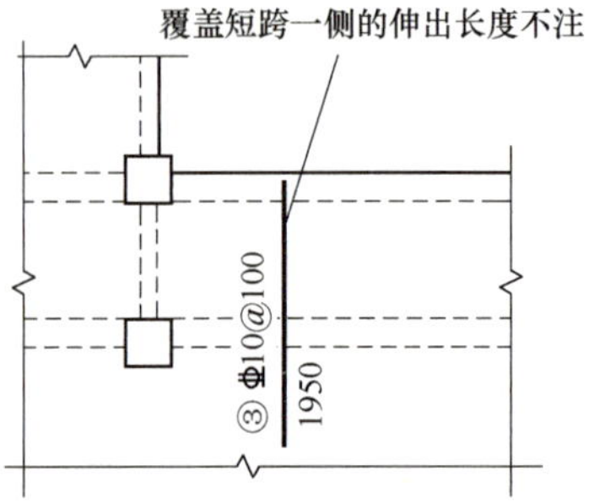 覆盖短跨一侧的伸出长度不注 ③ Φ10@100 1950

【例6-2】 识读如图6-18所示板的标注内容，说明这块板的具体内容。

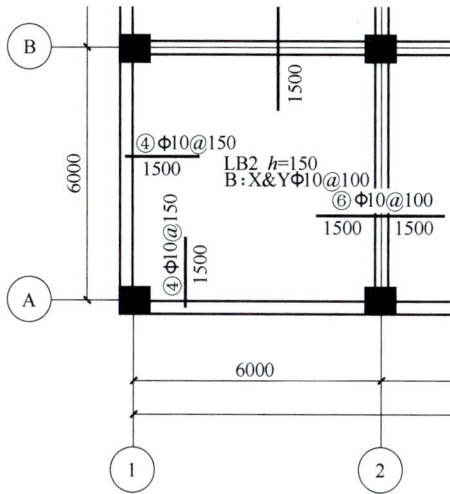

图 6-18　2 号楼面板

解：LB2 $h=150$ 表示 2 号楼面板，板厚 150mm；

B：X&Y Φ10@100 表示板下部配置贯通钢筋双向均为直径 10mm，间距 100mm；

④号筋 Φ10@150 表示在Ⓐ轴和①轴支座上均配置有直径 10mm、间距 150mm 的非贯通筋，该钢筋自支座边向跨内伸出的长度为 1500mm；

⑥号筋 Φ10@100 表示在②轴支座上配置有直径 10mm，间距 100mm 的非贯通筋，该钢筋自支座边向两侧跨内伸出的长度均为 1500mm。

注：分布钢筋实际工程请参考结构设计说明或当页图纸说明。

任务 6.2　板钢筋计算分析

6.2.1　有梁楼盖钢筋计算内容

有梁楼盖钢筋的计算内容如图 6-19 所示。

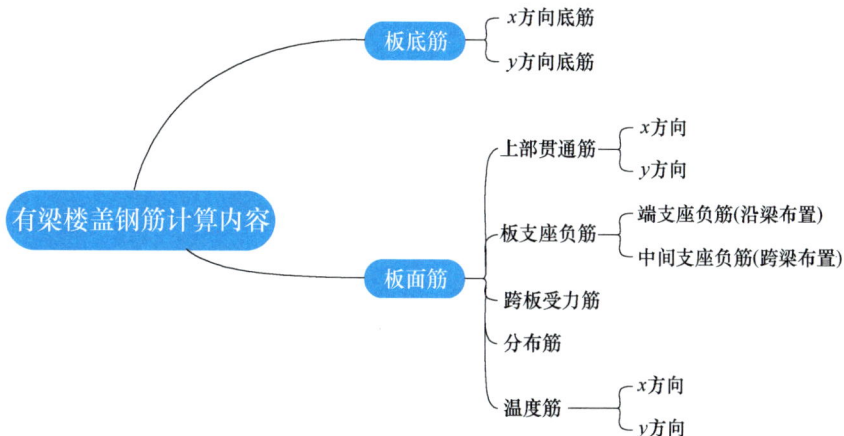

图 6-19　板钢筋计算内容

6.2.2 有梁楼盖钢筋计算分析

以图 6-20 所示楼面板为例，按照板平法施工图制图规则要求以及板内需要计算的钢筋内容，分析该板可知，2 号楼面板，板厚 150mm，该板需要计算的钢筋内容如图 6-21 所示。

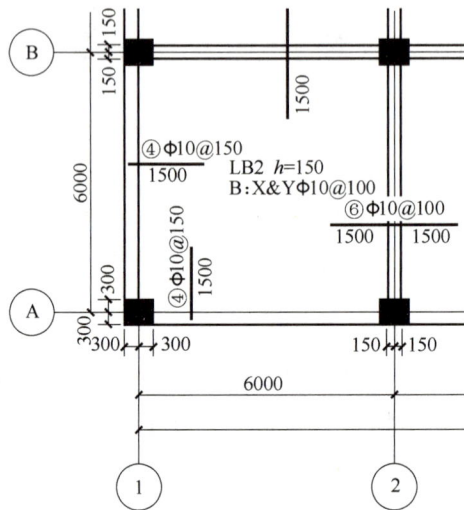

图 6-20 楼面板示例

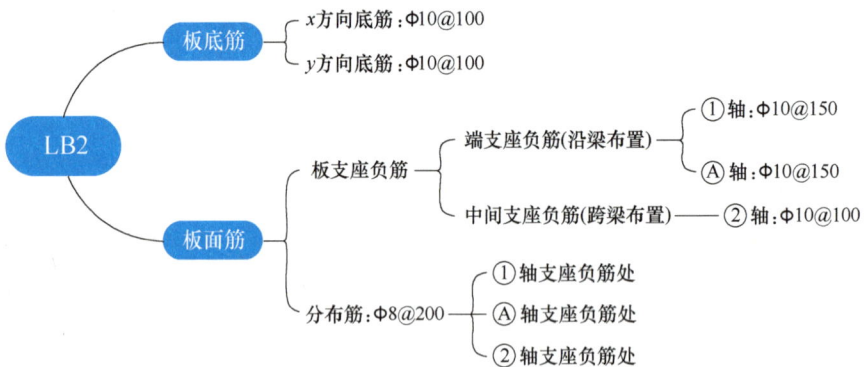

图 6-21 LB2 钢筋计算分析

任务 6.3 板钢筋计算原理

1. 有梁楼盖板底筋计算

楼面板和屋面板的钢筋构造如图 6-22 所示。

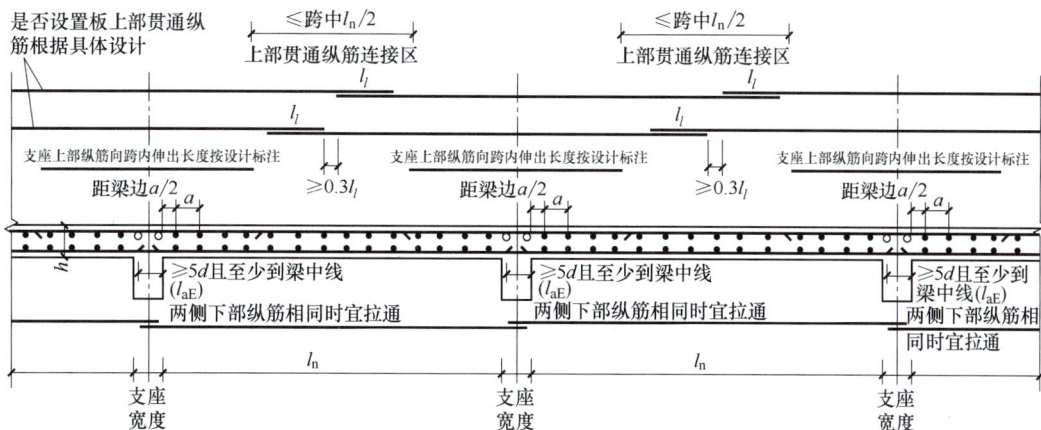

图 6-22　有梁楼盖楼面板和屋面板钢筋构造

（1）板底筋计算

基本原理：单根长度×根数

1）板底筋单根长度计算

如图 6-23 所示，板底筋单根长度计算公式如下：

$$L = x \text{ 方向}(y \text{ 方向})\text{净跨长} + \text{左支座锚固} + \text{右支座锚固}$$

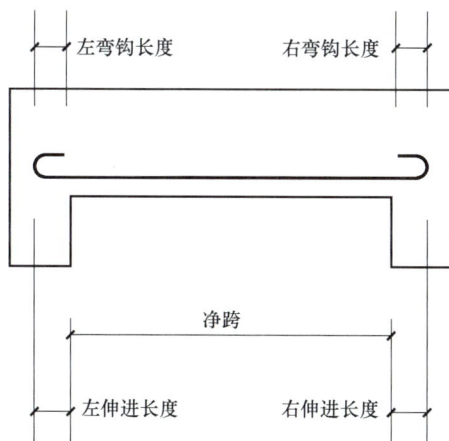

图 6-23　板底筋单根长度示意图

当采用 HPB300 级钢筋时，端部需增加弯钩，取值为 $6.25d$。

2）左、右支座锚固长度

板的支座可以是梁和剪力墙，具体锚固要求如表 6-3 所示。

板底筋伸入不同支座的锚固要求 表 6-3

板钢筋端部锚固构造	钢筋构造要点	计算公式
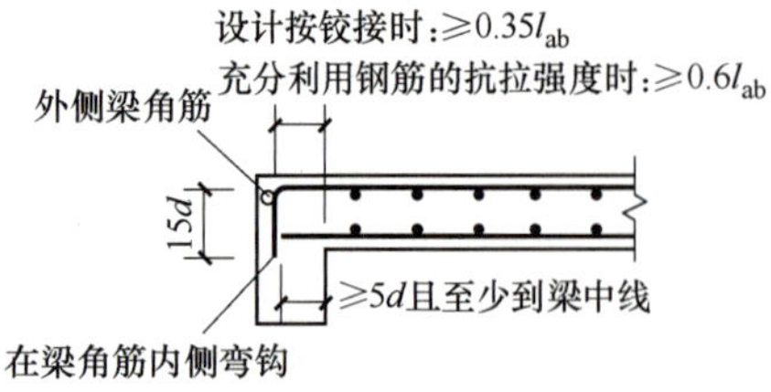 设计按铰接时：≥0.35l_{ab} 充分利用钢筋的抗拉强度时：≥0.6l_{ab} 外侧梁角筋 15d ≥5d且至少到梁中线 在梁角筋内侧弯钩 (a) 普通楼屋面板 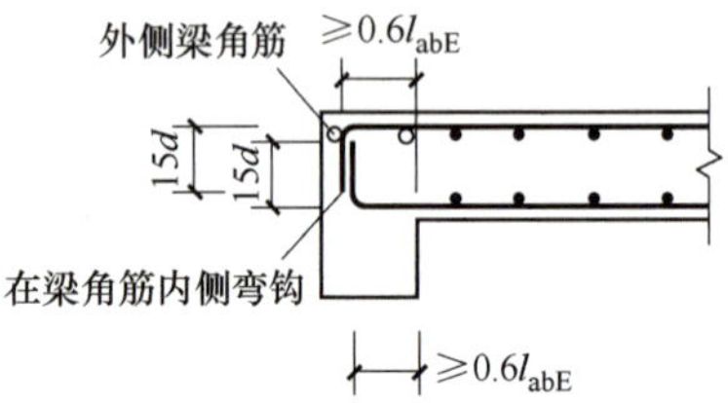 外侧梁角筋 ≥0.6l_{abE} 15d 15d 在梁角筋内侧弯钩 ≥0.6l_{abE} (b) 梁板式转换层的楼面板	端支座为梁： ①板底筋在支座的锚固长度：max(5d，梁宽/2)； ②梁板式转换层的板，板底筋在支座的锚固长度： ≥0.6l_{abE}+15d	普通楼屋面板底筋计算公式： $L=x$ 方向(y 方向)净跨长＋max(5d，左梁宽/2)＋max(5d，右梁宽/2)
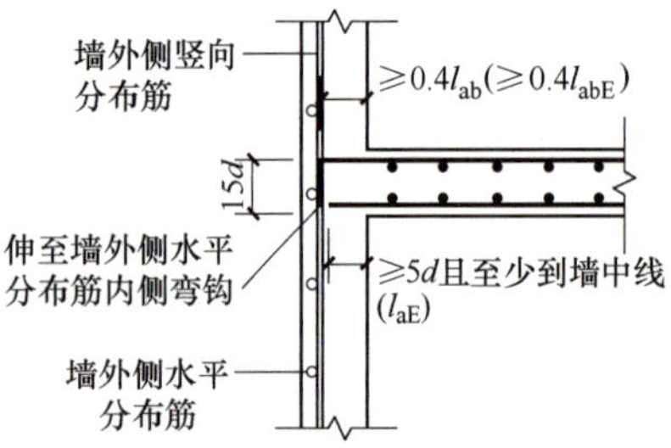 墙外侧竖向分布筋 ≥0.4l_{ab}(≥0.4l_{abE}) 15d 伸至墙外侧水平分布筋内侧弯钩 ≥5d且至少到墙中线(l_{aE}) 墙外侧水平分布筋 (a) 端支座为剪力墙中间层 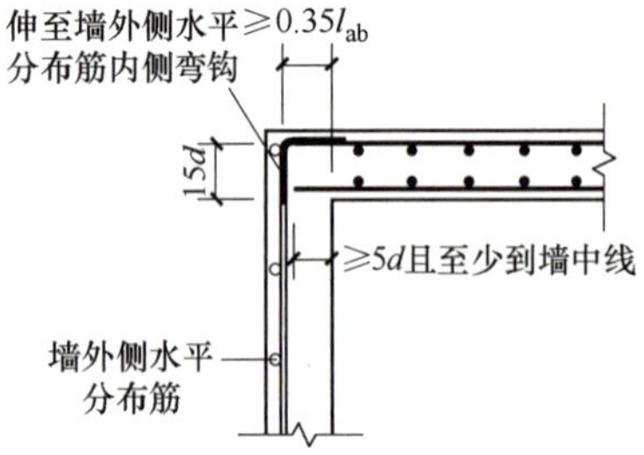 伸至墙外侧水平分布筋内侧弯钩 ≥0.35l_{ab} 15d ≥5d且至少到墙中线 墙外侧水平分布筋 (b) 端支座为剪力墙墙顶 (板端按铰接设计)	端支座为剪力墙中间层、剪力墙墙顶(按铰接设计)： ①板底筋在支座的锚固长度：max(5d，墙厚/2)； ②梁板式转换层的板，板底筋在支座的锚固长度：l_{aE}	普通楼屋面板底筋计算公式： $L=x$ 方向(y 方向)净跨长＋max(5d，左墙厚/2)＋max(5d，右墙厚/2)

注：梁板式转换层的板中出现的 l_{abE}、l_{aE} 按抗震等级四级取值，设计时也可根据实际情况另行指定。

3）板底筋根数计算

如图 6-24 所示，板底筋根数计算公式：

$$N=[y\ 方向(x\ 方向)净跨长－1/2\ 板筋间距×2]÷板筋间距＋1$$

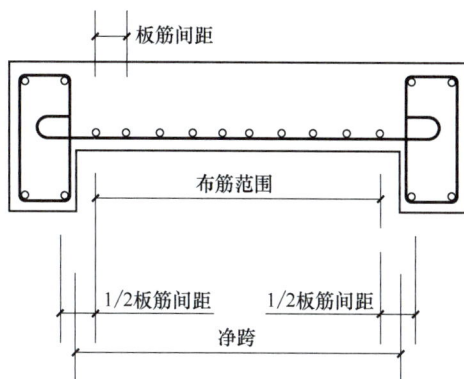

图 6-24　板底筋根数计算图

（2）板底筋计算实例

【例 6-3】 如图 6-20 所示，楼面板 LB2，三级抗震，采用 HPB300 的钢筋，混凝土强度等级为 C30，梁的保护层厚度为 30mm，板的保护层厚度为 15mm，试求板底筋的长度及重量（Φ10 理论重量：0.617kg/m）。

解： LB2 板底筋计算过程见表 6-4。

LB2 板底筋计算过程　　　　　　　　　　　　　　　　　　　　表 6-4

计算的基础资料	x、y 方向的底筋均为 Φ10@100，梁保护层厚度为 30mm，板保护层厚度为 15mm，梁宽均为 300mm
x 方向 Φ10@100	支座锚固长度：$\max(5 \times 10, 300/2) = 150\text{mm}$ $L = (6 - 0.15) + 2 \times 0.15 + 2 \times 6.25 \times 0.01 = 6.275\text{m}$ $N = (6 - 0.15 - 0.1/2 \times 2) \div 0.1 + 1 = 59$ 根
y 方向 Φ10@100	支座锚固长度：$\max(5 \times 10, 300/2) = 150\text{mm}$ $L = (6 - 0.15) + 2 \times 0.15 + 2 \times 6.25 \times 0.01 = 6.275\text{m}$ $N = (6 - 0.15 - 0.1/2 \times 2) \div 0.1 + 1 = 59$ 根
板底筋重量	$T = 6.275 \times 59 \times 2 \times 0.617 \times 10^{-3} = 0.457\text{t}$

2. 有梁楼盖板面筋计算

（1）上部贯通筋计算

基本原理：单根长度×根数

1）板上部贯通筋单根长度计算

如图 6-25 所示，板上部贯通筋计算如下：

$L =$ 左支座锚固＋净跨长＋右支座锚固

当采用 HPB300 级钢筋时端部需增加弯钩，取值为 $6.25d$。

板的支座可以是梁和剪力墙，具体端支座锚固长度如表 6-5 所示。

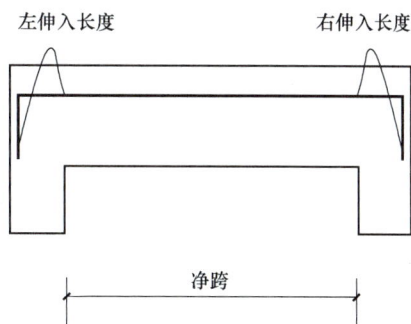

图 6-25　板上部贯通筋

板端支座负筋伸入不同支座的锚固要求 表 6-5

板上部贯通筋端支座锚固构造	钢筋构造要点	计算公式
设计按铰接时:≥0.35l_{ab} 充分利用钢筋的抗拉强度时:≥0.6l_{ab} 外侧梁角筋 15d ≥5d且至少到梁中线 在梁角筋内侧弯钩 端支座为梁(普通楼屋面板)	端支座为梁(普通楼屋面板): ①平直段长度≥l_a时,可直锚,直锚长度l_a; ②板端支座负筋的弯锚长度:伸到梁外侧角筋内侧弯钩; ③弯锚的平直段长度:设计按铰接时,"≥0.35l_{ab}",充分利用钢筋的抗拉强度时,"≥0.6l_{ab}"	计算公式:(弯锚且铰接) 锚固长度=平直段长度+15d 平直段长度=max(0.35l_{ab},梁宽−保护层厚度−梁角筋直径)
墙外侧竖向分布筋 ≥0.4l_{ab}(≥0.4l_{abE}) 15d 伸至墙外侧水平分布筋内侧弯钩 ≥5d且至少到墙中线(l_{aE}) 墙外侧水平分布筋 端支座为剪力墙中间层	端支座为剪力墙中间层: ①平直段长度≥l_a时,可直锚,直锚长度l_a; ②板端支座负筋的弯锚长度:伸到墙外侧水平分布筋的内侧弯钩; ③弯锚的平直段长度:"≥0.4l_{ab}"	计算公式:(弯锚) 锚固长度=平直段长度+15d 平直段长度=max(0.4l_{ab},墙宽−保护层厚度−墙外侧水平分布筋直径)
伸至墙外侧水平分布筋内侧弯钩 ≥0.35l_{ab} 15d ≥5d且至少到墙中线 墙外侧水平分布筋 (1)板端按铰接设计时 伸至墙外侧水平分布筋内侧弯钩 ≥0.6l_{ab} 15d ≥5d且至少到墙中线 墙外侧水平分布筋 (2)板端上部纵筋按充分利用钢筋的抗拉强度时 (b)端部支座为剪力墙顶 l_l 15d ≥5d且至少到墙中线 且伸至板底 墙外侧水平分布筋 (3)搭接连接 端支座为剪力墙墙顶	端支座为剪力墙墙顶: ①平直段长度≥l_a时,可直锚,直锚长度l_a; ②板端支座负筋的弯锚长度:伸到墙外侧水平分布筋的内侧弯钩; ③弯锚的平直段长度:设计按铰接时,"≥0.35l_{ab}",充分利用钢筋的抗拉强度时,"≥0.6l_{ab}"	计算公式:(弯锚且铰接) 锚固长度=平直段长度+15d 平直段长度=max(0.35l_{ab},梁宽−保护层厚度−墙外侧水平分布筋直径)

注:板端部支座为剪力墙墙顶时,图(1)~图(3)做法由设计指定。

2）板上部贯通筋根数计算

板上部贯通筋根数计算与板底筋根数计算原理一致。

（2）负筋及分布筋计算

基本原理：单根长度×根数

1）板端支座负筋单根长度计算

如图 6-26 所示，板端支座负筋计算如下：

$L=$ 端支座锚固长度＋板内净长＋弯折长度

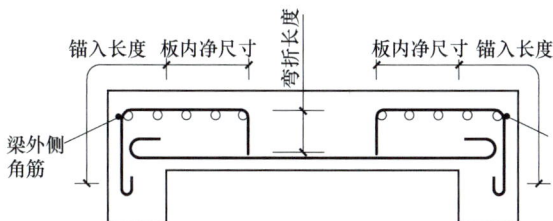

图 6-26　板端支座负筋

板内净长按设计标注计算。

弯折长度＝板厚－2×板保护层厚度

当采用 HPB300 级钢筋时端部需增加弯钩，取值为 $6.25d$。

端支座锚固长度与板上部贯通筋端支座锚固长度计算原理一致。

2）板中间支座负筋单根长度计算

如图 6-27 所示，板中间支座负筋计算如下：

$L=$ 水平长度＋弯折长度×2

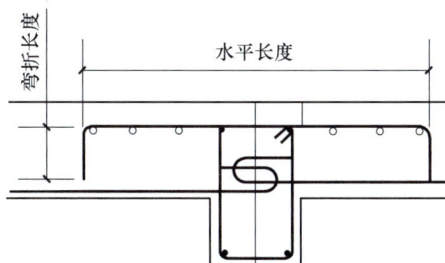

图 6-27　板中间支座负筋

水平长度按设计标注计算。

弯折长度＝板厚－2×板保护层厚度

3）板负筋根数计算

板负筋根数计算与板底筋根数计算原理一致。

4）板负筋分布筋计算

基本原理：单根长度×根数

如图 6-28 所示，负筋分布筋的计算如下：

单根长度 $L=$ 两端支座负筋间净距＋2×150mm

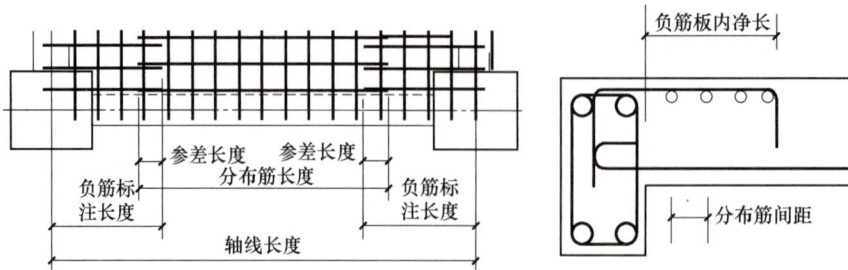

图 6-28　负筋分布筋

根数 N＝负筋板内净长/分布筋间距

5）板负筋计算实例

【例 6-4】　如图 6-20 所示，楼面板 LB2，三级抗震，采用 HPB300 级的钢筋，设计铰接，混凝土强度等级为 C30，梁的保护层厚度为 30mm，梁角筋为 Φ 25，板的保护层厚度为 15mm，分布筋为 Φ8@200。试求①轴、②轴板支座负筋的长度及重量（Φ10 理论重量：0.617kg/m，Φ8 理论重量：0.395kg/m）。

解：LB2 板负筋计算过程见表 6-6。

LB2 板负筋计算过程　　　　　　　　　　　　　　　　　　　　　　　表 6-6

计算的基础资料	梁保护层厚度为 30mm，板保护层厚度为 15mm，梁宽均为 300mm。$l_a=l_{ab}=30d$，梁角筋直径 25mm
①轴端支座负筋 Φ10@150	锚固判断：$h_c-c=300-30=270\text{mm}<30d=300\text{mm}$，弯锚 弯锚长度：$\max(0.35l_{ab}, h_c-c-D)+15d=0.245+15\times0.01=0.395\text{m}$ 弯折长度：$0.15-0.015\times2=0.12\text{m}$ 单根长度：$L=6.25\times0.01+0.395+1.5+0.12=2.078\text{m}$ 根数：$N=(6-0.15-0.15/2\times2)\div0.15+1=39$ 根
负筋分布筋 Φ8@200	单根长度：$L=6-0.15-1.5\times2+0.15\times2=3.15\text{m}$ 根数：$N=1.5\div0.2=8$ 根
②轴中间支座负筋 Φ10@100	单根长度：$L=1.5\times2+0.3+2\times0.12=3.54\text{m}$ 根数：$N=(6-0.15-0.15/2\times2)\div0.1+1=58$ 根
负筋分布筋 Φ8@200	单根长度：$L_左=L_右=6-0.15-1.5\times2+0.15\times2=3.15\text{m}$ 根数：$N_左=N_右=1.5\div0.2=8$ 根
板负筋重量	$T=(2.078\times39+3.54\times58)\times0.617\times10^{-3}=0.177\text{t}$
负筋分布筋重量	$T=3.15\times(8+8\times2)\times0.395\times10^{-3}=0.030\text{t}$

（3）温度筋计算

温度筋是防止构件由于温差较大时产生裂缝而设置的，一般布设在屋面板内，如图 6-29 所示。

温度筋长度：

$L=x$ 方向（y 方向）净长－左、右（上、下）负筋板内净长＋150mm×2

温度筋根数：

$N=[y$ 方向（x 方向）净长－上、下（左、右）负筋板内净长]/温度筋间距－1

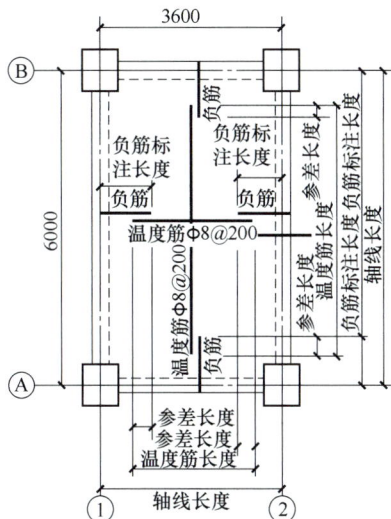

图 6-29　温度筋

任务 6.4　板钢筋计算实例

【例 6-5】　如图 6-30 所示，屋面板 WB2，三级抗震，采用 HPB300 级的钢筋，设计铰接，混凝土强度等级为 C30，梁的保护层厚度为 30mm，梁角筋为Φ25，板的保护层厚度为 15mm，分布筋为Φ8@200。试计算该屋面板的钢筋（Φ10 理论重量：0.617kg/m，Φ8 理论重量：0.395kg/m）。

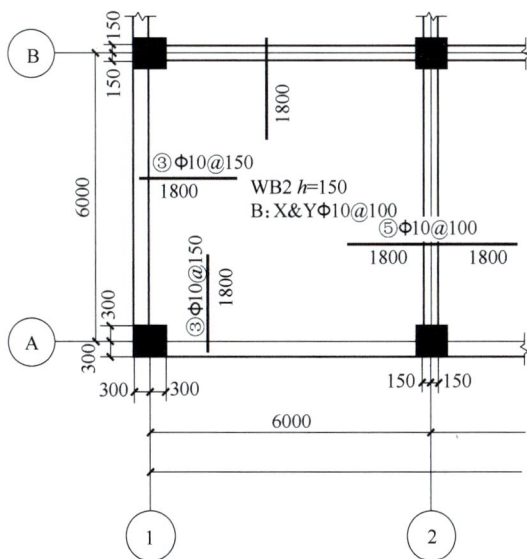

图 6-30　WB2

解： WB2 钢筋计算过程见表 6-7。

WB2 钢筋计算过程 表 6-7

计算的基础资料	梁保护层厚度为 30mm,板保护层厚度为 15mm,梁宽均为 300mm,$l_a=l_{ab}=30d$,梁角筋直径 25mm
x 方向 $\Phi 10@100$	支座锚固长度:$\max(5\times10,300/2)=150$mm $L=(6-0.15)+2\times0.15+2\times6.25\times0.01=6.275$m $N=(6-0.15-0.1/2\times2)\div0.1+1=59$ 根
y 方向 $\Phi 10@100$	支座锚固长度:$\max(5\times10,300/2)=150$mm $L=(6-0.15)+2\times0.15+2\times6.25\times0.01=6.275$m $N=(6-0.15-0.1/2\times2)\div0.1+1=59$ 根
①轴端支座负筋 $\Phi 10@150$	锚固判断:$h_c-c=300-30=270$mm$<30d=300$mm,弯锚 弯锚长度:$\max(0.35l_{ab},h_c-c-D)+15d=0.245+15\times0.01=0.395$m 弯折长度:$0.15-0.015\times2=0.12$m 单根长度:$L=6.25\times0.01+0.395+1.8+2\times0.12=2.498$m 根数:$N=(6-0.15-0.15/2\times2)\div0.15+1=39$ 根
负筋分布筋 $\Phi 8@200$	单根长度:$L=6-0.15-1.8\times2+0.15\times2=2.55$m 根数:$N=1.8\div0.2=9$ 根
Ⓐ轴端支座负筋 $\Phi 10@150$	单根长度:$L=6.25\times0.01+0.395+1.8+2\times0.12=2.498$m 根数:$N=(6-0.15-0.15/2\times2)\div0.15+1=39$ 根
负筋分布筋 $\Phi 8@200$	单根长度:$L=6-0.15-1.8\times2+0.15\times2=2.55$m 根数:$N=1.8\div0.2=9$ 根
②轴中间支座负筋 $\Phi 10@100$	单根长度:$L=1.8\times2+0.3+2\times0.12=4.14$m 根数:$N=(6-0.15-0.1/2\times2)\div0.1+1=59$ 根
负筋分布筋 $\Phi 8@200$	单根长度:$L_{左}=L_{右}=6-0.15-1.8\times2+0.15\times2=2.55$m 根数:$N_{左}=N_{右}=1.8\div0.2=9$ 根
$\Phi 10$ 重量	$T=(6.275\times59\times2+2.498\times39\times2+4.14\times59)\times0.617\times10^{-3}=0.728$t
$\Phi 8$ 重量	$T=2.55\times(9+9+9\times2)\times0.395\times10^{-3}=0.036$t

项目拓展

1. 板翻边 FB 构造如图 6-31 所示,试列出板翻边的钢筋计算要求。

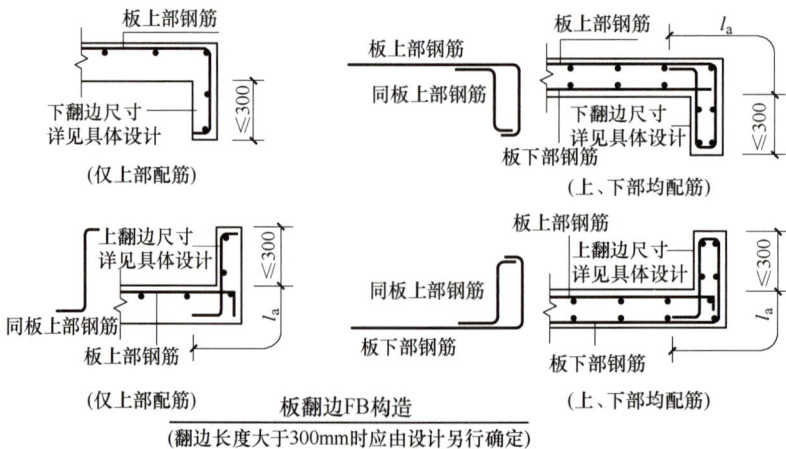

图 6-31　板翻边 FB 构造

2. 悬挑板 XB 钢筋构造如图 6-32 所示，试列出悬挑板的钢筋计算要求。

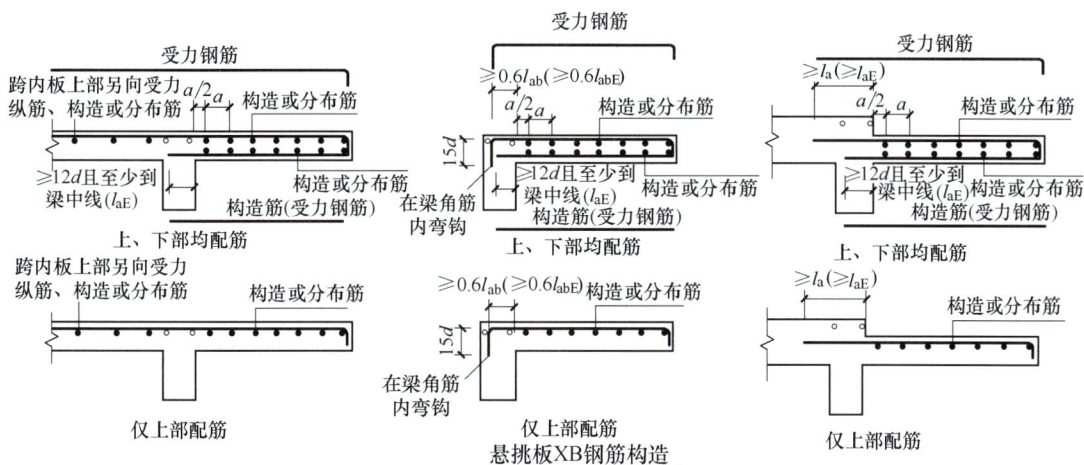

注：括号中数值用于需考虑竖向地震作用时（由设计明确）。

图 6-32　悬挑板 XB 钢筋构造

项目总结

1. 掌握有梁楼盖结构施工图中平面注写方式所表达的内容。
2. 熟悉有梁楼盖标准构造详图中各类钢筋的构造要求。
3. 能够准确识读工程图纸中有梁楼盖的钢筋信息并进行计算分析。
4. 能够准确计算有梁楼盖中各类钢筋的长度。

思政提升

通过计算原理和计算方法的训练，培养学生解决问题的耐心、恒心以及协作配合，确立"团队意识"，同时贯穿"教中渗入、学中体会、做中践行"的三阶段课程思政，打造学生的职业规划能力和专业素养。

项目习题

一、单项选择题

1. 板块编号中 XB 表示（　　　）。

A. 现浇板　　　　　　B. 悬挑板　　　　　　C. 延伸悬挑板　　　　　　D. 屋面现浇板

2. 板端支座负筋弯折长度为（　　　）。

A. 板厚　　　　　　　　　　　　　B. 板厚－保护层厚度

C. 板厚－保护层厚度×2　　　　　D. $15d$

3. 当板的端支座为梁时，板底筋在支座处的锚固长度为（　　　）。

A. $10d$　　　　　　　　　　　　　B. 支座宽/2＋$5d$

C. max（支座宽/2，$5d$）　　　　D. $5d$

4. 板的集中标注不包括（　　　）。

A. 板编号　　　　　B. 板支座负筋　　　　C. 板厚　　　　　　D. 板底筋

5. 如图1所示，图中③号钢筋为（　　　）。

A. 受力筋　　　　　　　　　　　　B. 端支座负筋

C. 负筋分布筋　　　　　　　　　　D. 中间支座负筋

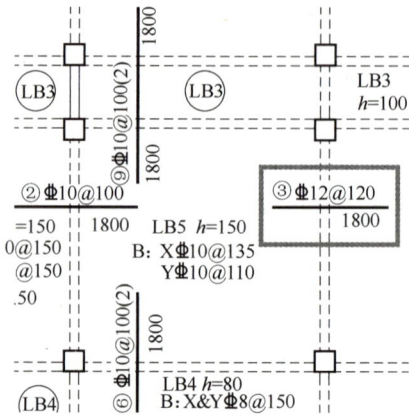

图 1

6. 如图1所示，LB5 板厚为（　　　）。

A. 150mm　　　　B. 200mm　　　　C. 100mm　　　　D. 120mm

7. 板底筋距梁边间距为（　　　）。

A. 板筋间距　　　　B. 1/2 板筋间距　　　C. 50mm　　　　D. 75mm

8. 板块的下部纵筋用（　　　）表示。

A. T　　　　　　　B. X　　　　　　　C. B　　　　　　　D. Y

9. 当板底的受力钢筋采用 HPB300 级钢筋时，端部增加弯钩取值（　　　）。

A. 6.25d　　　　B. 1.9d　　　　C. 150mm　　　　D. 11.9d

10. 平法标注中，支座负筋线段下的数字表示（　　　）。

A. 自支座内边向跨内伸出的长度

B. 自支座外边向跨内伸出的长度

C. 板内净长

D. 自支座中心线向跨内伸出的长度

读者可扫描下方二维码获取更多试题资源。

板钢筋工程识图

板钢筋工程计算

二、判断题

1. 板的支座是梁、剪力墙时，其上部支座负筋锚固长度为 l_a，下部纵筋伸入支座 $5d$ 且至少到支座中心线。　　　　　　　　　　　　　　　　　　　　　　　（　　　）

2. WB 表示屋面板。　　　　　　　　　　　　　　　　　　　　　　　　（　　　）

3. 悬挑板板厚标注为 $h=120/80$，表示板根厚度为 120mm，板前端厚度为 80mm。

（　　）

4. 板钢筋标注分为集中标注和原位标注，集中标注的主要内容是板的贯通筋，原位标注主要是针对板的非贯通筋。（　　）

5. 板中间支座负筋的支座计算原理是水平长度＋两个弯折长度。（　　）

三、识图分析题

1. 如图 2 所示，识读该板平法标注内容，并分析该板钢筋计算内容。

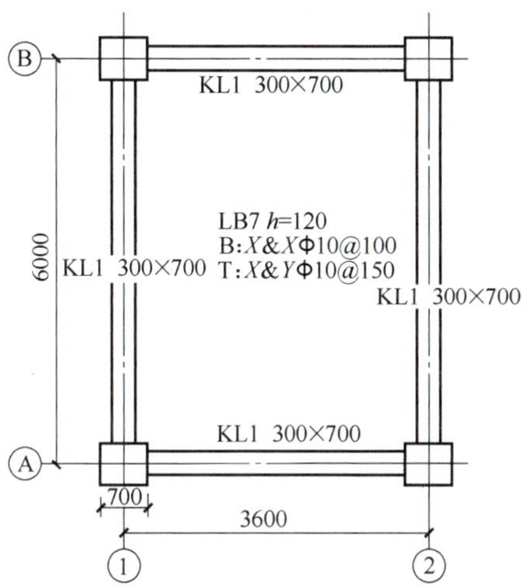

图 2

2. 如图 3 所示，识读 LB1 平法标注内容，并分析该板钢筋计算内容。

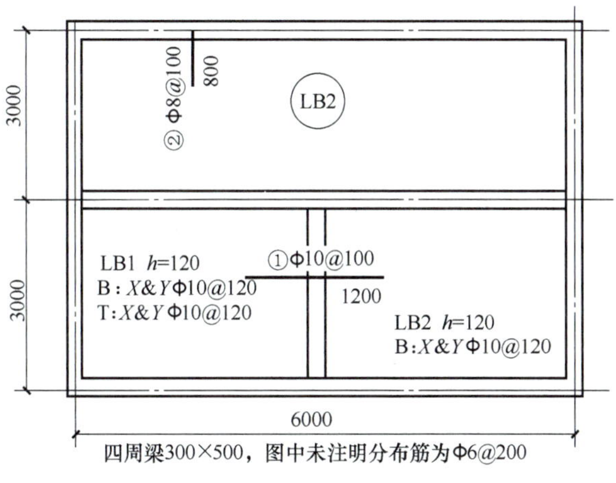

图 3

四、计算题

1. 如图 2 所示，已知该工程三级抗震，板混凝土强度等级为 C25，已知梁、板保护层厚度分别为 25mm、20mm。计算该楼板钢筋工程量。

2. 如图 3 所示，已知该工程二级抗震，板混凝土强度等级为 C30，已知梁、板保护层厚度分别为 20mm、15mm。计算 LB1 及 LB2 钢筋工程量。

项目 7　楼梯钢筋工程

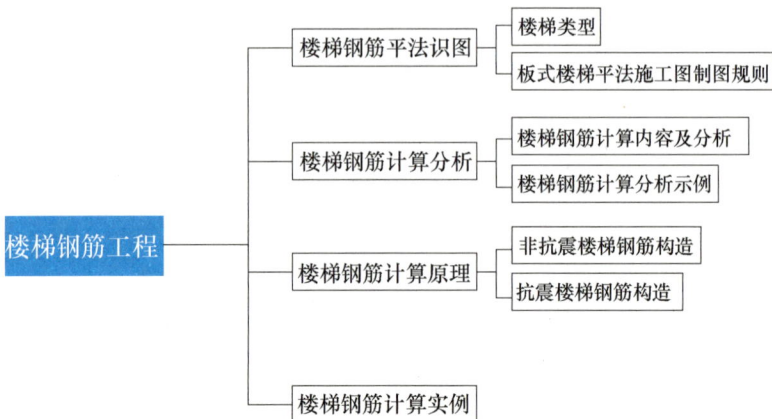

思维导图

知识要点

通过本章的学习，熟悉 22G101 图集的相关内容；掌握现浇混凝土楼梯施工图中平面注写方式与剖面注写方式所表达的内容；掌握楼梯钢筋构造的相关规定；能够准确计算楼梯构件的钢筋工程量。

思政要点

通过楼梯钢筋平法施工图识读，引导学生思考"规则"在专业领域的重要性，确立"规则意识"。以楼梯钢筋的计算组成作为切入点，明确学生在未来岗位上的自我担当，确立"责任意识"。

任务 7.1　楼梯钢筋平法识图

楼梯在建筑物中作为楼层间垂直交通用的结构构件，一般由楼梯段、平台、栏杆扶手三部分组成。

7.1.1　楼梯的类型

按所在位置，楼梯可分为室外楼梯和室内楼梯两种；按使用性质，楼梯可分为主要楼梯、辅助楼梯、疏散楼梯、消防楼梯等；按所用材料，楼梯可分为木楼梯、钢楼梯、钢筋混凝土楼梯等；按形式，楼梯可分为直跑式、双跑式、双分式、双合式、三跑式、四跑式、曲尺式、螺旋式、圆弧形、桥式、交叉式等。

现浇钢筋混凝土楼梯是在施工现场支模绑扎钢筋，并浇筑混凝土而形成的整体楼梯。钢筋混凝土楼梯按施工方法不同，主要有现浇整体式和预制装配式两类；按楼梯段传力的特点可以分为板式和梁式两种。

在平法图集中楼梯包含 AT～GT、ATa、ATb、ATc、BTa、CTa、CTb、DTb 共 14 种类型，如表 7-1 所示。

平法图集中的楼梯类型一览表　　　　　　　　　　　　　　表 7-1

楼梯代号	适用范围		是否参与结构整体抗震计算
	抗震构造措施	适用结构	
AT	无	剪力墙、砌体结构	不参与
BT			
CT	无	剪力墙、砌体结构	不参与
DT			
ET	无	剪力墙、砌体结构	不参与
FT			
GT	无	剪力墙、砌体结构	不参与
ATa	有	框架结构、框剪结构中框架部分	不参与
ATb			不参与
ATc			参与
BTb	有	框架结构、框剪结构中框架部分	不参与
CTa	有	框架结构、框剪结构中框架部分	不参与
CTb			
DTb	有	框架结构、框剪结构中框架部分	不参与

注：ATa、CTa 低端带滑动支座支承在梯梁上；ATb、BTb、CTb、DTb 低端带滑动支座支承在挑板上。

1. AT 型楼梯

AT 型楼梯全部由踏步段构成，如图 7-1 所示。

2. BT 型楼梯

BT 型楼梯由低端平板和踏步段构成，如图 7-2 所示。

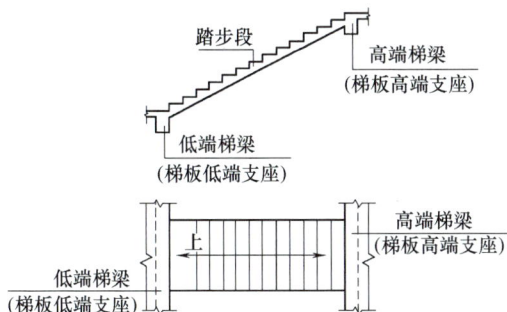

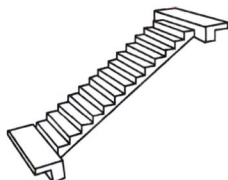

图 7-1　AT 型楼梯

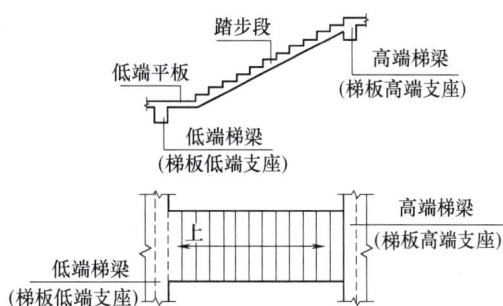

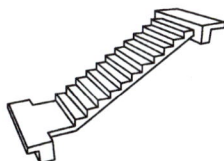

图 7-2　BT 型楼梯

3. CT 型楼梯

CT 型楼梯由踏步段和高端平板构成，如图 7-3 所示。

4. DT 型楼梯

DT 型楼梯由低端平板、踏步板和高端平板构成，如图 7-4 所示。

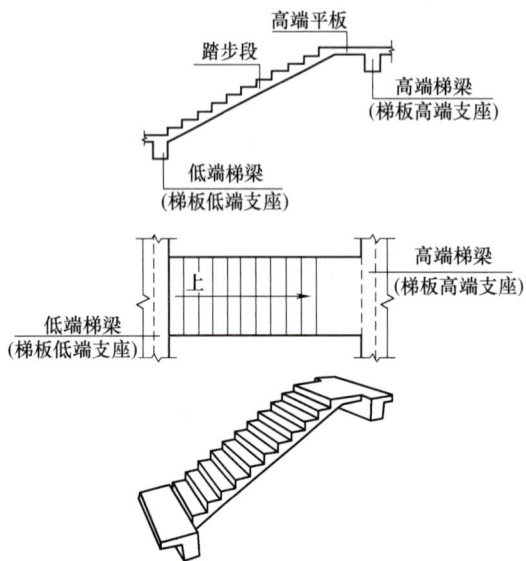

图 7-3　CT 型楼梯

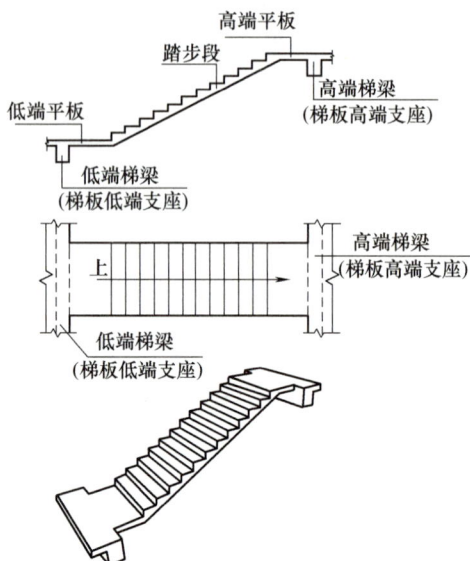

图 7-4　DT 型楼梯

5. ET 型楼梯

ET 型楼梯由低端踏步段、中位平板和高端踏步段构成，如图 7-5 所示。

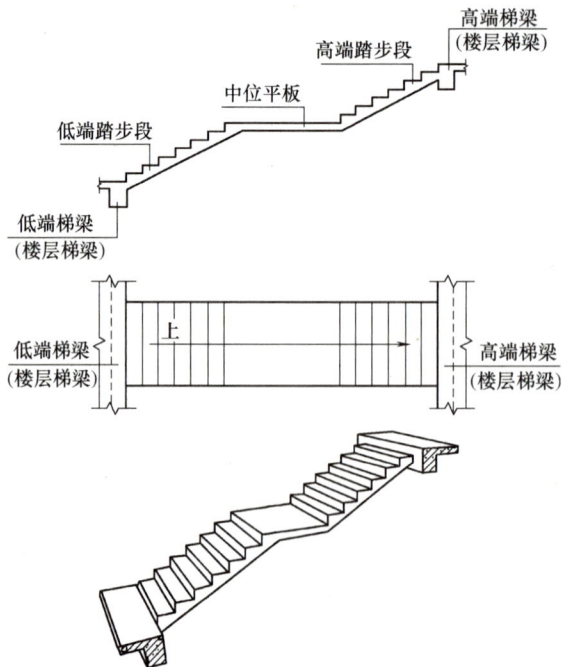

图 7-5　ET 型楼梯

6. FT 型楼梯（有层间和楼层平台板的双跑楼梯）

FT 型楼梯由层间平板、踏步段和楼层平板构成，如图 7-6 所示。

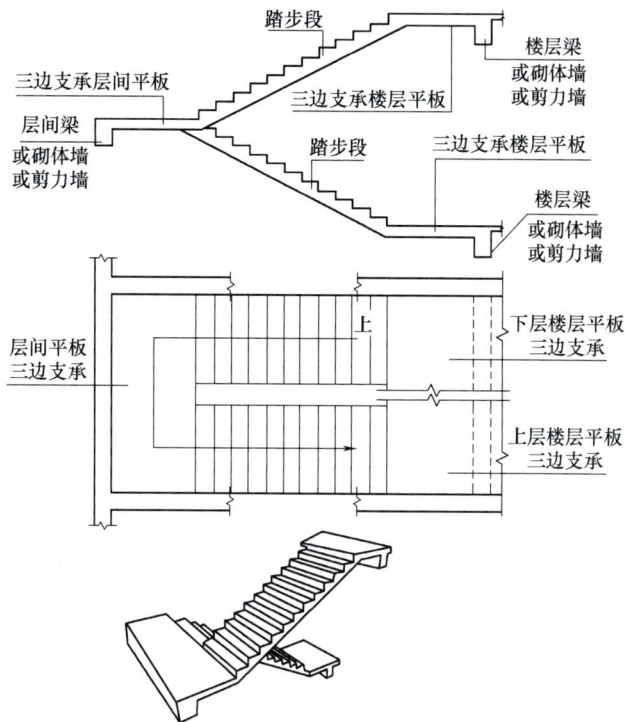

图 7-6   FT 型楼梯

FT 型楼梯支撑方式：楼梯板一端的层间平板采用三边支承，另一端的楼层平板也采用三边支承。

7. GT 型楼梯

GT 型楼梯由层间平板、踏步段和楼层梯梁组成，如图 7-7 所示。

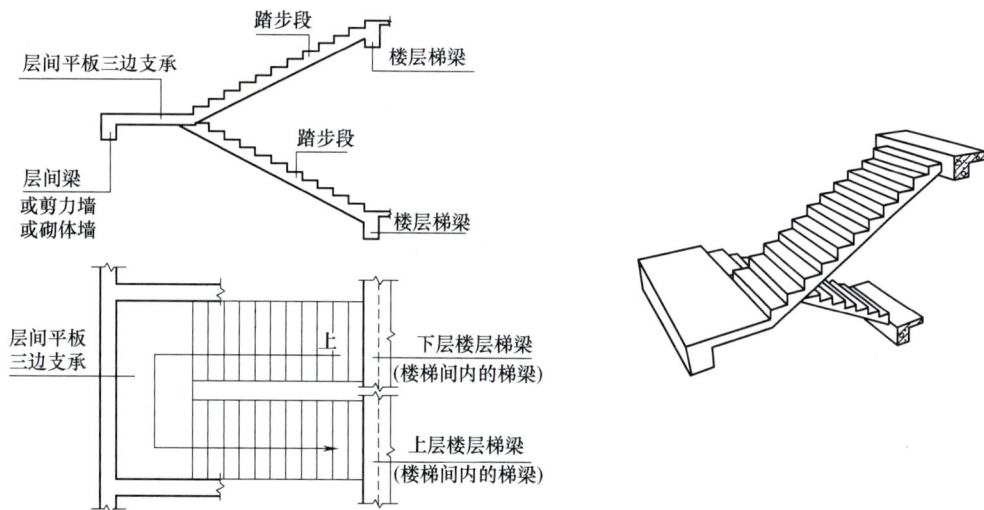

图 7-7   GT 型楼梯

GT 型楼梯支承方式：梯板一端的层间平板采用单边支承，另一端的楼层平板采用三边支承。

8. ATa、ATb、ATc 型楼梯

（1）ATa 型楼梯。ATa 型楼梯为带滑动支座的板式楼梯，梯板全部由踏步构成，其支承方式为梯板高端支承在梯梁上，低端带滑动支座支承在梯梁上，如图 7-8 所示。

（2）ATb 型楼梯。ATb 型楼梯为带滑动支座的板式楼梯，梯板全部由踏步构成，其支承方式为梯板高端支承在梯梁上，低端带滑动支座支承在挑板上，如图 7-8 所示。

（3）ATc 型楼梯。ATc 型楼梯全部由踏步段构成，其支承方式为梯板两端均支承在梯梁上，如图 7-8 所示。

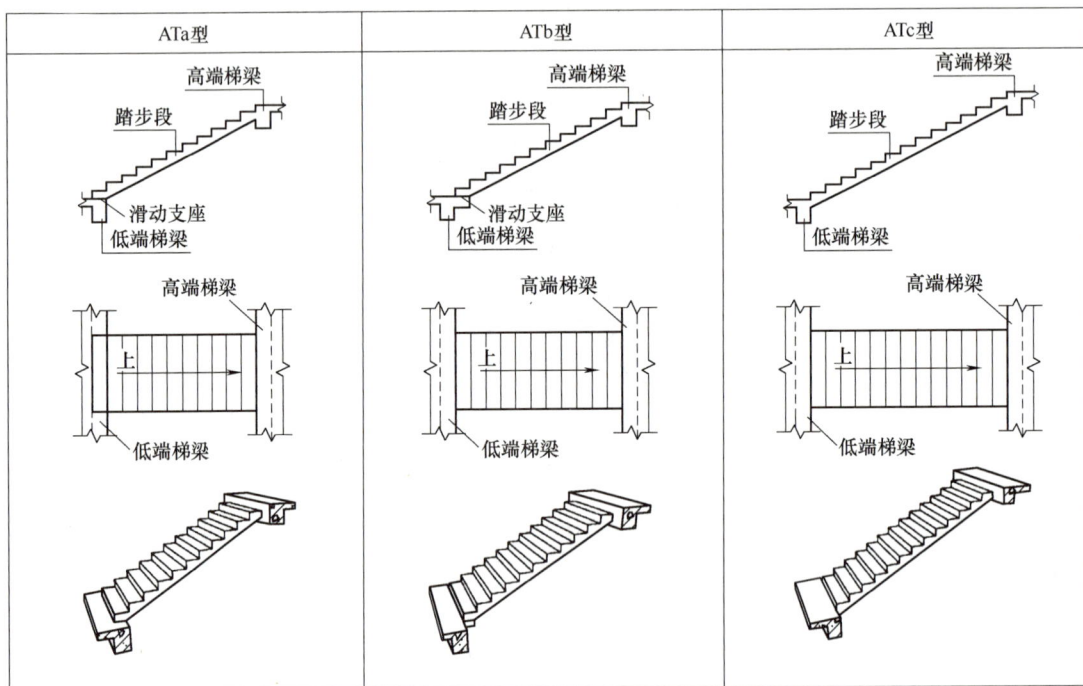

图 7-8　ATa、ATb、ATc 型楼梯

特别注意：

①ATc 型楼梯休息平台与主体结构可整体连接，也可脱开连接。②ATc 型楼梯梯板厚度应按计算确定，梯板采用双层双向配筋。③ATc 型楼梯两侧设置边缘构件（暗梁），边缘构件纵筋数量，当抗震等级为一、二级时不少于 6 根；当抗震等级为三、四级时不少于 4 根；纵筋直径为 $\phi 12$ 且不小于梯板纵向受力钢筋的直径，箍筋直径为 $\phi 6$，间距不大于 200mm。

9. BTa、DTb 型楼梯

BTa、DTb 型楼梯如图 7-9 所示。

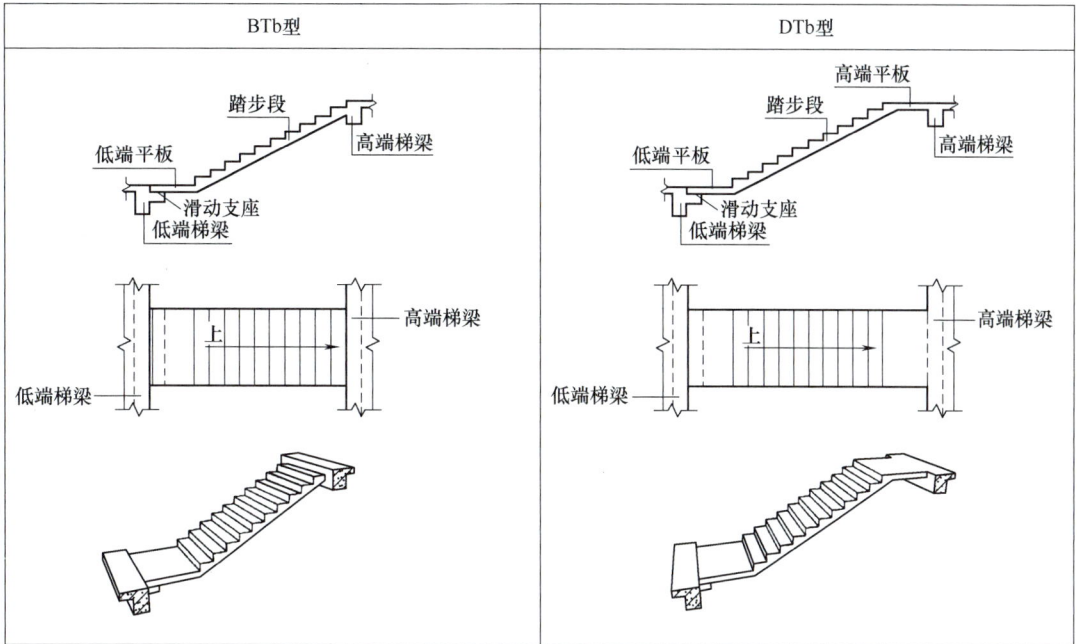

图 7-9　BTa、DTb 型楼梯

10. CTa、CTb 型楼梯

CTa、CTb 型楼梯为带滑动支座的板式楼梯，梯板由踏步段和高端平板构成，其支承方式为梯板高端均支承在梯梁上，CTa 型梯板低端带滑动支座支承在梯梁上，CTb 型梯板低端带滑动支座支承在挑板上，如图 7-10 所示。

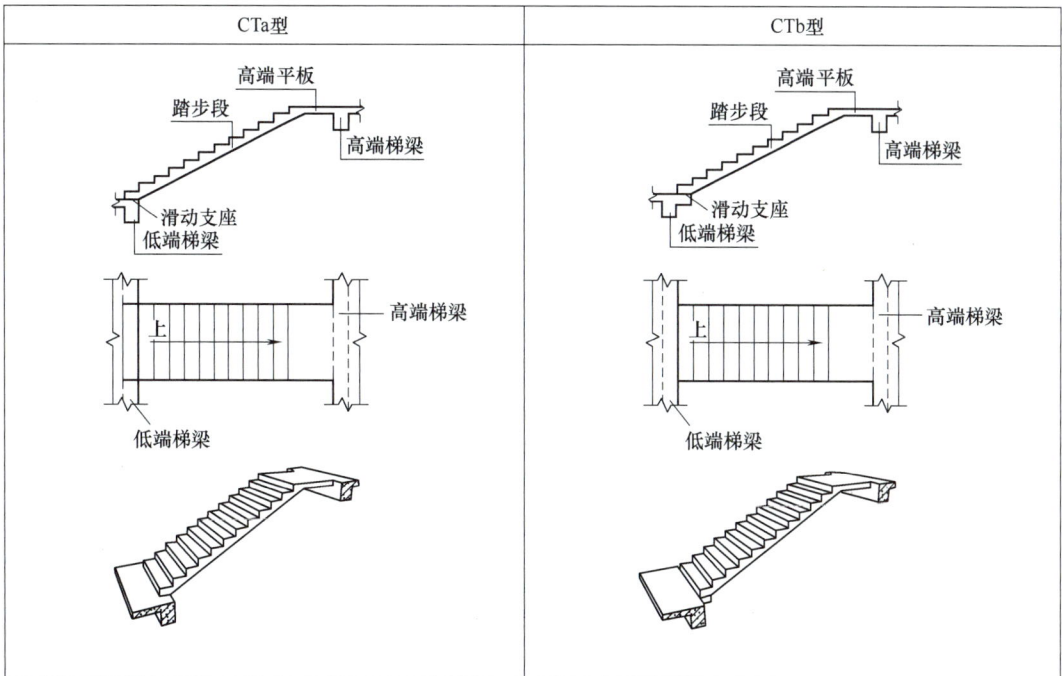

图 7-10　CTa、CTb 型楼梯

7.1.2 现浇混凝土板式楼梯平法施工图制图规则

现浇混凝土板式楼梯平法施工图有平面注写、剖面注写和列表注写三种表达方式。

1. 平面注写方式

平面注写方式是以在楼梯平面布置图上注写截面尺寸和配筋具体数值的方式来表达楼梯施工图。包括集中标注和外围标注（注意在图示中平台板代号 PTB，梯梁代号 TL，梯柱代号 TZ），如图 7-11 所示。

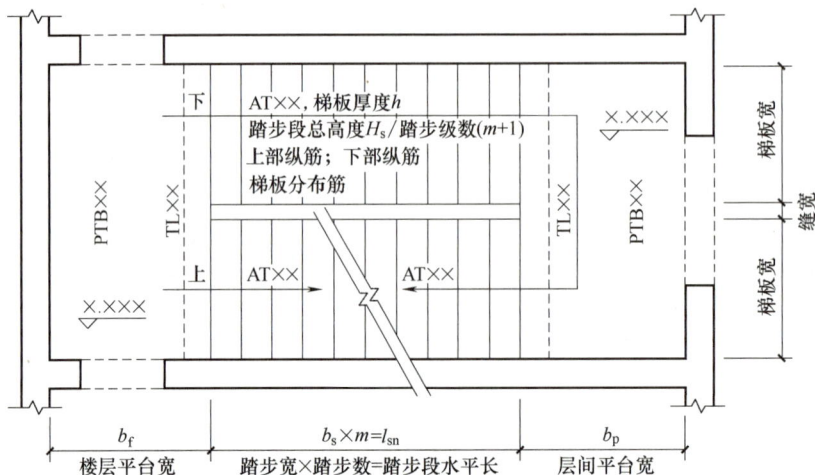

图1 ▽×.×××~▽×.××× 楼梯平面图 (注写方式)

图 7-11　楼梯的平面注写

（1）集中标注

楼梯集中标注的内容有五项，具体规定如下：

① 梯板类型代号与序号，如 AT××。

② 梯板厚度，注写为 $h=×××$。当为带平板的梯板且梯段板厚度和平板厚度不同时，可在梯段板厚度后面括号内以字母 P 打头注写平板厚度。例如，$h=130$（P150），130mm 表示梯段板厚度，150mm 表示梯板平板段的厚度。

③ 踏步段总高度和踏步级数，之间以"/"分隔。

④ 梯板上部纵筋和下部纵筋，之间以"；"分隔。

⑤ 梯板分布筋，以 F 打头注写分布钢筋具体值，该项也可在图中统一说明。

【例 7-1】　如图 7-12 所示，AT3，$h=120$ 表示梯板类型及编号，梯板板厚；1800/12 表示踏步段总高度/踏步级数；$\Phi 10@200$；$\Phi 12@150$ 表示上部纵筋，下部纵筋；F $\phi 8@250$ 表示梯板分布筋。

（2）外围标注

楼梯外围标注的内容，包括楼梯间的平面尺寸、楼层结构标高、层间结构标高、楼梯的上下方向、梯板的平面几何尺寸、平台板配筋、梯梁及梯柱配筋等。如图 7-12 所示，楼梯间的平面尺寸为 3600mm×6900mm、楼层结构标高 7.170m、层间结构标高 5.370m、楼梯的上下方向如箭头所示、梯板的平面几何尺寸 1600mm×3080mm。

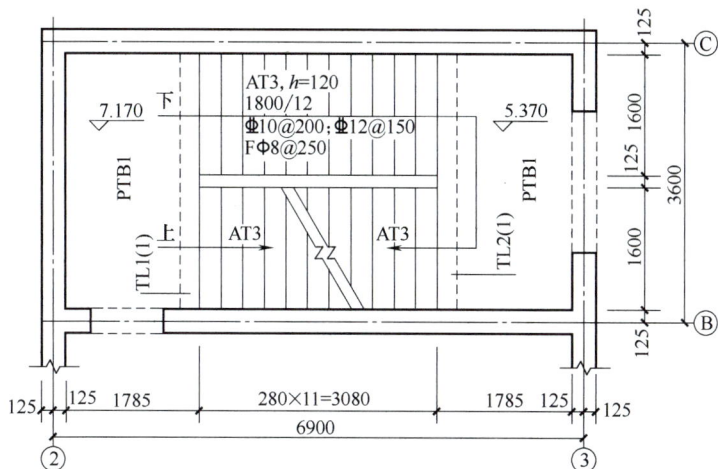

标高5.370～标高7.170楼梯平面图

图 7-12　楼梯的平面注写示例

2. 剖面注写方式

剖面注写方式需在楼梯平法施工图中绘制楼梯平面布置图和楼梯剖面图，注写方式分平面注写、剖面注写两部分。

（1）平面注写

楼梯平面布置图注写内容，包括楼梯间的平面尺寸、楼层结构标高、层间结构标高、楼梯的上下方向、梯板的平面几何尺寸、梯板类型及编号、平台板配筋、梯梁及梯柱配筋等，如图 7-13 所示。

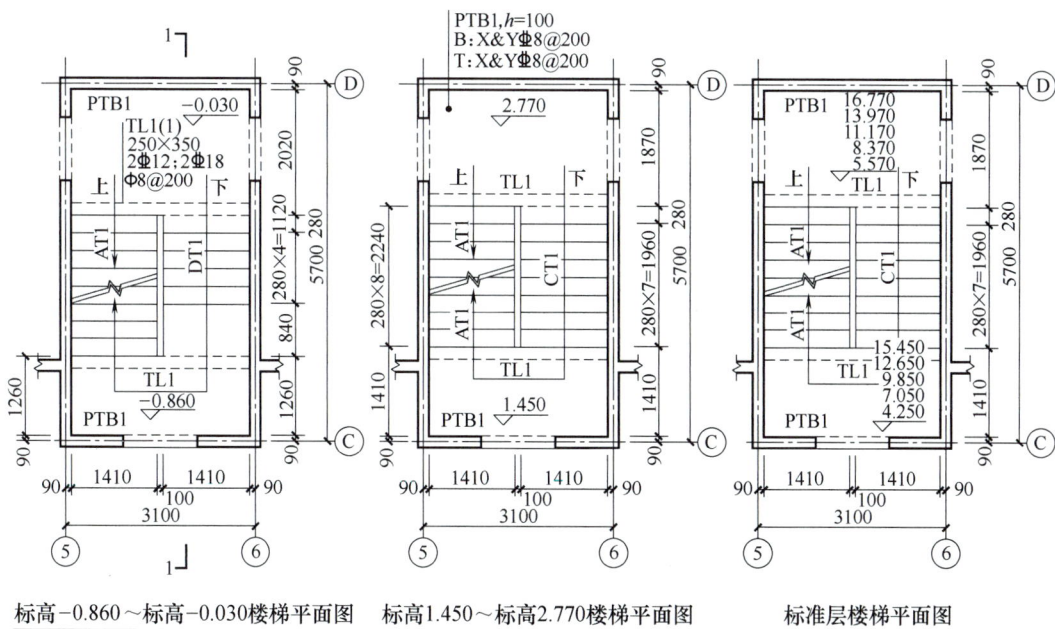

标高－0.860～标高－0.030楼梯平面图　标高1.450～标高2.770楼梯平面图　标准层楼梯平面图

图 7-13　楼梯的剖面注写（平面图）

（2）剖面注写

楼梯剖面图注写内容，包括梯板集中标注、梯梁梯柱编号、梯板水平及竖向尺寸、楼层结构标高、层间结构标高等，如图 7-14 所示。

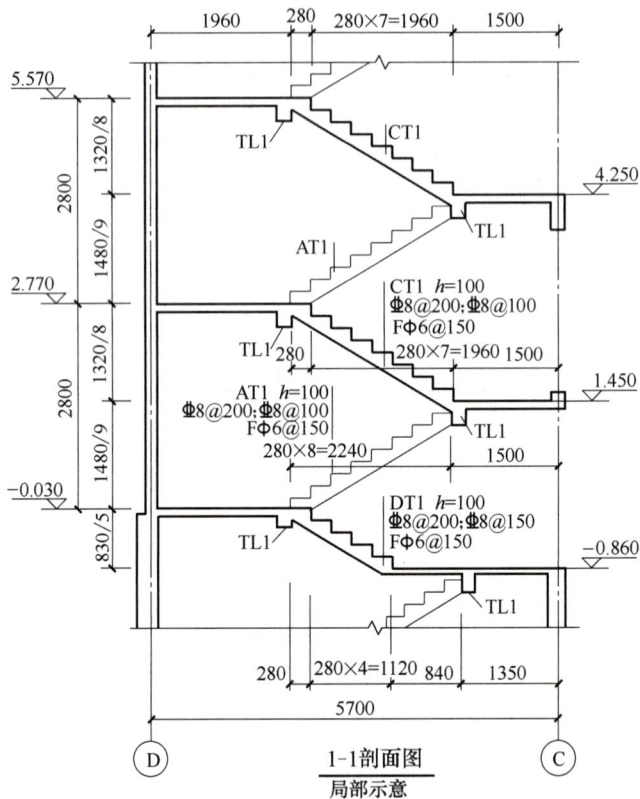

图 7-14　楼梯的剖面注写（剖面图）

3. 列表注写方式

列表注写方式是用列表方式注写梯板截面尺寸和配筋具体数值的方式来表达楼梯施工图。列表注写方式的具体要求同剖面注写方式，注写示例如表 7-2 所示。

列表注写方式　　　　　　　　　　　　　　　　　　　　　表 7-2

梯板编号	踏步段总高度(mm)/踏步级数	板厚 h(mm)	上部纵筋	下部纵筋	分布筋
AT1	1480/9	100	Φ8@200	Φ8@100	Φ6@150
CT1	1320/8	100	Φ8@200	Φ8@100	Φ6@150
……	……				

任务 7.2　楼梯钢筋计算分析

7.2.1　楼梯钢筋计算内容

楼梯所包含的构件有踏步段、层间梯梁、层间平板、楼层梯梁和楼层平板、梯柱等，要分析楼梯钢筋计算内容，就要分析楼梯组成构件的钢筋内容。图 7-15 就是楼梯钢筋的计算分析。

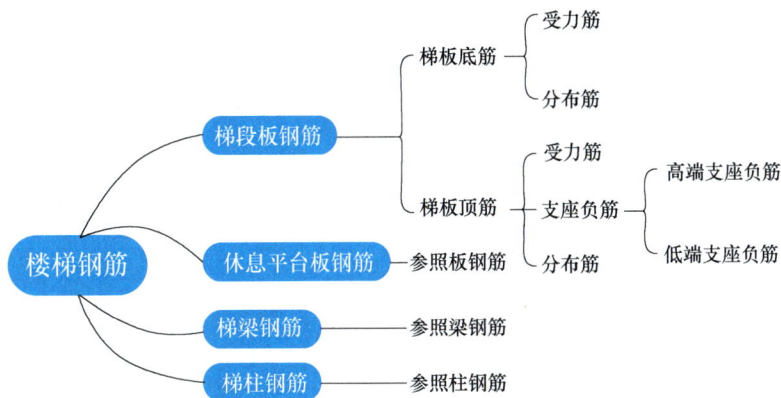

图 7-15　楼梯钢筋计算分析

7.2.2　楼梯钢筋计算分析

如图 7-16 所示，某楼梯平面图，请分析 AT1、PTB1、TL-1、TZ-1 要计算的钢筋，具体分析如图 7-17～图 7-20 所示。

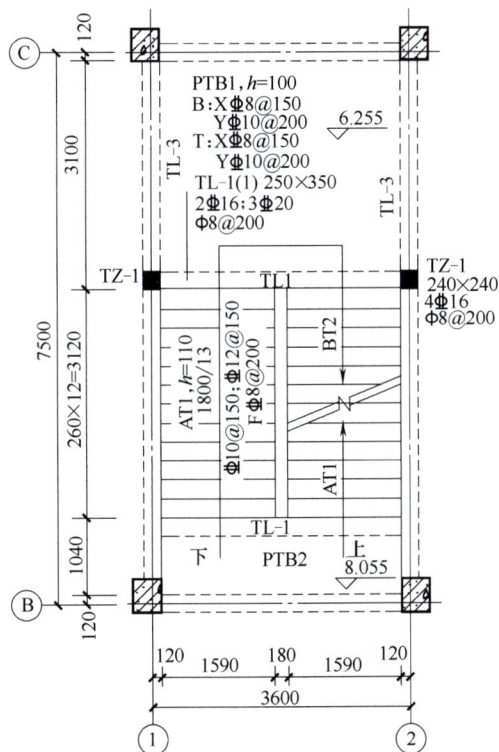

图 7-16　某楼梯平面图

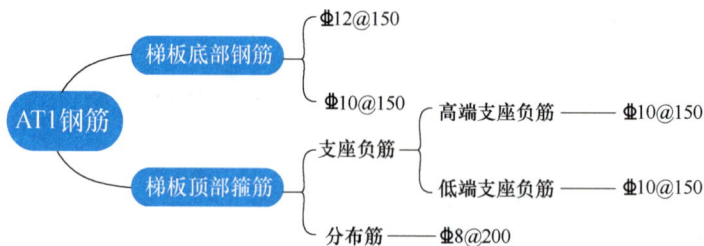

图 7-17　AT1 钢筋计算分析

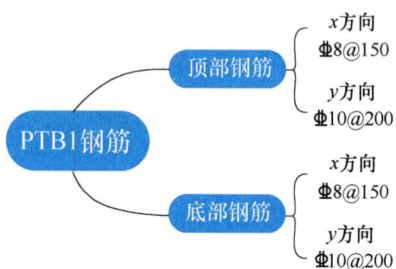

图 7-18　PTB1 钢筋计算分析

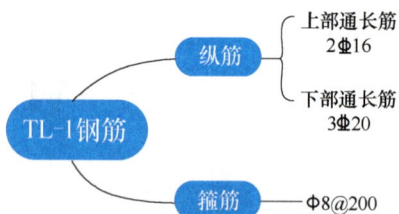

图 7-19　TL-1 钢筋计算分析

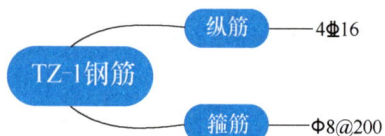

图 7-20　TZ-1 钢筋计算分析

任务 7.3　楼梯钢筋计算原理

7.3.1　非抗震楼梯钢筋构造

1. 非抗震楼梯钢筋分类

AT 型～GT 型楼梯都是非抗震楼梯，这些楼梯内的钢筋包括：上部纵筋、下部纵筋、梯板分布筋，如图 7-21 所示。

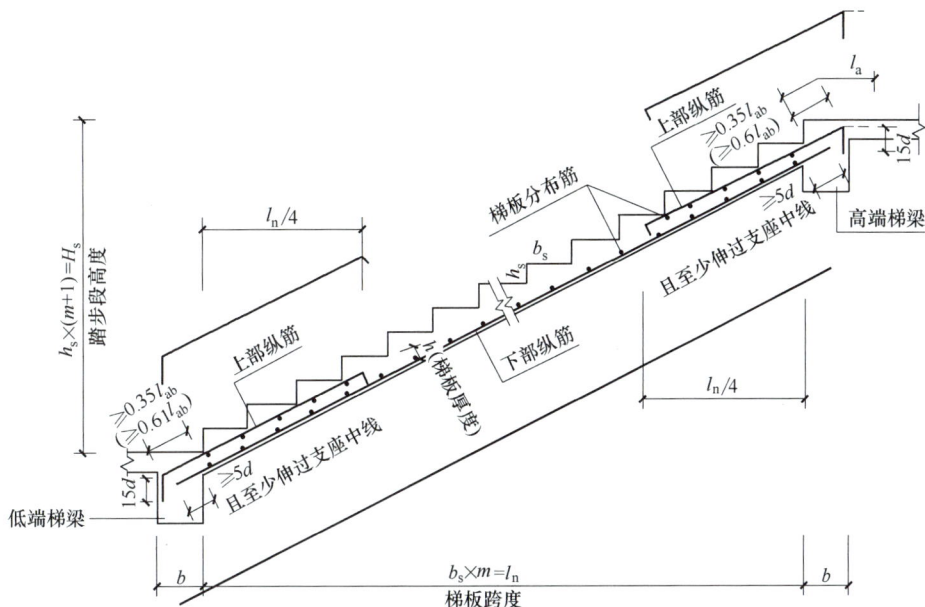

图 7-21 非抗震楼梯

2. 非抗震楼梯钢筋的计算原理

（1）当采用 HPB300 级钢筋时，除楼梯上部纵筋的跨内端头做 90°直角弯钩外，所有末端应做 180°的弯钩。

（2）斜坡系数 $k = \dfrac{\sqrt{b_s^2 + h_s^2}}{b_s}$

（3）梯板下部纵筋

长度 $= l_n \times k + 2a$，其中 $a = \max(5d，b/2)$（其中 b 表示支座宽）

下部纵筋根数 ＝（梯段板净宽－2×保护层厚度）/间距＋1

（4）梯板低端上部纵筋

单根长度 ＝（$l_n/4 + b$－保护层厚度）×k＋15d＋h－保护层厚度

低端上部纵筋根数 ＝（梯段板净宽－2×保护层厚度）/间距＋1

（5）梯板高端上部纵筋

单根长度 ＝（$l_n/4 + b$－保护层厚度）×k＋15d＋h－保护层厚度

高端上部纵筋根数 ＝（梯段板净宽－2×保护层厚度）/间距＋1

（6）分布筋

① 楼梯下部纵筋范围内的分布筋

单根长度 ＝梯段板净宽－2×保护层厚度

根数 ＝（$l_n \times k - 50 \times 2$）/间距＋1

② 梯板低端上部纵筋范围内的分布筋

单根长度 ＝梯段板净宽－2×保护层厚度

根数 ＝（$l_n/4 \times k$）/间距－1

③ 梯板高端上部纵筋范围内的分布筋

单根长度＝梯段板净宽－2×保护层厚度

根数＝$(l_n/4 \times k)$/间距＋1

7.3.2 抗震楼梯钢筋构造

1. 抗震楼梯钢筋分类

ATa 型～ATc 型楼梯都是抗震楼梯，这些楼梯内的钢筋包括：上部纵筋、下部纵筋、梯板分布筋，如图 7-22 所示。

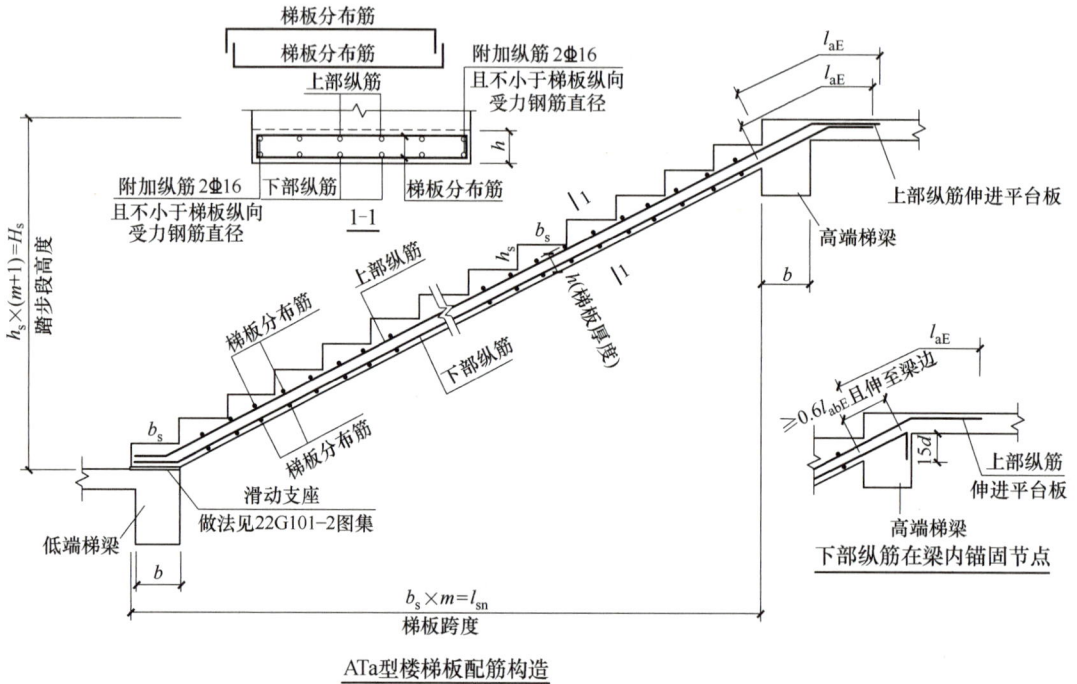

图 7-22　抗震楼梯

2. 抗震楼梯钢筋的计算原理

（1）双层配筋：下端平伸至踏步段下端的尽头。上端下部纵筋及上部纵筋均伸进平台板，锚入梁（板）l_{aE}。

（2）分布筋：分布筋两端均弯直钩，长度＝$h-2 \times$保护层厚度。下层分布筋设置在下部纵筋的下面，上层分布筋设置在上部纵筋的上面。

（3）附加纵筋：分别设置在上、下层分布筋的拐角处。附加纵筋 2Φ16 且不小于梯板纵向受力钢筋直径。

（4）当采用 HPB300 级钢筋时，除楼梯上部纵筋的跨内端头做 90°直角弯钩外，所有钢筋末端应做 180°的弯钩。

任务 7.4　楼梯钢筋计算实例

计算实例：图 7-23 为楼梯平面图，图 7-24 为楼梯结构示意图，相关资料见表 7-3、

表 7-4。试计算标高 3.60～5.40m 间楼梯梯段板钢筋工程量。

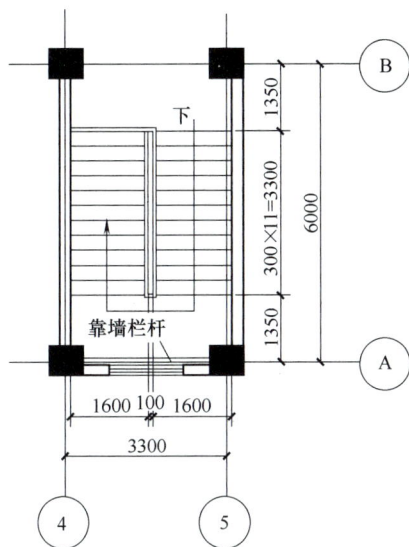

图 7-23 楼梯平面图

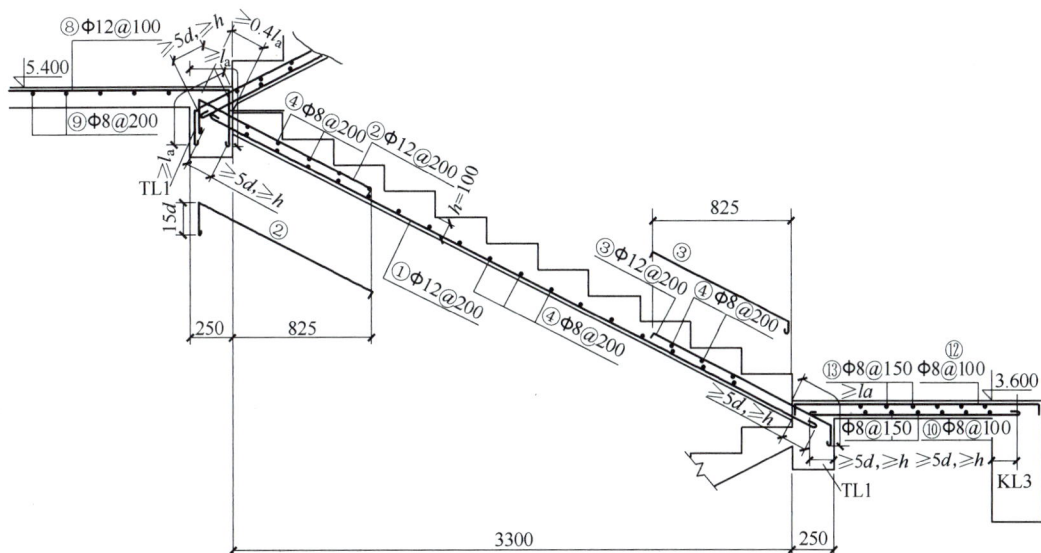

图 7-24 楼梯剖面示意图

计算条件   表 7-3

抗震等级	混凝土强度等级	纵筋连接方式	定尺长度	梯梁宽度
三级	C30	绑扎	8000mm	250mm

计算参数

表 7-4

参数	结果
保护层厚度	板：15mm；梁：30mm
l_a	HPB300：$l_a = 30d$
l_l	HPB300：$l_l = 36d$
水平筋起步距离	50mm
梯板净跨度 l_n	3300mm
梯板净宽度 b_n	1600mm
梯板厚度 h	100mm
踏步宽度 b_s	300mm
踏步高度 h_s	150mm

解： 梯段板钢筋计算见表 7-5。

梯段板钢筋计算

表 7-5

钢筋名称	计算过程
梯板下部纵筋 $\Phi 12@200$	$L = l_n \times k + 2a + 2 \times 6.25d$，其中 $a = \max(5d, h)$ $a = \max(60, 100) = 100mm$ $L = 3300 \times 1.118 + 2 \times 100 + 2 \times 6.25 \times 12 = 4039.4mm$
	$N = (b_n - 2 \times 保护层厚度)/间距 + 1 = (1600 - 2 \times 15)/200 + 1 = 9$ 根
	总长度 $= 4039.4 \times 9 = 36354.6mm = 36.355m$
	总质量 $= 36.355 \times 0.888 = 32.28kg = 0.032t$
梯板低端上部纵筋 $\Phi 12@200$	$L = (l_n/4) \times k + l_a + 15d + (h - 保护层厚度) + 6.25d$ $\quad = 825 \times 1.118 + 30 \times 12 + (100 - 15) + 6.25 \times 12 = 1442.35mm$
	$N = (b_n - 2 \times 保护层厚度)/间距 + 1 = (1600 - 2 \times 15)/100 + 1 = 17$ 根
	总长度 $= 1442.35 \times 9 = 12981.15mm = 12.98m$
	总质量 $= 12.98 \times 0.888 = 11.53kg = 0.012t$
梯板高端上部纵筋 $\Phi 12@200$	$L = (l_n/4 + b - 保护层厚度) \times k + 15d + 6.25d + (h - 保护层厚度)$ $\quad = (825 + 250 - 15) \times 1.118 + 15 \times 12 + 6.25 \times 12 + (100 - 15) = 1525.08mm$
	$N = (b_n - 2 \times 保护层厚度)/间距 + 1$ $\quad = (1600 - 2 \times 15)/200 + 1 = 9$ 根
$\Phi 12$	总长度 $= 1525.08 \times 9 = 13725.72mm = 13.73m$
	总质量 $= 13.73 \times 0.888 = 12.19kg = 0.012t$
分布筋 $\Phi 8@200$	(1)楼梯下部纵筋范围内的分布筋： $L_1 = b_n - 2 \times 保护层厚度 + 2 \times 6.25d = 1600 - 2 \times 15 + 2 \times 6.25 \times 8 = 1670mm$ (2)梯板低端上部钢筋范围内的分布筋： $L_2 = b_n - 2 \times 保护层厚度 + 2 \times 6.25d = 1600 - 2 \times 15 + 2 \times 6.25 \times 8 = 1670mm$ (3)梯板高端上部钢筋范围内的分布筋： $L_3 = b_n - 2 \times 保护层厚度 + 2 \times 6.25d = 1600 - 2 \times 15 + 2 \times 6.25 \times 8 = 1670mm$
分布筋 $\Phi 8@200$	(1)楼梯下部纵筋范围内的分布筋： $N_1 = (l_n \times k - 50 \times 2)/间距 + 1 = (3300 \times 1.118 - 50 \times 2)/200 + 1 = 19$ 根 (2)梯板低端上部纵筋范围内的分布筋： $N_2 = (l_n/4 \times k - 50)/间距 - 1 = (825 \times 1.118 - 50)/200 + 1 = 6$ 根 (3)梯板高端扣筋范围内的分布筋： $N_3 = (l_n/4 \times k - 50)/间距 - 1 = (825 \times 1.118 - 50)/200 + 1 = 6$ 根
$\Phi 8$	总长度 $= 1670 \times (19 + 6 + 6) = 51770mm = 51.77m$
	总质量 $= 51.77 \times 0.395 = 20.45kg = 0.020t$

注：斜坡系数 $k = \sqrt{b_s^2 + h_s^2}/b_s = 1.118$。

项目总结

1. 掌握楼梯施工图中平面注写方式、剖面注写方式及列表注写方式所表达的内容。
2. 能够准确识读工程图纸中楼梯的钢筋信息并进行计算分析。
3. 能够准确计算楼梯中各类钢筋的长度。

思政提升

通过计算原理和计算方法的训练，培养学生解决问题的耐心、恒心以及协作配合，确立"团队意识"，同时贯穿"教中渗入、学中体会、做中践行"的三阶段课程思政，打造学生的职业规划能力和专业素养。

项目习题

一、单项选择题

1. 现浇混凝土板式楼梯钢筋构造在（　　　）图集可以找到依据。

A. 22G101-1　　　　B. 22G101-2　　　　C. 22G101-3　　　　D. 22G101-4

2. 只有低端梯梁和梯段板组成的板式楼梯类型是（　　　）。

A. BT 型　　　　　　B. CT 型　　　　　　C. AT 型　　　　　　D. DT 型

3. 楼梯外围标注的内容，不包括的内容是（　　　）。

A. 楼梯平面尺寸、楼层结构标高　　　　B. 梯板的平面几何尺寸

C. 梯梁及梯柱配筋　　　　　　　　　　D. 混凝土强度等级

4. ATa 型梯板低端带滑动支座，滑动支座支承在（　　　）上面。

A. 支承在低端 T 梁上　　　　　　　　B. 梯梁的挑板上

C. 支承在层间平台板上　　　　　　　　D. 低端平板上

5. 楼梯集中标注第 2 行注写为 2000/15，则标注的内容是（　　　）。

A. 踏步段总高度 2000/踏步级数 15

B. 上部纵筋和下部纵筋信息

C. 楼梯序号是 2000，板厚 15

D. 楼梯平面几何尺寸

6. 踏步段总高度和踏步级数之间（　　　）。

A. 以","逗号分割　　　　　　　　　　B. 以"＋"加号分割

C. 以"/"斜线分割　　　　　　　　　　D. 以"-"横线分割

7. 梯板分布筋，以（　　　）打头标注分布钢筋具体值。

A. X　　　　　　　　B. Y　　　　　　　　C. F　　　　　　　　D. P

8. 下面有关梯板底筋分布筋说法正确的是（　　　）。

A. 分布筋长度＝梯板净宽

B. 当为圆钢时，两头加弯钩，每个弯钩 $6.25d$

C. 根数计算时向下取整

D. 分布筋可以伸入高端梯梁和低端梯梁布置

9. 梯板底筋的锚固长度为（　　　）。

A. 5*d*　　　　　　　　　　　　　B. 支座外边线

C. max(5*d*，支座中线)　　　　　D. 支座中线

10. 识读图 1 所示的楼梯结构平面图，可知 AT3 共有（　　　）级踏步，每级踏步的高度为（　　　）mm，每个踏面的宽度为（　　　）mm。

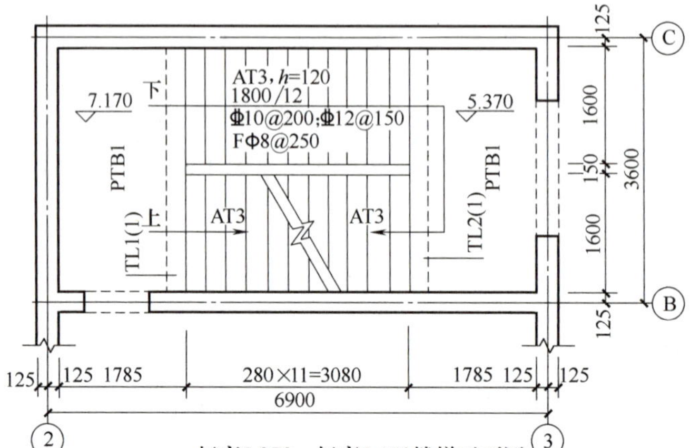

标高5.370～标高7.170楼梯平面图

图 1

A. 11；　　280；　　150　　　　　B. 11；　　150；　　280

C. 12；　　280；　　150　　　　　D. 12；　　150；　　280

读者可扫描下方二维码获取更多试题资源。

楼梯钢筋工程识图

楼梯钢筋工程计算

二、判断题

1. 现浇混凝土板式楼梯平法施工图有平面注写、剖面注写和列表注写三种表达方式。
（　　　）

2. 梯板钢筋中上部纵筋和下部纵筋用"/"分隔。　　　　　　　　　　（　　　）

3. 梯板分布筋用"F"表示。　　　　　　　　　　　　　　　　　　　（　　　）

4. 梯板负筋长度计算时需要考虑梯板的斜度系数。　　　　　　　　　（　　　）

5. 平台板 PTB、梯梁 TL、梯柱 TZ 配筋可参照 16G101-1《混凝土结构施工图平面整体表示方法制图规则和构造详图（现浇混凝土框架、剪力墙、梁、板）》标注。（　　　）

三、识图分析题

分析图 2 所示的 BT3 楼梯梯段板需要计算哪些钢筋？

四、计算题

图 3 为某楼梯局部示意图，图 4 为某楼梯平面图，图 5 为梯段列表注写，图 6 为 TL1

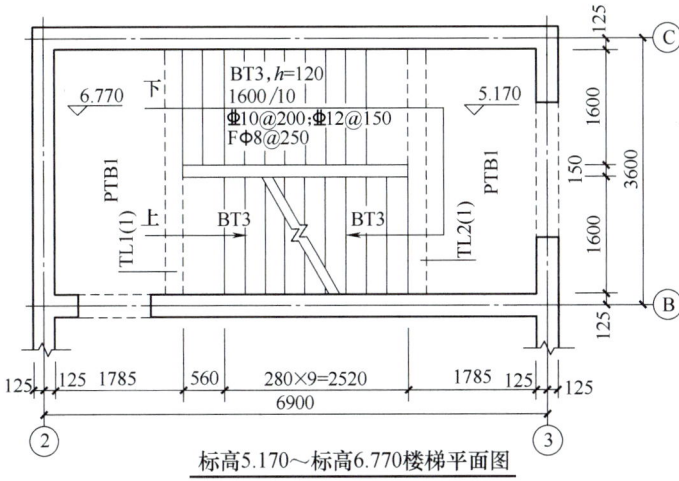

图 2

剖面图所示，已知楼梯的混凝土强度为 C30，板钢筋保护层厚度为 15mm，梯梁的保护层厚度为 25mm，纵筋采用绑扎连接，钢筋的 $l_a=35d$，$l_l=42d$。请计算 $-0.030\sim2.770$m 标高处梯段板 AT1 的钢筋工程量。

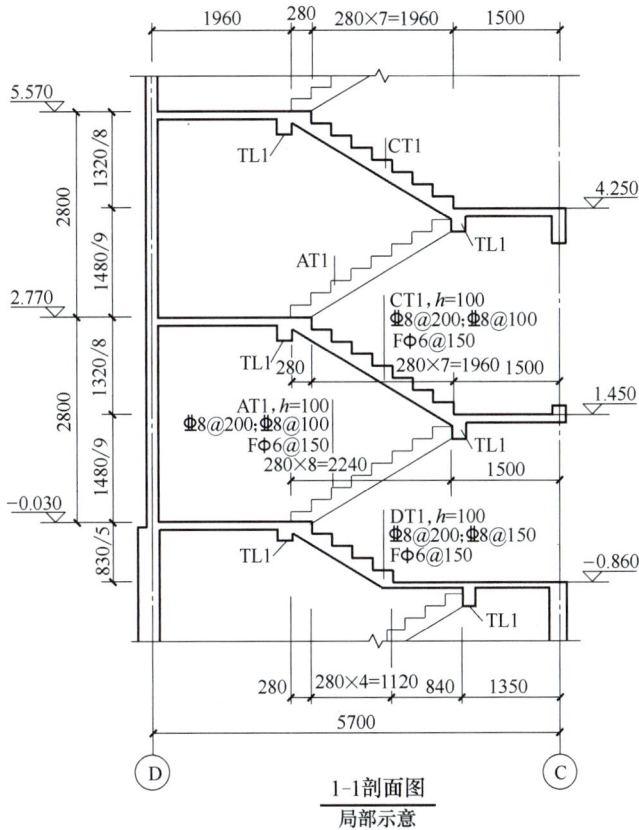

图 3　某楼梯局部示意图

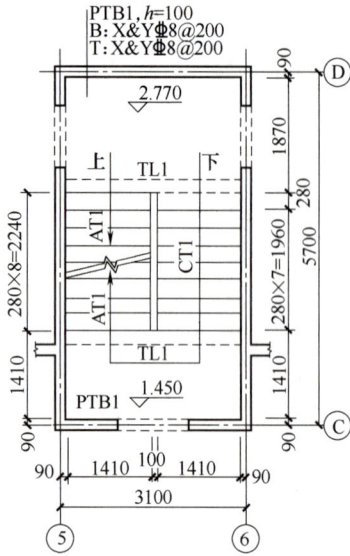

图 4　某楼梯平面图

梯板编号	踏步段总高度(mm)/踏步级数	板厚 h(mm)	上部纵向钢筋	下部纵向钢筋	分布筋
AT1	1480/9	100	Φ8@200	Φ8@100	Φ6@150
CT1	1320/8	100	Φ8@200	Φ8@100	Φ6@150
DT1	830/5	100	Φ8@200	Φ8@150	Φ6@150

图 5　梯段列表注写

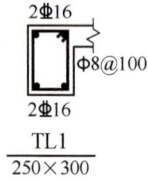

图 6　TL1 剖面图

参 考 文 献

［1］ 中国建筑标准设计研究院. 混凝土结构施工图平面整体表示方法制图规则和构造详图（现浇混凝土框架、剪力墙、梁、板）22G101-1［S］. 北京：中国标准出版社，2022.

［2］ 中国建筑标准设计研究院. 混凝土结构施工图平面整体表示方法制图规则和构造详图（现浇混凝土板式楼梯）22G101-2［S］. 北京：中国标准出版社，2022.

［3］ 中国建筑标准设计研究院. 混凝土结构施工图平面整体表示方法制图规则和构造详图（独立基础、条形基础、筏形基础、桩基础）22G101-3［S］. 北京：中国标准出版社，2022.

［4］ 中华人民共和国住房和城乡建设部. 混凝土结构设计标准（2024 版）GB/T 50010—2010［S］. 北京：中国建筑工业出版社，2010.

［5］ 中华人民共和国住房和城乡建设部. 建筑抗震设计标准（2024 版）GB/T 50011—2010［S］. 北京：中国建筑工业出版社，2010.

［6］ 张帅，赵春红，赵庆辉. 平法识图与钢筋算量［M］. 北京：北京理工大学出版社，2018.

［7］ 刘悦，李盛楠. 混凝土结构平法识图［M］. 北京：北京理工大学出版社，2020.

［8］ 肖启荣，何飞. 建筑识图与房屋构造［M］. 成都：电子科技大学出版社，2016.